煤炭高等教育"十二五"规划教材

工程制图学习与实践

主　编　谢　泳　李　勇　胡元哲
副主编　黄　翔　支剑锋

中国矿业大学出版社

内容提要

本书适用于高等学校工科机械类、电类各专业学习工程制图时使用。考虑到机械类和电类各专业类型的不同,书中选题全面,题型较为丰富,习题的选编以培养学生的空间构思能力为核心,在保证本课程教学基本要求的前提下,习题留有一定余量,供使用本书的师生根据学时的多少选用。本书中的全部习题及解答以及与习题配套的立体图均在Auto-CAD 2007平台上绘制。

图书在版编目(CIP)数据

工程制图学习与实践／谢泳,李勇,胡元哲主编
. ── 徐州:中国矿业大学出版社,2014.8
ISBN 978-7-5646-2468-2

Ⅰ.①工… Ⅱ.①谢… ②李… ③胡… Ⅲ.①工程制
图 – 高等学校 – 教学参考资料 Ⅳ.①TB23

中国版本图书馆 CIP 数据核字(2014)第 199726 号

书　　名	工程制图学习与实践
主　　编	谢　泳　李　勇　胡元哲
责任编辑	刘社育
出版发行	中国矿业大学出版社有限责任公司
	(江苏省徐州市解放南路　邮编　221008)
营销热线	(0516)83885307　83884995
出版服务	(0516)83885767　83884920
网　　址	http://www.cumtp.com　E-mail:cumtpvip@cumtp.com
印　　刷	北京市密东印刷有限公司
开　　本	787×1092　1/16　**印张** 14.5　**字数** 333千字
版次印次	2014年8月第1版　2014年8月第1次印刷
定　　价	30.00元

(图书出现印装质量问题,本社负责调换)

前　言

本书适用于高等学校工科机械类、电类各专业使用。本书是按照教育部高教司批准印发的"高等学校工科画法几何及机械制图课程教学基本要求",在结合多年的教学经验和近几年教学改革成果的基础上,考虑21世纪图学教育的需要而编写的。本书具有以下特点:

1. 选题全面,题型较为丰富,以利于教学选用和启迪读者思路,从不同角度培养学生灵活的思维和创新能力。

2. 习题的选编以培养学生的空间构思能力为核心,按照从三维立体到二维图形的认识规律,贯穿机械制图教学全过程。机械图样部分的习题,以培养读图能力为重点,供不同类型、不同学时的专业选用。

3. 本书中的全部习题及解答以及与习题配套的立体图均在AutoCAD 2007平台上绘制,立体图可以帮助学生增强对基本概念的理解,建立空间概念,了解几何形体和零部件的结构形状。全部习题均有解答,不仅可以减轻教师批改作业、辅导答疑的工作量,而且能提高学生的自学能力,培养学生分析问题、解决问题的能力。

4. 考虑到机械类、电类各专业类型的不同,书中习题内容全面且较为丰富,在保证本课程教学基本要求的前提下,习题留有一定余量,供使用本书的师生根据学时的多少选用。全部习题采用最新的国家标准。

本书主编为谢泳、李勇、胡元哲,副主编为黄翔、支剑锋,本书编写分工为:李勇(第6章)、谢泳(第2章、第3章)、胡元哲(第4章)、王云平(第5章)、张瑾(第7章)、蒋宝锋(第8章)、黄翔(第1章、附录)。在本书的编写过程中,得到了西安科技大学理学院和教材科领导的大力支持和帮助,在此一并表示感谢!

本书参考了一些国内同类习题集,在此特向有关作者致意!

由于编者水平有限,本书中若有缺点或错误,敬请读者批评指正。

编　者

2014 年 2 月 16 日

目　录

第1章　制图基本知识和技能

1.1　制图工具

正确使用制图工具和仪器是保证绘图质量、提高绘图速度的主要条件之一。

制图工具种类繁多,常用的有:图板、丁字尺、三角板、比例尺、分规、圆规、擦线板、曲线板、铅笔、削铅笔的小刀、磨铅笔用的砂纸、橡皮、固定图纸用的胶带纸等。

1.2　制图的基本规定

1.2.1　图幅和标题栏

表1-1　　　　　　　　　　幅面及图框尺寸

幅面代号	A0	A1	A2	A3	A4	A5
$B \times L$	841×1189	594×841	420×594	297×420	210×297	148×210
c	10			5		
a	25					
e	20		10			

图1-1　标题栏

1.2.2　比例

比例是指图样中机件要素的线性尺寸与实际机件相应要素的线性尺寸之比。

选择比例时,建议采用1:1。如果机件太大或太小,则采用缩小或放大的比例画图。

1.2.3　字体

文字、数字及符号是工程图中的重要组成部分,因此要求图纸上的字体端正、笔画清晰、排列整齐、间隔均匀、标点符号清楚正确。

1. 汉字

汉字应写成长仿宋体。长仿宋体的字高与字宽之比为3:2。

　　汉字的字高,国家标准规定应不小于 3.5 mm。字体的高度即为字体的号数。其公称尺寸系列为 1.8、2.5、3.5、5、7、10、14、20 mm。

　　书写长仿字体的要领是:横平竖直,起落分明,排列均匀,填满方格。

　　2. 拉丁字母及阿拉伯数字

　　在图纸上,所有涉及数量的数字,均应用阿拉伯数字表示,字母、数字可按需要写成直体或斜体字,一般情况下,建议采用斜体,且字号应不小于 2.5 号。

1.2.4　线型

　　工程图是由规定的线型构成的,这些图线可表达图样的不同内容,以及分清图中的主次。根据国家标准,工程图中常用的图线种类有:

　　粗实线——用于可见轮廓线。

　　细实线——用于尺寸线、剖面线。

　　虚线——用于不可见轮廓线。

　　点划线——用于轴线、对称中心线。

　　双点划线——用于极限位置的轮廓线、假想投影轮廓线。

　　波浪线——用于机件断裂处的边界线。

　　图线宽度分为粗细两种,粗线的宽度 b 应按图的大小和复杂程度,在 0.5 ~ 2 mm 之间选择,细线的宽度约为 b/2。图线宽度的推荐系列为:0.18、0.25、0.35、0.5、0.7、1、1.4、2 mm。同一图样中同类图线的宽度应一致。

1.2.5　尺寸注法

　　1. 基本规则

　　(1) 机件的真实大小,应以图样上所注的尺寸数值为依据,与图形的大小及绘图的准确度无关。

　　(2) 机件的每一尺寸,一般只标注一次,并应标注在反映该结构最清楚的图形上。

　　(3) 图样中的尺寸,以 mm 为单位时,不需标注其计量单位的代号或名称,如采用其他单位时,则必须注明。

　　(4) 图样中所注的尺寸,为该图样所示机件的最后完工尺寸。

　　2. 尺寸要素

　　尺寸线、尺寸界限、箭头、尺寸数字。

1.3　几何作图

1.3.1　斜度和锥度

　　1. 斜度

　　一直线对另一直线的倾斜度称为斜度,其大小用这两条直线的夹角的正切表示。

　　2. 锥度

　　正圆锥的底圆直径与其高度之比称为锥度。对于圆台,其锥度应为两底圆直径之差与其高度之比。

1.3.2　圆弧连接

圆弧连接是指用一已知半径的圆弧连接另外两线段(包括圆弧)。要使连接光滑,就必须使圆弧与线段在连接处相切。因此,作图时必须求出连接圆弧的圆心和确定切点的位置。

1.3.3　平面图形的分析及作图

为了掌握平面图形的正确作图方法和步骤,应先对图形中的尺寸和线段进行分析。

1. 图形中的尺寸分析和线段分析

平面图形中尺寸的分类:① 定形尺寸:确定各部分形状大小的尺寸,如直线段的长度,圆、圆弧的直径或半径、角度大小等。② 定位尺寸:确定图形各部分之间相对位置的尺寸。

2. 平面图形的作图步骤

(1)先定出作图基准线,以确定平面图形在图纸中的恰当位置。

(2)画出各已知线段。

(3)画出中间线段。

(4)最后画出连接线段。

1.4　平面图形的绘制方法

1.4.1　仪器绘图

1. 准备工作

(1)擦干净绘图仪器及工具,削好铅笔及圆规里的铅芯。

(2)将所用的仪器和工具放在固定位置。

(3)仔细分析并掌握所绘图形,选取合适的比例,确定图纸幅面。

(4)固定图纸。将图纸布置在图板左下方,并使丁字尺边和图纸边框线平行或重合,最后用胶带纸把图纸四个角固定起来。

2. 绘图

(1)布图。大致把图形布置在图纸中间,如图形的基准线,圆的中心线可作为布图的主要线段。

(2)绘制底稿。用 H 或 2H 铅笔轻、淡画底稿。画图顺序为:图形基准线、已知线段、中间线段、连接线段、尺寸、检查、擦去多余线条。

(3)描深。用 HB 或 B 铅笔加深时,图线要符合标准,粗细要均匀,连接要光滑,并保持图面整洁。① 先描圆,后描直线,描深所有粗实线。画直线时,从上到下画出水平线;再从左到右画出垂直线;最后从左上方按顺序画出倾斜线。② 按描深粗实线的步骤加深所有虚线、细实线、点划线。

1.4.2　徒手绘图

在实际工作中,常常要用到徒手绘图。如在设计、测绘时都要徒手绘制草图。徒手绘图应基本做到：图形正确、比例匀称、线型分明、图面整洁、字体工整。

1. 直线的画图方法

徒手画直线时，手腕不应转动，眼睛多注意画线的终点，以保持直线的方向。

2. 圆的画图方法

当画较小圆时，先定圆心，画中心线，再按半径目测在中心线上定出四个点，然后过四点画圆。当画较大圆时，可增加两条45°的斜线，在斜线上再定四点，然后画圆。

1.5 习题

1-1　在指定位置处抄画全图，比例2:1。

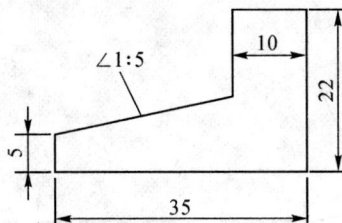

1-2　在指定位置处抄画全图，比例1:1。

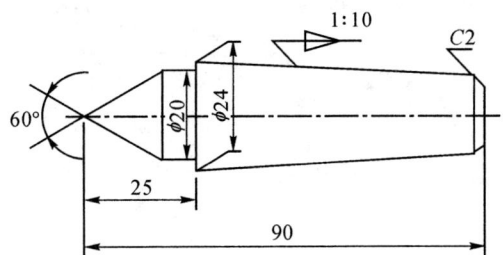

1 - 3　抄画全图，比例 1:2。

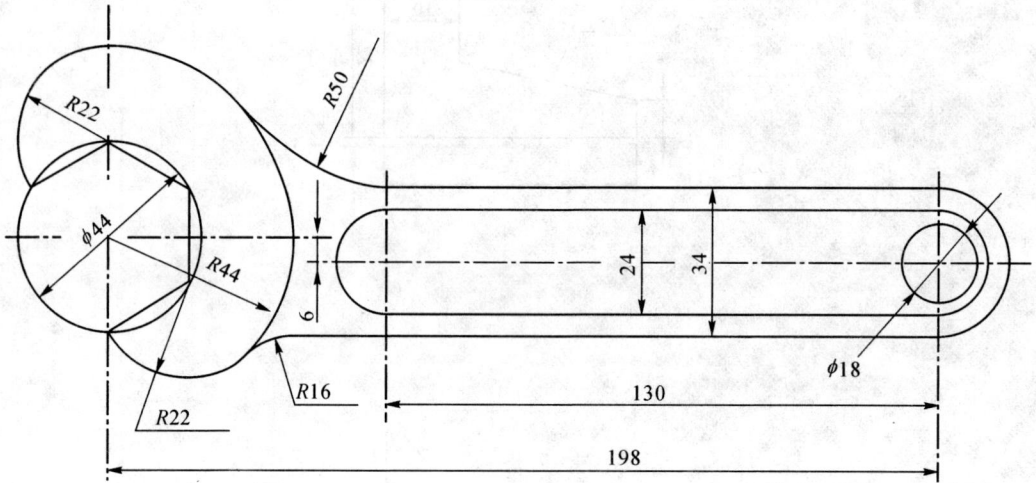

1-4　在 A3 图纸上抄画全图, 比例 1:1。

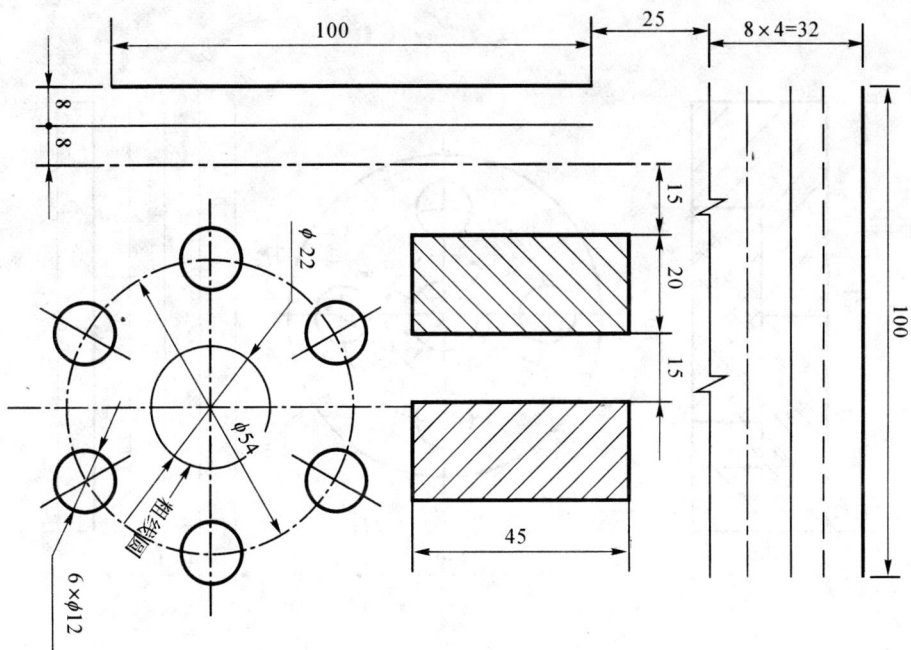

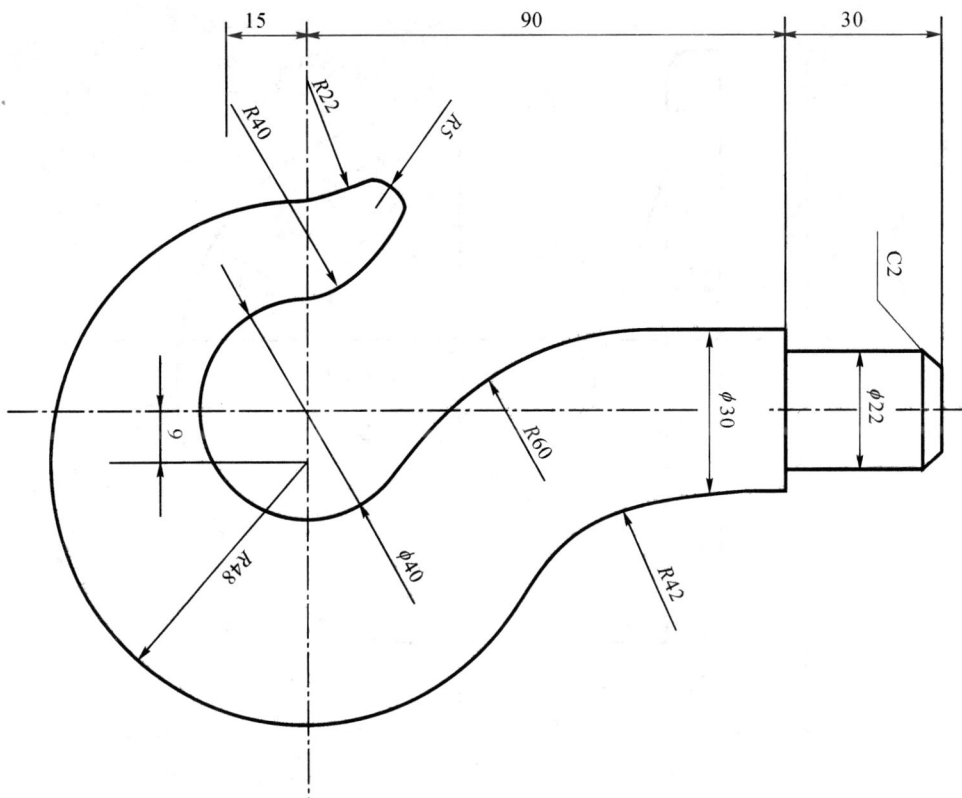

1 - 5　在 A3 图纸上抄画全图，比例 1:1。

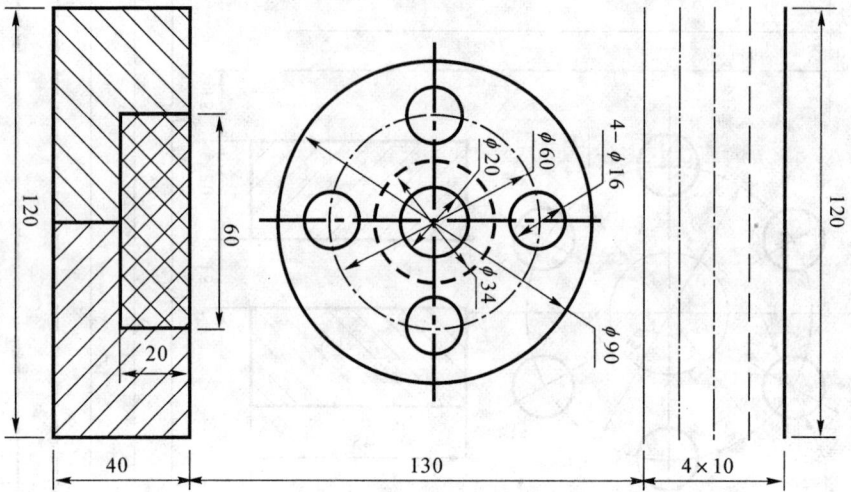

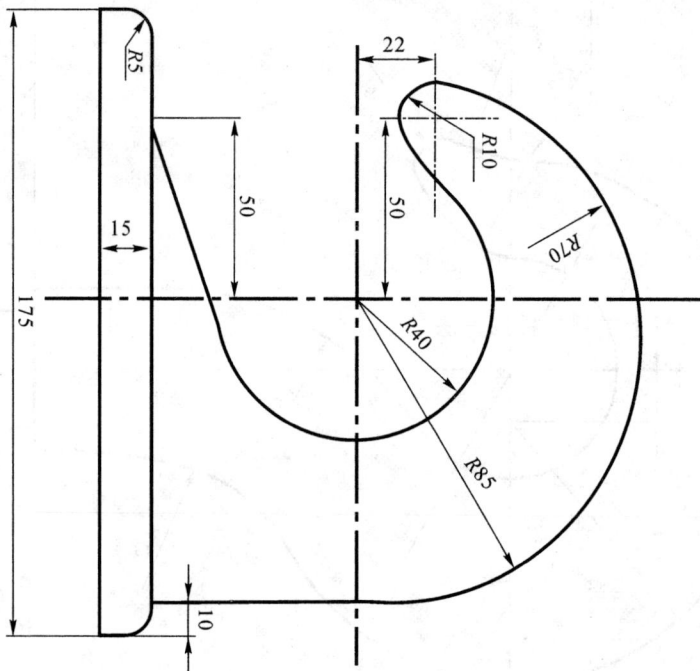

第2章 点、直线和平面的投影

2.1 投影法的基本知识

2.1.1 投影法的基本概念

1. 投影的概念

在工程上常用各种投影方法绘制工程图样。投影法就是用一束光线照射物体，在预设的平面上产生影像的方法。

2. 投影法分类

投影法一般分为中心投影法和平行投影法两类。

（1）中心投影法。所有投影线均相交于投影中心 S 点，把这种投影法称为中心投影法。

（2）平行投影法。当光源移向无穷远处，投影线可以看作是相互平行的，用这种相互平行的投影线得到物体投影的方法，称为平行投影法。平行投影法又分为斜投影法和正投影法两种。① 斜投影法：投影线倾斜于投影面的投影方法。② 正投影法，投影线垂直于投影面的投影方法。

2.1.2 正投影的特性

（1）真实性：直线或平面与投影面平行时，它们的投影反映实长或实形。

（2）积聚性：直线或平面垂直于投影面时，它们的投影为一点或投影为一直线。

（3）类似性：直线倾斜于投影面时，投影产生类似性。

2.1.3 工程上常用的投影方法

1. 透视投影图

透视投影图是利用中心投影法绘制的单面投影图。透视图的优点是立体感强，但作图复杂，度量性差。它的应用领域为建筑物或机电产品的造型设计。

2. 标高投影图

标高投影图是用正投影法绘制的单面投影图，它由单面正投影再加上脚注数字共同组成。脚注的数字称为标高。标高投影的优点是作图较简单，但缺乏立体感。它的应用领域为地质、建筑、军事等工程中的地形图。

3. 正投影图

用正投影法把物体分别投影到两个以上相互垂直的投影面上，然后把几个投影展开到一个平面上，用这种方法得到一组图形，称为多面正投影图。

4. 轴测投影图

轴测投影图是用平行投影法画出的单面投影图。它的优点是立体感较强,缺点是作图较麻烦,度量性差。因此常把它作为正投影图的辅助图样。

2.2 点的投影

2.2.1 点在三投影面体系中的投影

如图 2 - 1 所示,点的三面投影规律为:

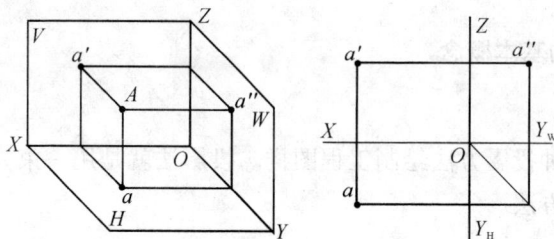

图 2 - 1 点的三面投影

(1) 点的正面投影和水平投影的连线垂直于 OX 轴,即 $a'a \perp OX$。

(2) 点的正面投影和侧面投影的连线垂直于 OZ 轴,即 $a'a'' \perp OZ$。

(3) 点的水平投影 a 到 OX 轴的距离等于侧面投影 a'' 到 OZ 轴的距离。

2.2.2 点的三面投影与直角坐标

如果把投影面 H、V、W 作为坐标面,三个投影轴 OX、OY、OZ 作为坐标轴,三个轴的交点 O 即为坐标原点,可见三投面体系可以看作空间直角坐标系。规定 X 轴自原点 O 点向左为正,Y 轴自原点 O 向前为正,Z 轴自原点 O 向上为正。

因此,当已知点的三个坐标时,便可作出该点的三面投影图;反之,若已知点的三面投影,便可量得该点的三个坐标,以确定其空间位置。

2.2.3 两点的相对位置

空间两点的相对位置,在投影图中,是用它们的坐标差来确定的。两点的正面投影反映出它们的上下、左右位置关系,两点的水平投影反映出它们的左右、前后位置关系,两点的侧面投影反映出它们的上下、前后位置关系。

当空间两点有一个投影重合时,称这两个点是对某个投影面的重影点,简称重影点。

2.3 直线的投影

在三投影面体系中,直线对投影面的位置有三种:

(1) 投影面平行线:平行于一个投影面,而对另二个投影面倾斜。

(2) 投影面垂直线:垂直于一个投影面。

（3）一般位置直线：对三个投影面都倾斜。

2.3.1　各种位置直线的投影特性

1. 投影面平行线

水平线：平行于 H 面，倾斜于 V、W 面的直线，见图 2-2（a）。

正平线：平行于 V 面，倾斜于 H、W 面的直线，见图 2-2（b）。

侧平线：平行于 W 面，倾斜于 H、V 面的直线，见图 2-2（c）。

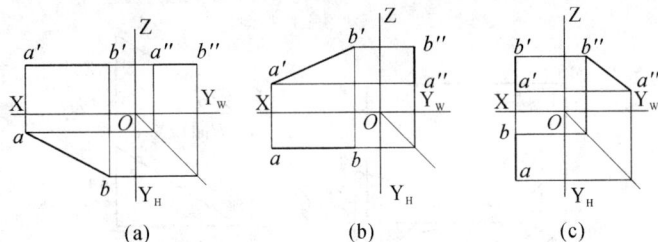

图 2-2　投影面的平行线

投影面平行线的投影特性为：直线在它们所平行的投影面上的投影，反映直线的实长和直线对另外二个投影面的倾角；直线的另外二个投影平行于相应的坐标轴（如图 2-2 所示）。

2. 投影面的垂直线

铅垂线：垂直于 H 面的直线，见图 2-3（a）。

正垂线：垂直于 V 面的直线，见图 2-3（b）。

侧垂线：垂直于 W 面的直线，见图 2-3（c）。

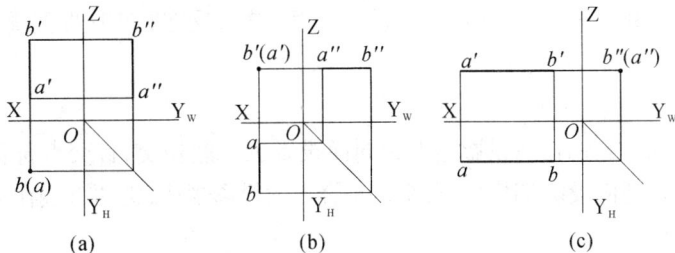

图 2-3　投影面的垂直线

投影面垂直线的投影特性是：直线在它们垂直的投影面上的投影积聚成一点，另外二个投影反映直线的实长，并且垂直于相应的坐标轴（如图 2-3 所示）。

3. 一般位置直线

一般位置直线的投影特性为：

（1）直线的三面投影都与投影轴倾斜，且都小于实长。

（2）各个投影与投影轴的夹角不反映该直线对各投影面的倾角。

2.3.2　直线上点的投影

如果一个点在直线上，那么此点的各个投影都在直线的同面投影上，并且符合点的投影特性。

2.3.3　一般位置直线的实长及其与投影面的倾角

可用直角三角形法求解一般位置线段的实长及其与投影面的倾角。

为了求出线段的实长及其对投影面的倾角,可通过作直角三角形来得到。在作图时,应注意直角三角形的斜边和线段投影的夹角等于直线对投影面的倾角。在直角三角形中,有实长、倾角、投影长、坐标差四个要素,已知其中任意两个要素,便可作出直角三角形,从而求出另外两个要素(如图2-4所示)。

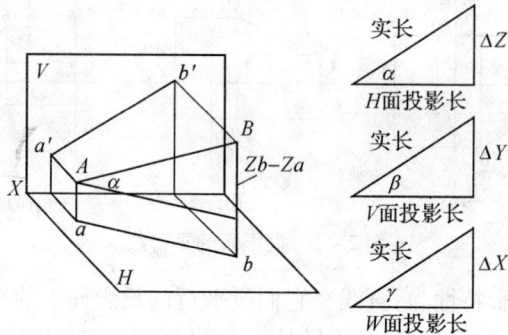

图2-4　直角三角形法求线段的实长及其与投影面的倾角

2.3.4　两直线的相对位置

空间两直线的相对位置关系有三种,即两直线平行、两直线相交和两直线交叉。

1. 两直线平行

若空间两直线相互平行,则其各同面投影相互平行;反之,如果两直线各同面投影相互平行,则两直线也一定相互平行。

2. 两直线相交

当两直线相交时,它们在各投影面上的同面投影也必然相交,且交点符合点的投影规律;反之,若两直线的各同面投影都相交,且交点符合点的投影规律,则两直线在空间必相交。

3. 两直线交叉

当两直线既不平行,又不相交时,称为两直线交叉。一般情况下,在两面投影中,它们的同面投影可能相交或不相交,如果同面投影相交,其交点也不符合点的投影规律。

2.3.5　垂直相交两直线的投影

若空间两直线垂直,且有一条平行于某投影面,则它们在该投影面上的投影垂直。

2.4　平面的投影

2.4.1　平面的表示法

1. 用几何元素表示平面

(1) 不在同一直线上的三点。

（2）一直线和直线外一点。

（3）相交两直线。

（4）平行两直线。

（5）平面图形（如三角形、四边形、圆等）。

2.4.2　各种位置平面的投影特性

平面根据其与投影面的相对位置的不同，可分为三种：投影面垂直面、投影面平行面、一般位置平面。

1. 投影面垂直面

与一个投影面垂直，与另两个投影面倾斜的平面称为投影面垂直面。投影面的垂直面分为三种，即垂直于 V 面的正垂面；垂直于 H 面的铅垂面；垂直于 W 面的侧垂面。

投影面垂直面的投影特性为：投影面垂直面在它所垂直的投影面上的投影积聚为一条倾斜直线，此直线与两投影轴的夹角等于空间平面与另外两个投影面的倾角；另外两个投影是与空间平面图形相类似的平面图形（如图 2-5 所示）。

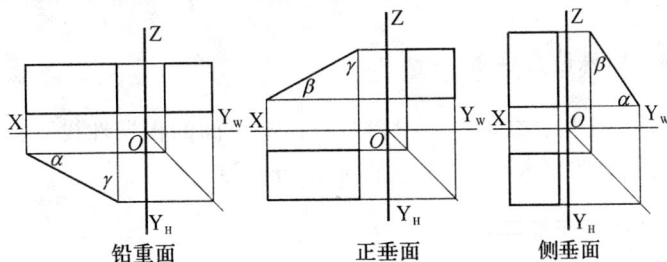

铅重面　　　　　正垂面　　　　　侧垂面

图 2-5　投影面垂直面

2. 投影面平行面

投影面平行面是平行于一个投影面的平面。投影面的平行面分为三种：平行于 H 的水平面、平行于 V 面的正平面、平行于 W 面的侧平面。

投影面平行面的投影特性为：在所平行的投影面上的投影反映实形；在其余两投影面的投影均积聚成一直线，且平行于相应的投影轴（如图 2-6 所示）。

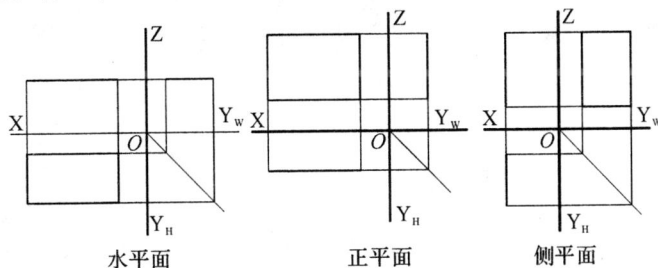

水平面　　　　　正平面　　　　　侧平面

图 2-6　投影面平行面

3. 一般位置平面

一般位置平面是与三个投影面都倾斜的平面。它的三个投影都是类似形，不反映实形，也不反映该平面对投影面的夹角。

2.5　平面上的直线和点

2.5.1　平面上的直线

直线在平面上的几何条件是：

（1）一直线若通过平面上的两点，则此直线必在该平面上。

（2）一直线若通过平面上的一点，又平行于该面上的另一直线，则此直线必在该平面上。

2.5.2　平面上的点

如果点在平面内的任一直线上，则此点在平面上，因此，若在平面内取点，则应先在平面内取一直线，然后在此直线上取点。

2.6　直线与平面、平面与平面的相对位置

2.6.1　直线与特殊位置平面平行

当直线与平面平行时，直线的一个投影必平行于平面的积聚性投影；反之，直线的一个投影平行于平面的积聚性投影时，直线与平面在空间平行。

2.6.2　两特殊位置平面平行

若两个投影面垂直面相互平行，则它们具有积聚性的同面投影必然相互平行。

2.6.3　直线与平面相交（其中直线或平面垂直于某一个投影面）

1. 直线与投影面垂直面相交

当直线与投影面垂直面相交时，其交点的一个投影一定在该平面的有积聚性的投影和该直线的同面投影的交点上。而交点为可见与不可见的分界点。

2. 投影面垂直线与一般位置平面相交

若平面和投影面垂直线相交，其交点是投影面垂直线上的点，所以交点的一个投影一定重合在直线有积聚性的投影上，而交点又是平面上的一个点，所以其另一个投影可利用在平面上取点的方法作出。

2.6.4　平面与特殊位置平面相交

两平面相交，必然有一条共有直线，因此，一般求交线时，只要求出两平面的两个共有点，便可确定它们的交线。当两个平面之一是投影面垂直面时，其交线的一个投影一定在投影面垂直面有积聚性的投影上。

2.7　习题

2-1 已知 A、B、C 三点的两面投影,作出它们的第三投影。

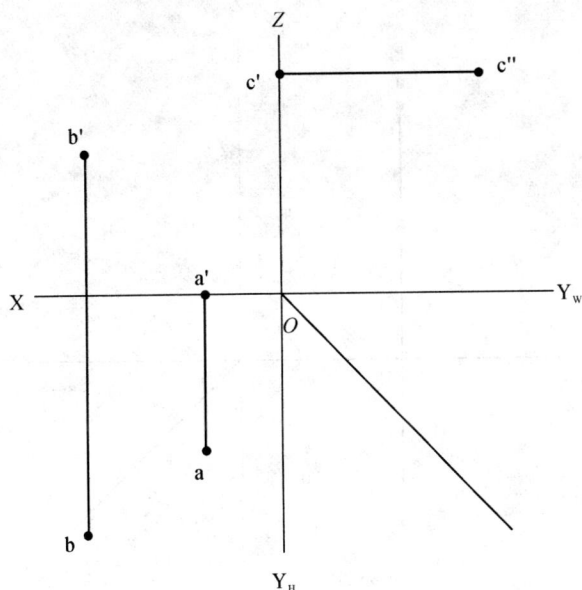

解答:

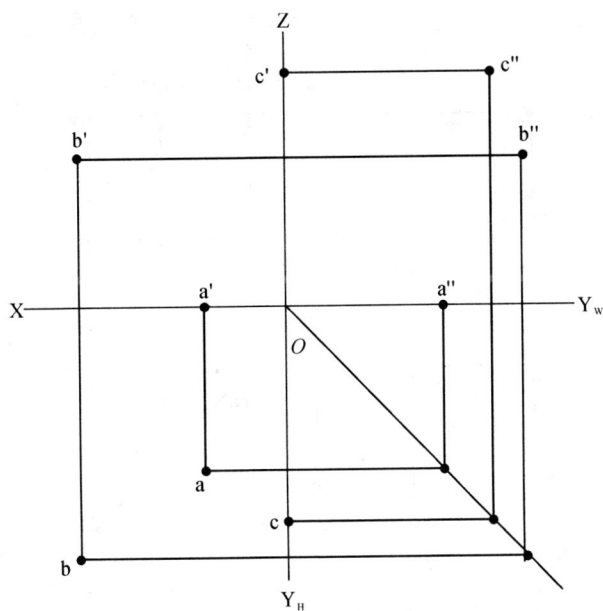

2－2　已知 A、B、D 三点等高，C 点在 A 点正下方，补作各点的其余投影，并表明可见性。

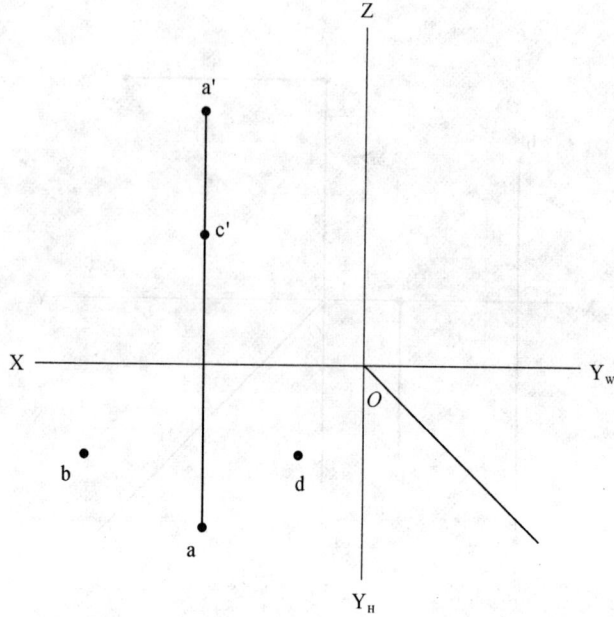

解答：

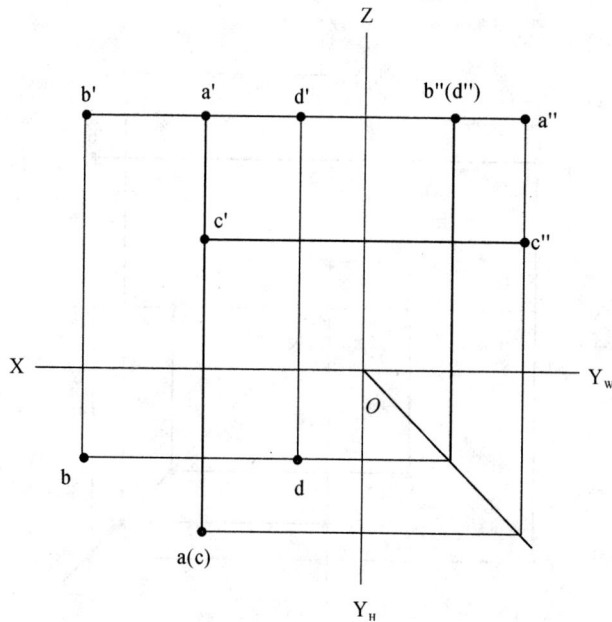

2-3 已知 B 点在 A 点左边 10 mm、上方 10 mm、前方 5 mm，C 点在 A 点正下方 10 mm，作出它们的第三投影。

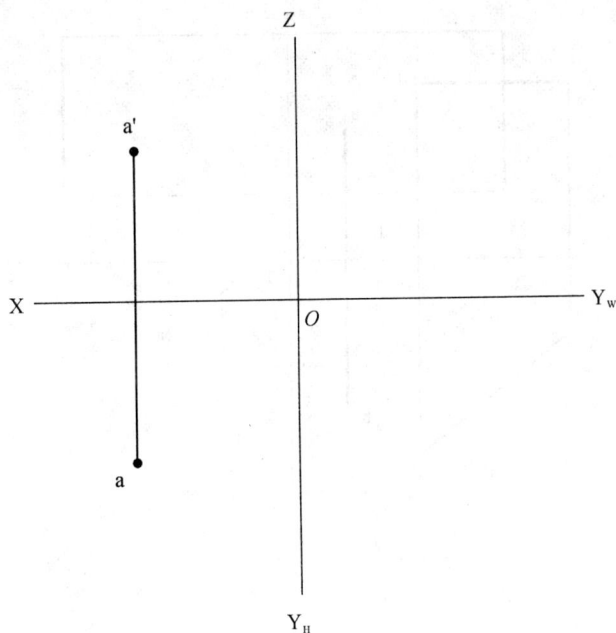

解答：

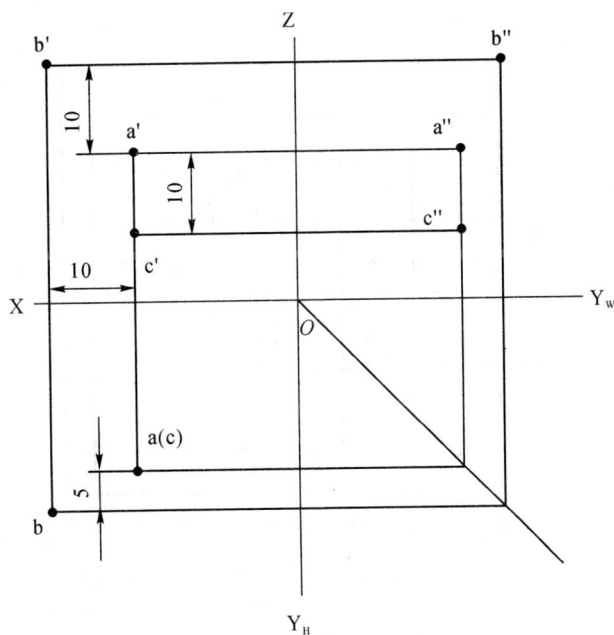

2 - 4　判断下列各直线与投影面的相对位置,并作出其第三投影。

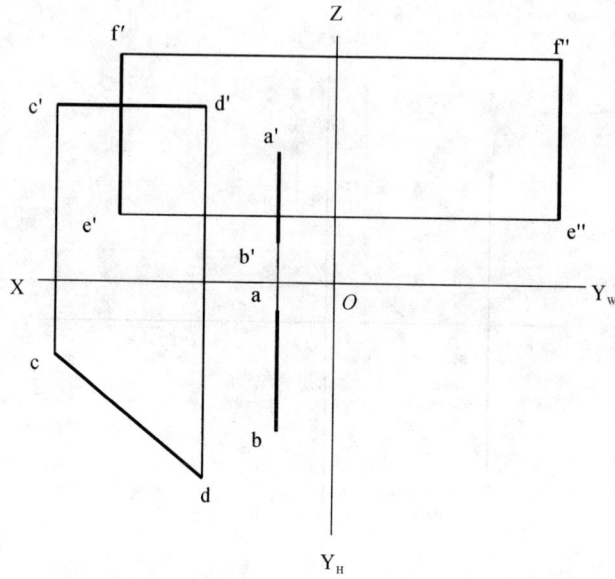

解答:

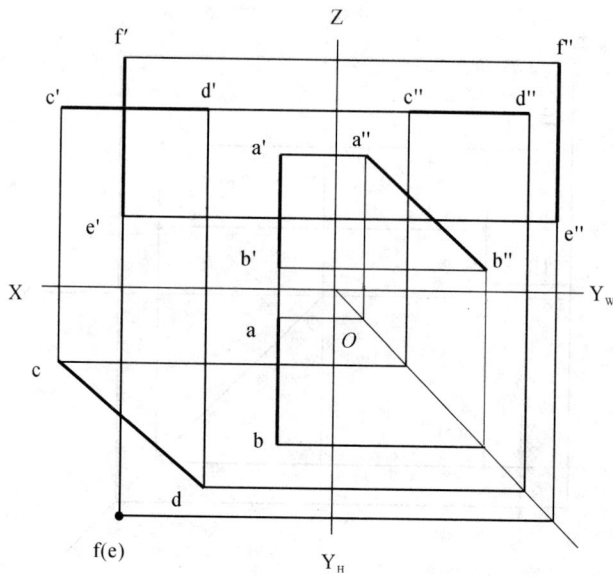

2-5 判断下列各直线与投影面的相对位置,并填写名称。

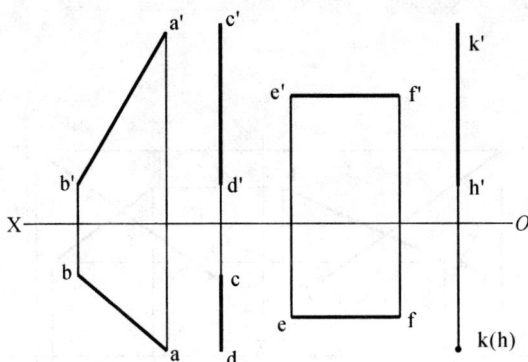

AB 是<u>一般</u>线; EF 是<u>侧垂</u>线;

CD 是<u>侧平</u>线; KH 是<u>铅垂</u>线;

2-6 判断并填写两直线的相对位置。

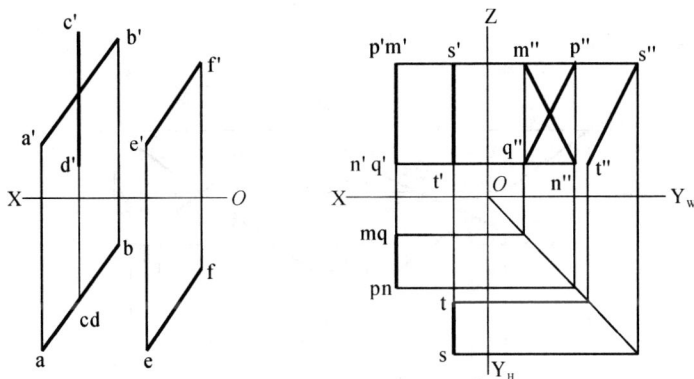

AB、CD 是<u>相交</u>线; PQ、MN 是<u>相交</u>线;

AB、EF 是<u>平行</u>线; PQ、ST 是<u>平行</u>线;

CD、EF 是<u>交叉</u>线。 MN、ST 是<u>交叉</u>线。

2-7 在直线 AB、CD 上作对正面投影的重影点 E、F 和对侧面投影的重影点 M、N 的三面投影,并表明可见性。

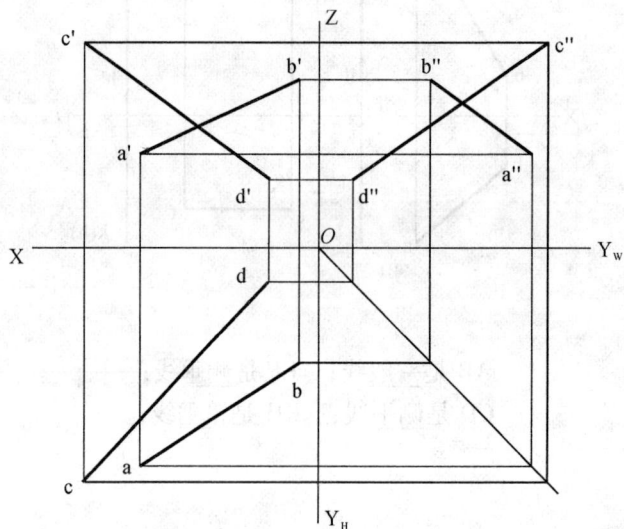

解答:

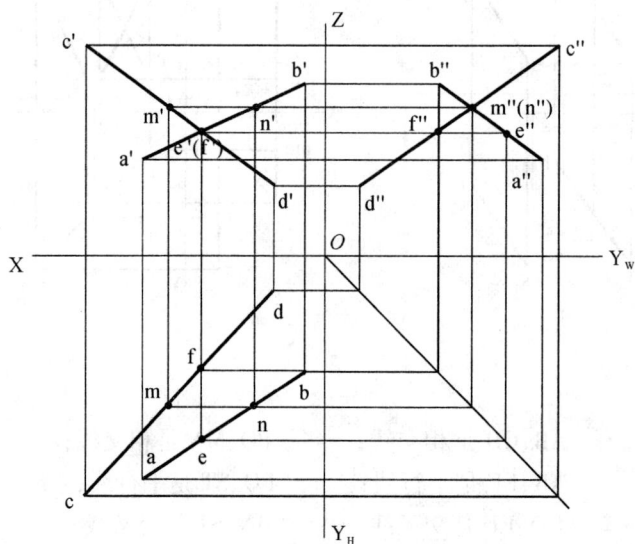

2-8　作下列直线的三面投影：
　　（1）水平线 AB，从 A 点向左、向前，β=30°，长 18 mm。
　　（2）正垂线 CD，从 C 点向后，长 15 mm。

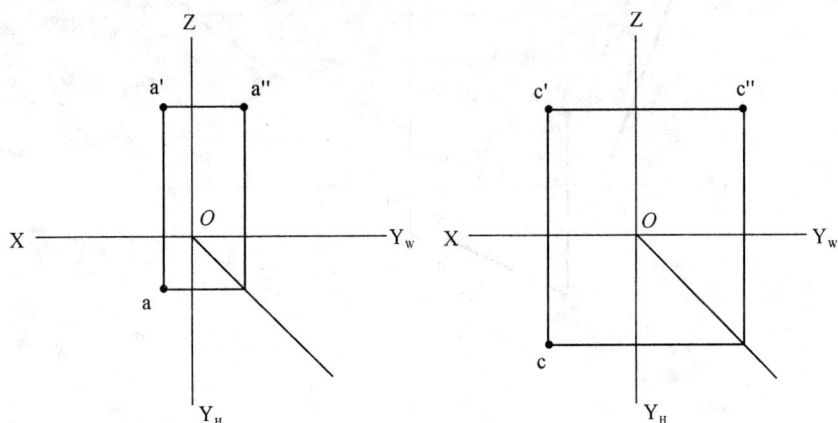

（1）　　　　　　　　　　　　（2）

解答：

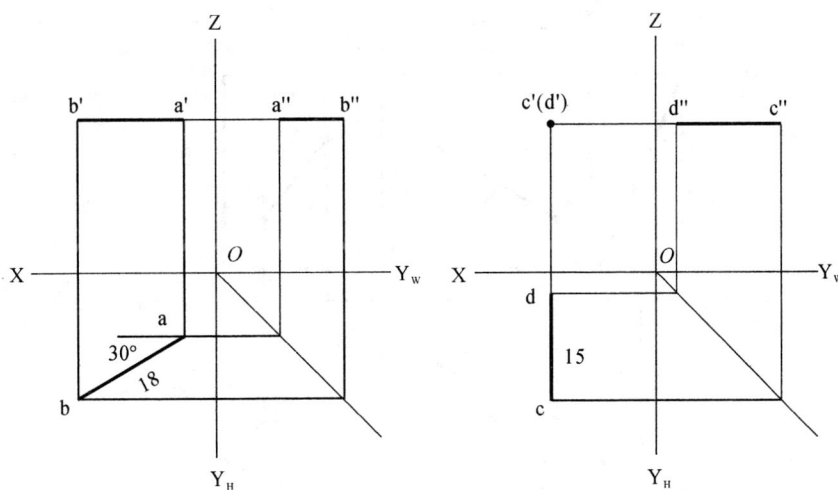

（1）　　　　　　　　　　　　（2）

2-9　已知直线 AB 的 B 点距 H 面 20 mm，直线 CD 距 V 面 20 mm，完成它们三面投影。

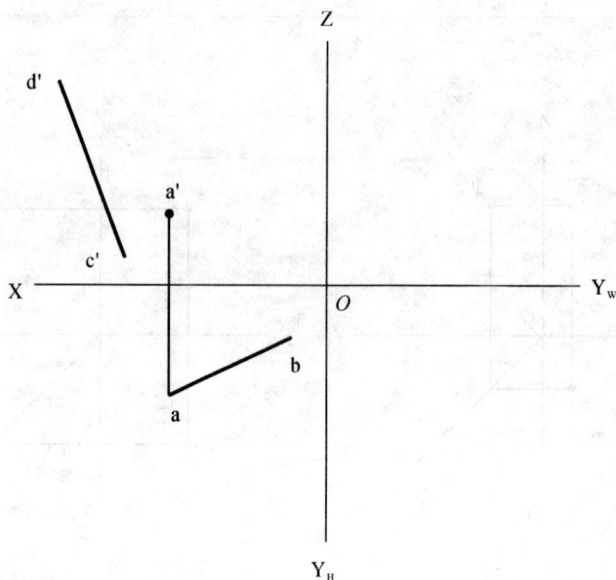

解答：

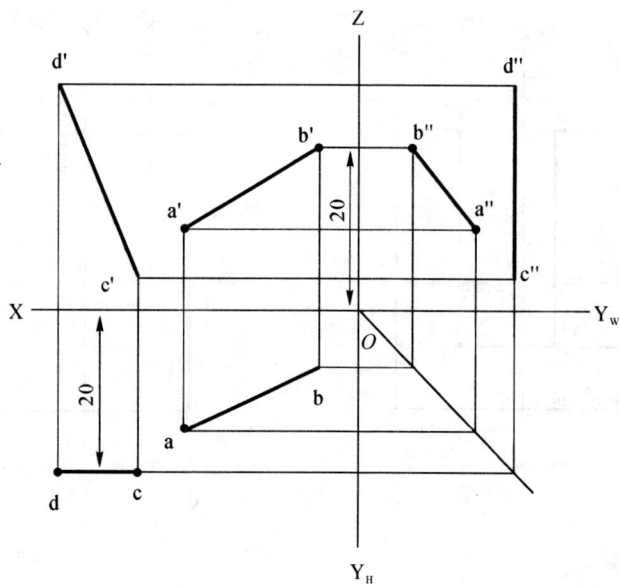

2 – 10　已知 AB 为水平线，B 点在 A 点的左前方，β 角为 30°，AB = 20 mm，AC 为铅垂线，C 点在 A 点的下方，AC = 10 mm，作出两直线 AB、AC 的三面投影。

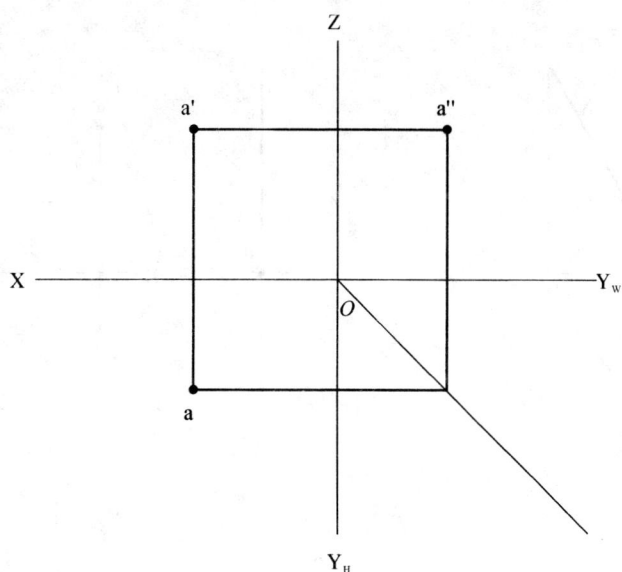

解答：

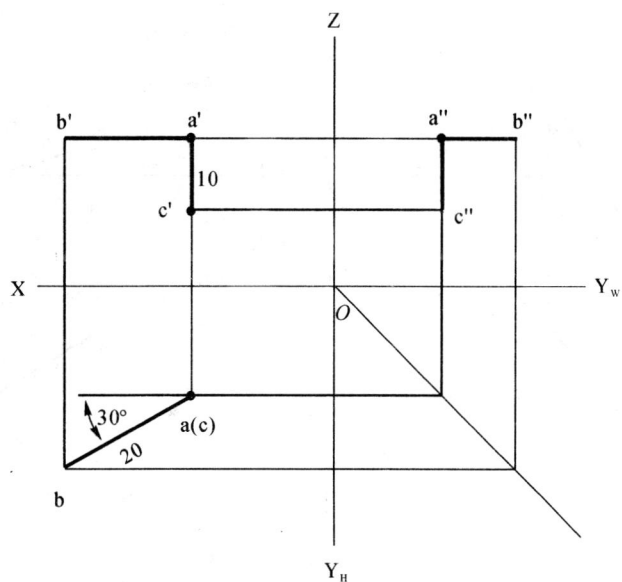

2-11　分别在图(1)、(2)、(3)中,由 A 点作直线 AB 与 CD 相交,交点 B 距离 H 面 20 mm。

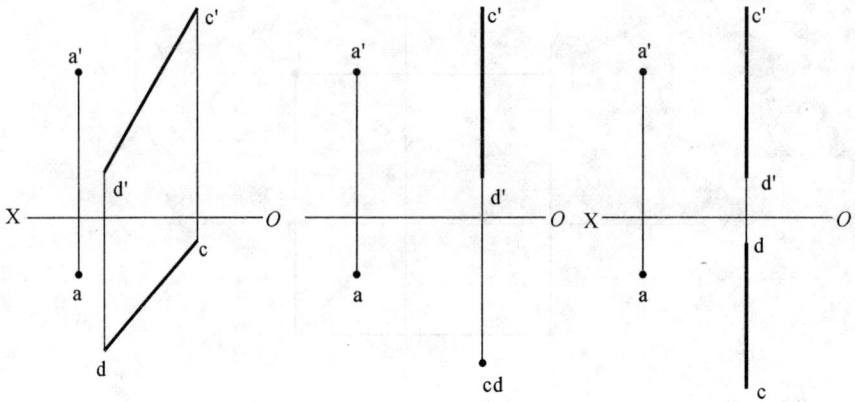

(1)　　　　　　　　　(2)　　　　　　　　　(3)

解答:(1) 一般直线上取点。(2) 积聚性。(3) 等比性。

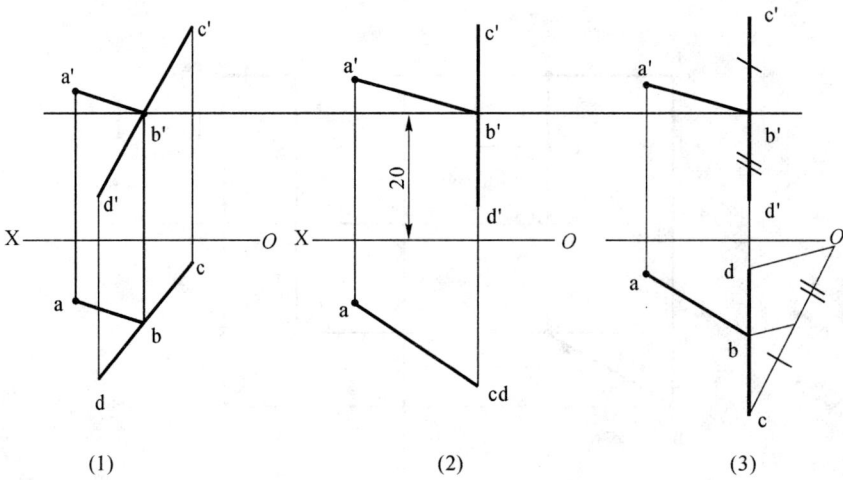

(1)　　　　　　　　　(2)　　　　　　　　　(3)

2–12 作直线 AB 的两面投影：
  （1）AB 与 PQ 平行，且与 PQ 同向，等长。
  （2）AB 与 PQ 平行，且分别与 EF、GH 交于点 A、B。

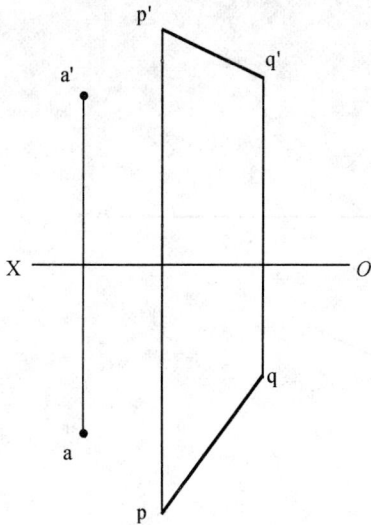

(1)

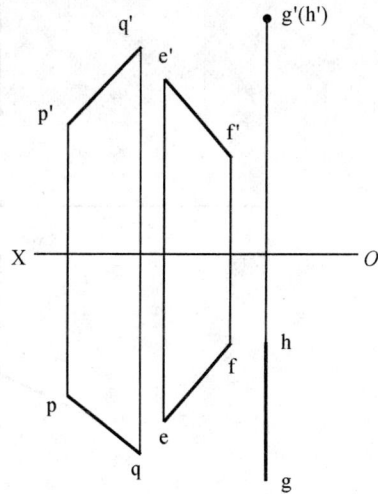

(2)

解答：

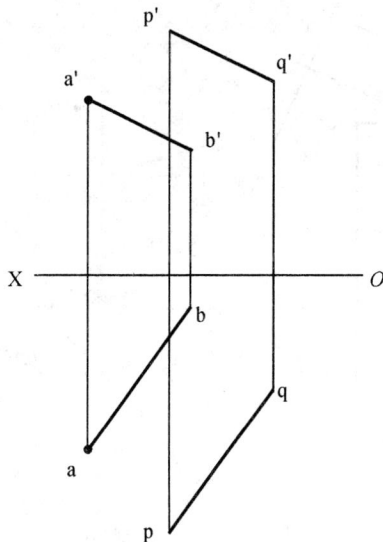

(1)

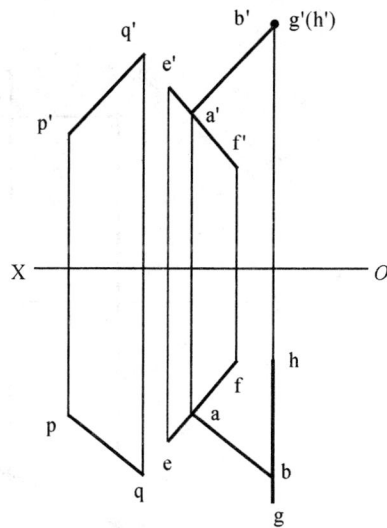

(2)

2 – 13　已知 AB、CD 两直线相交,AB 为一水平线,求作 a′b′。

解答:先利用等比性定 k′,再利用 AB 过 K 点且为水平线定 a′b′。

2－14　在△ABC 平面上取一点 K,使它在 H 面的上方 15 mm,V 面的前方 20 mm。

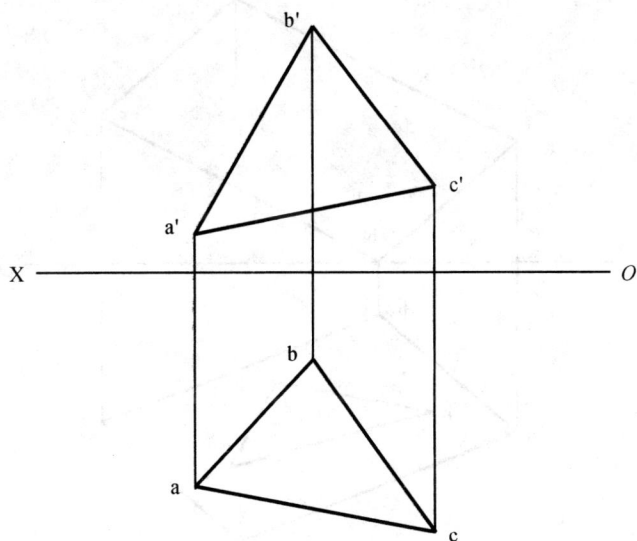

解答:

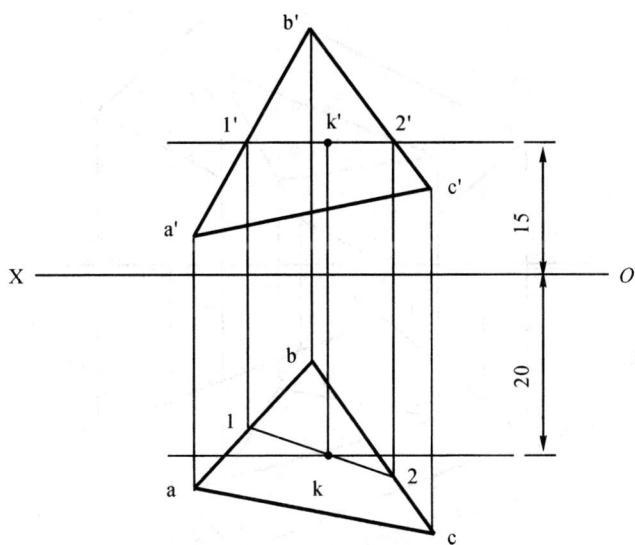

2-15 作出四边形平面 ABCD 上的三角形平面 EFG 的正面投影。

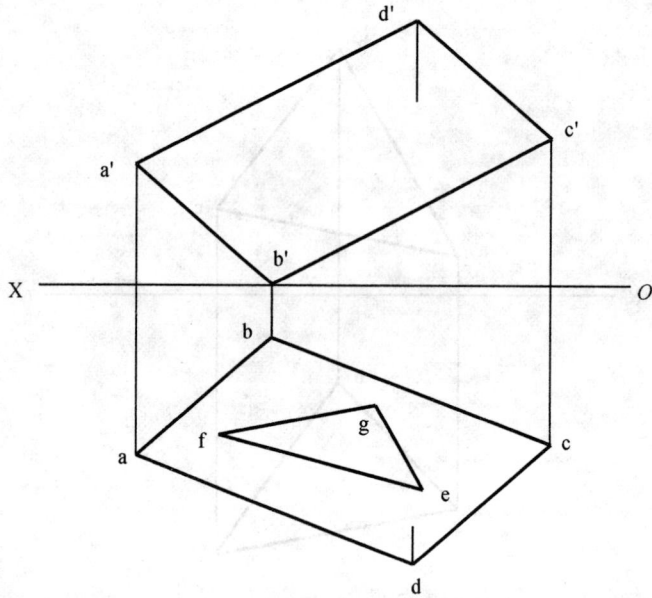

解答：

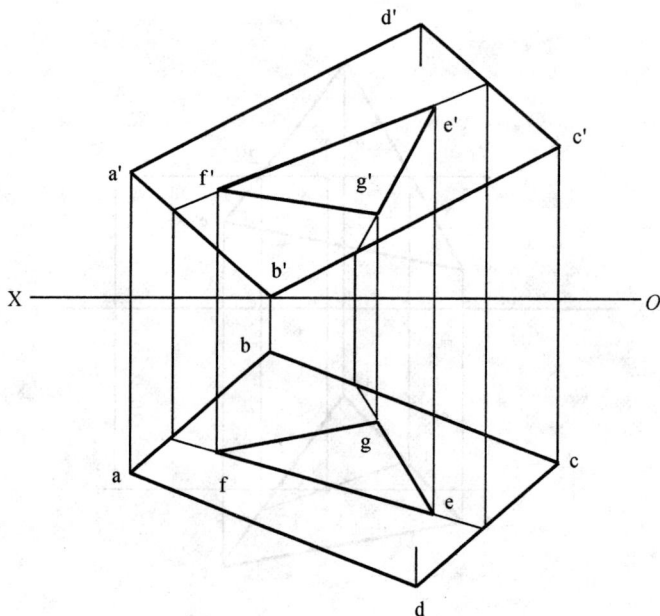

2-16 补全平面图形 PQRST 的两面投影。

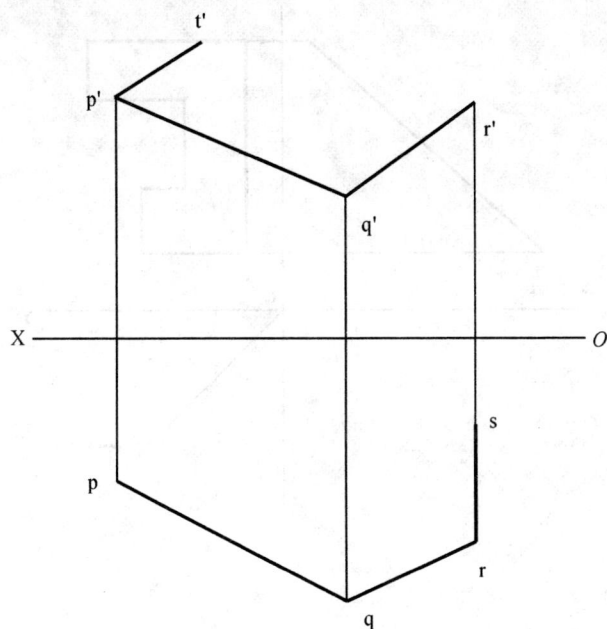

解答：

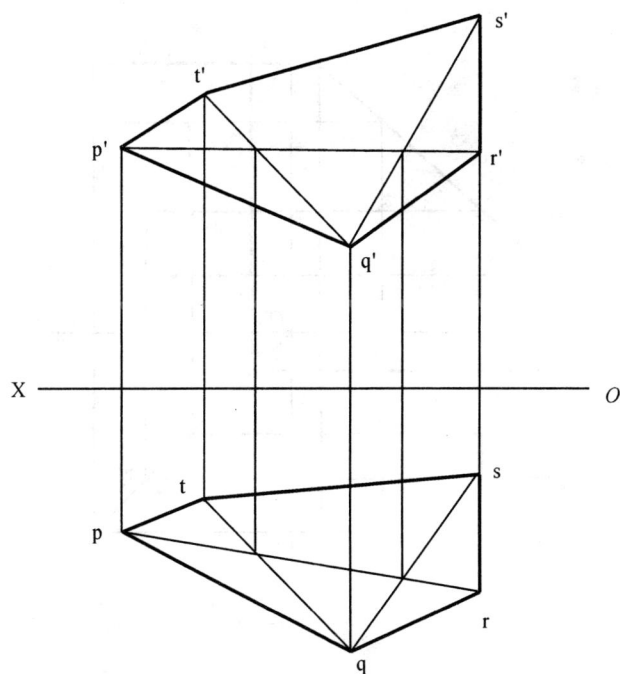

2 - 17　作平面图形的第三投影,并判断平面所处的空间位置。

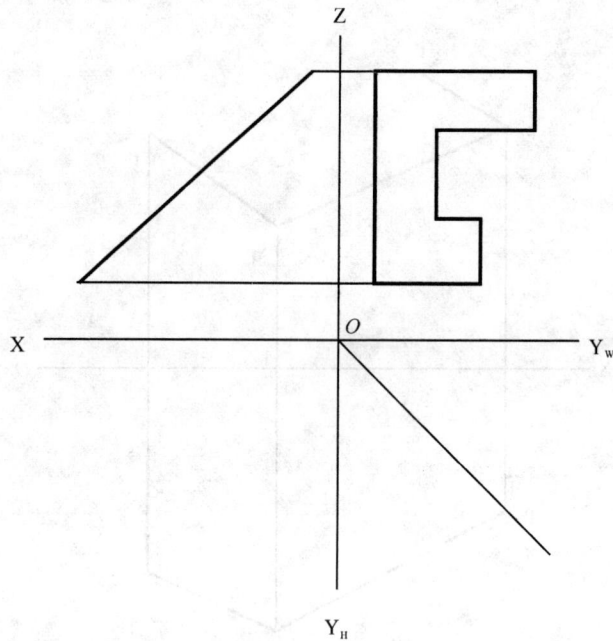

_____面

解答:

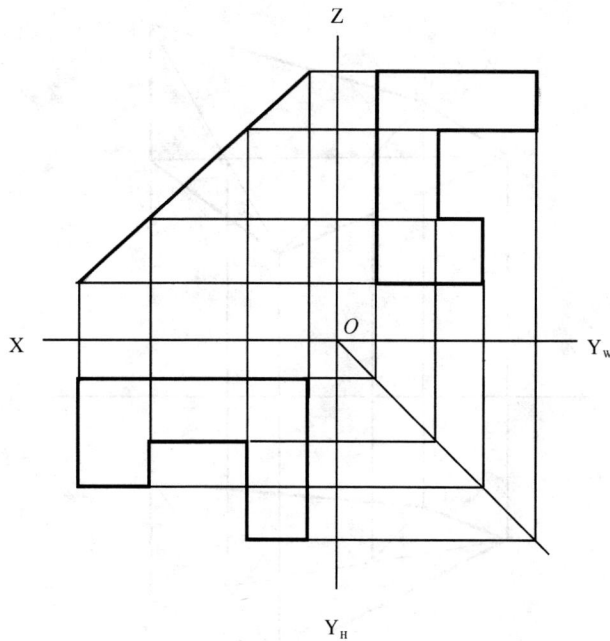

正垂　面

2 - 18　作直线 CD 与平面 LMN 的交点，并表明可见性。

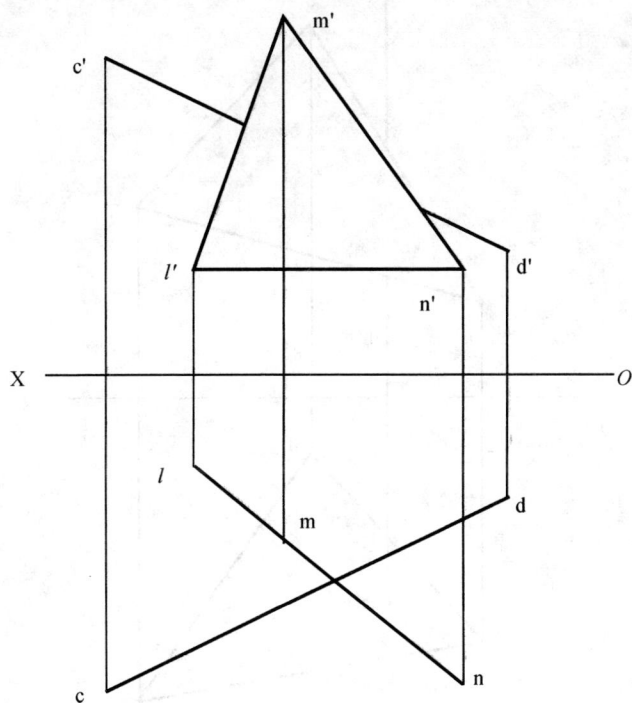

解答：

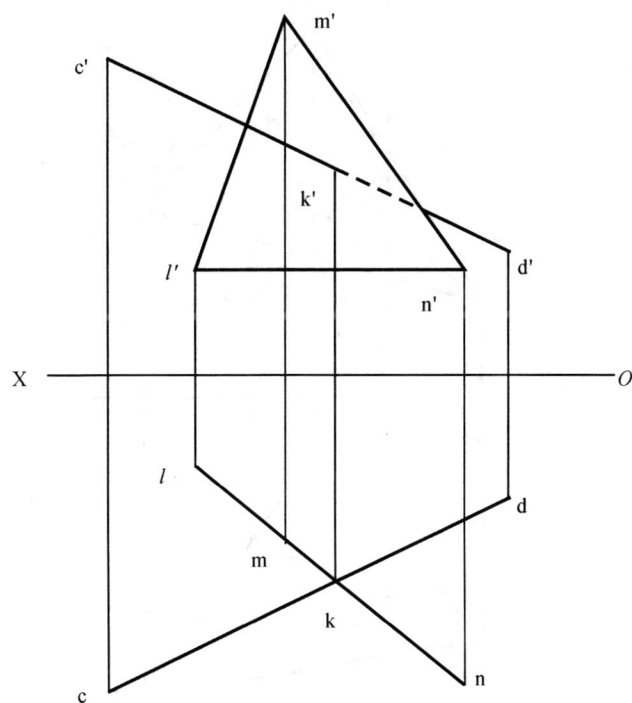

2-19 作铅垂线 AB 与三角形 CDE 的交点,并表明可见性。

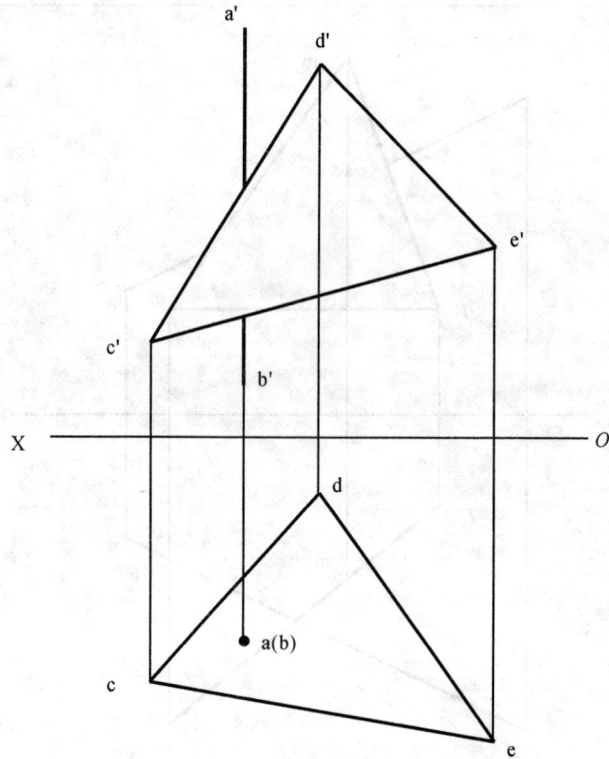

解答:

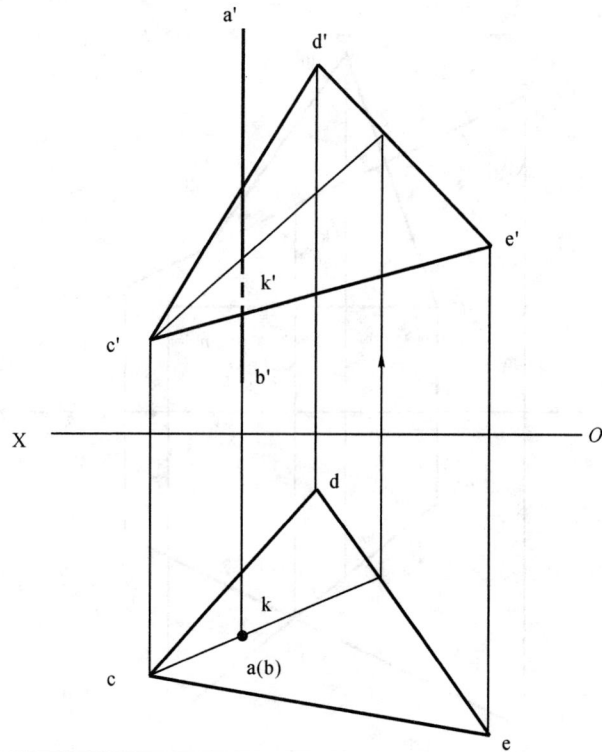

2 - 20   作侧垂线 AB 与四边形 CDEF 的交点,并表明可见性。

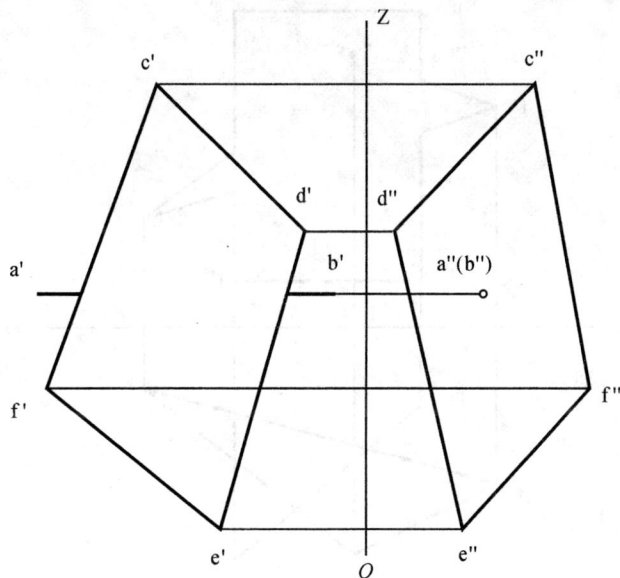

解答:

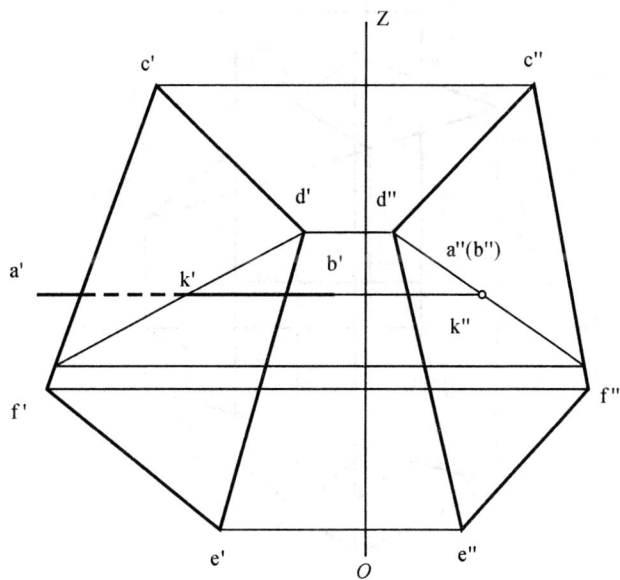

2-21　作三角形 EFG 与四边形 PQRS 的交线,并表明可见性。

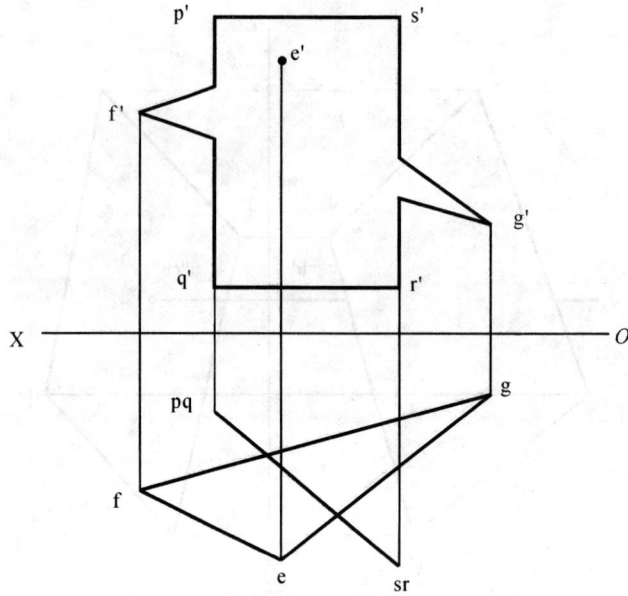

解答:

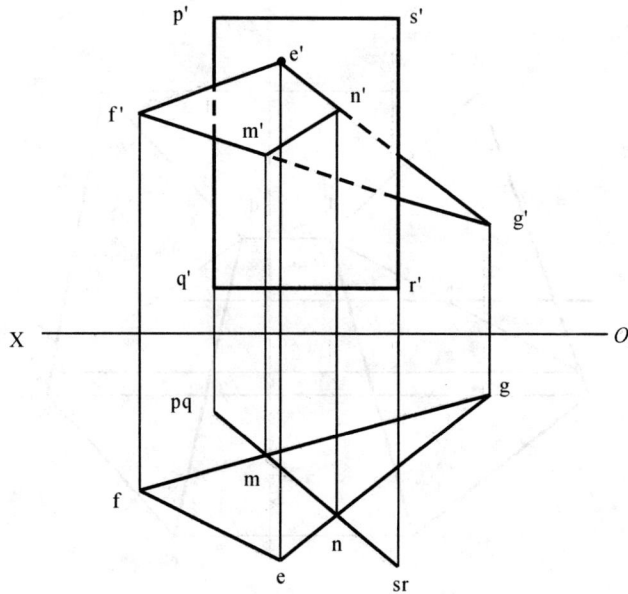

2－22　由 A 点作直线 CD 的垂线 AB,作出垂足 B,并求出 A 点与直线 CD 之间的距离。

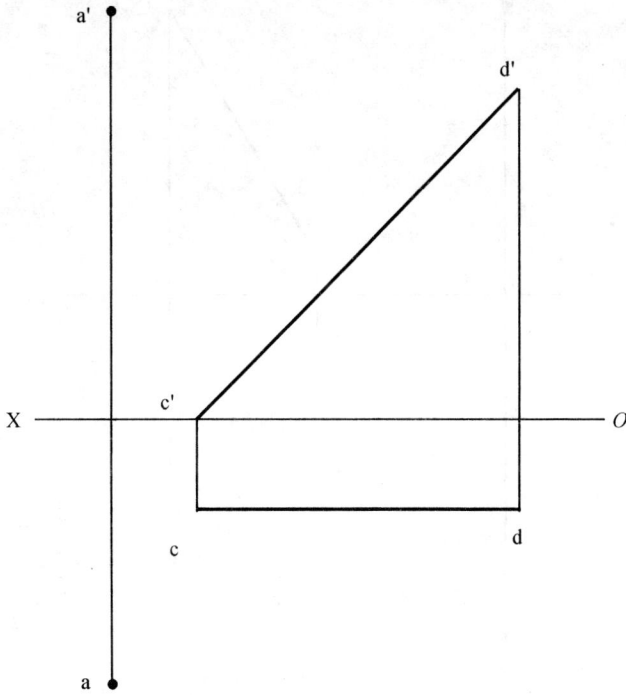

解答:根据直角定理确定 B 点;直角三角形法求 AB 实长。

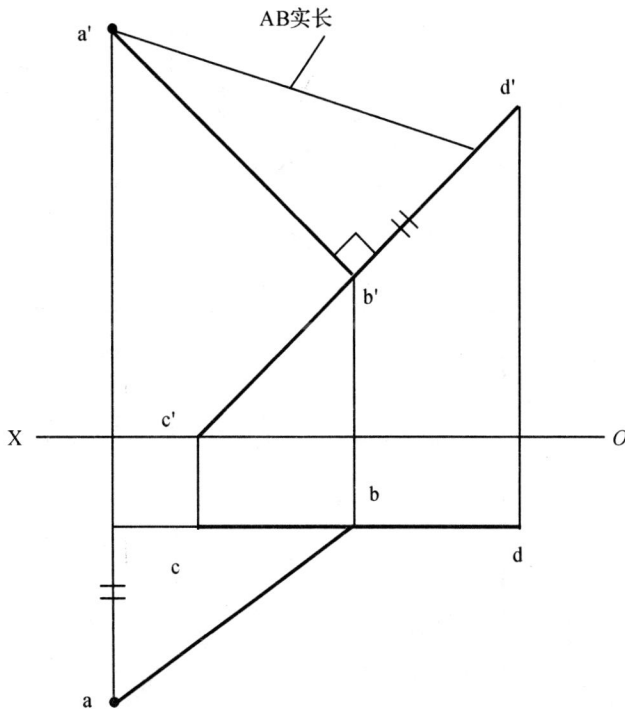

2－23　作两交叉直线 AB、CD 的公垂线 EF，分别与 AB、CD 交于 E、F 点。

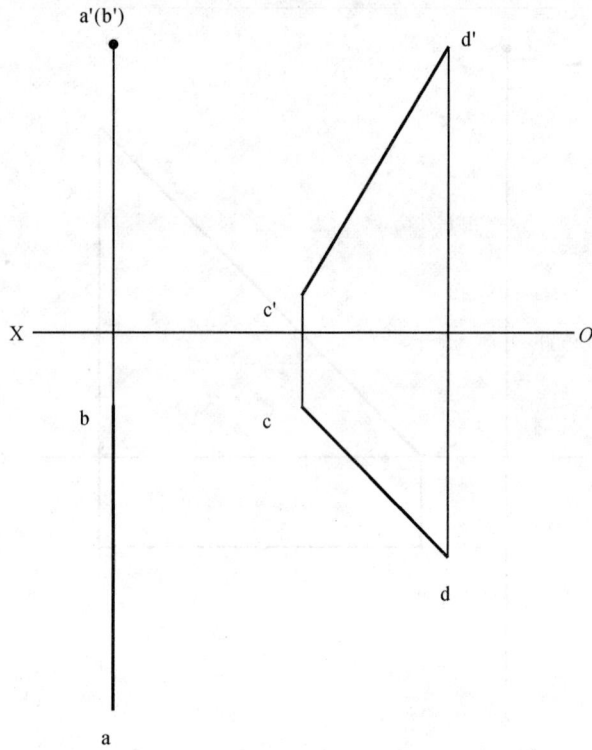

解答：正垂线的垂线是正平线。

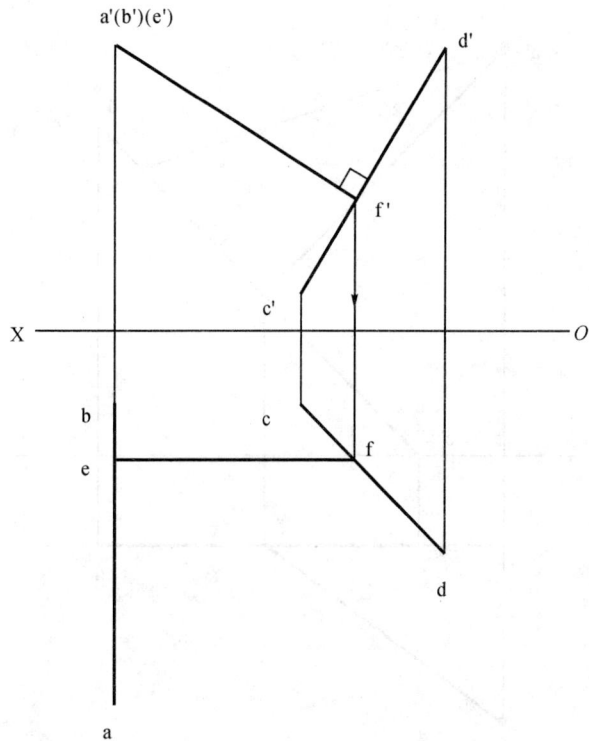

2-24 由 A 点作三角形 BCD 的垂线 AK,K 点为垂足,并标出 A 点与三角形 BCD 的真实距离。

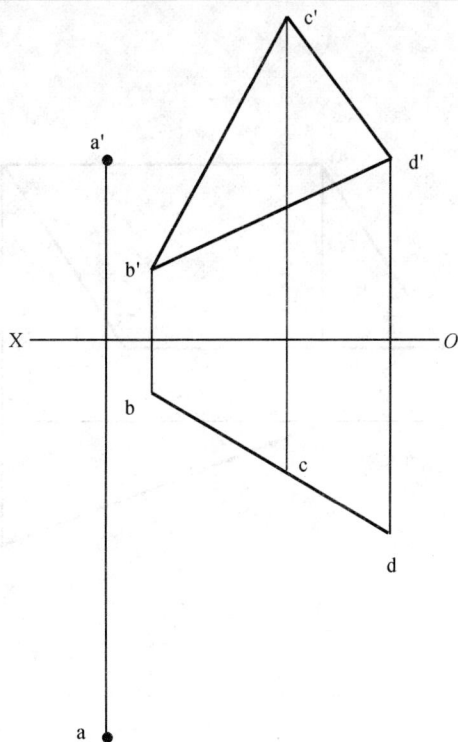

解答:铅垂面的垂线是水平线。

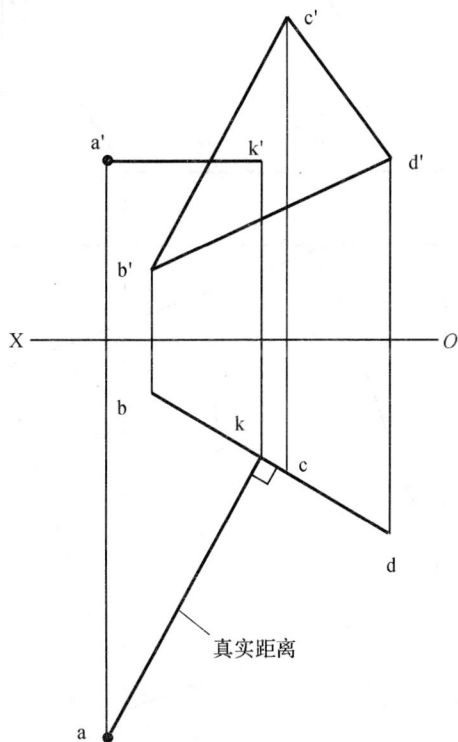

真实距离

2 −25　已知矩形 ABCD 的正面投影和 AD 的水平投影,完成其水平投影。

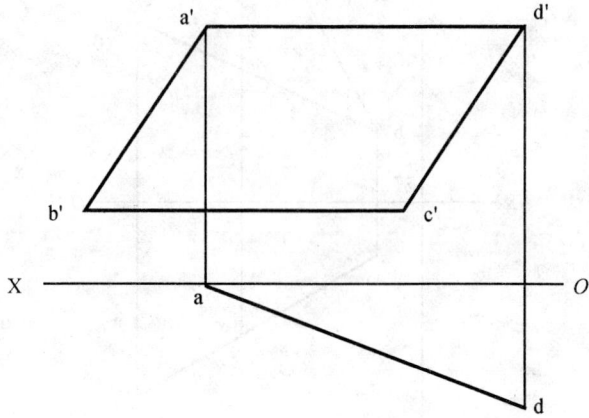

解答:直角定理。

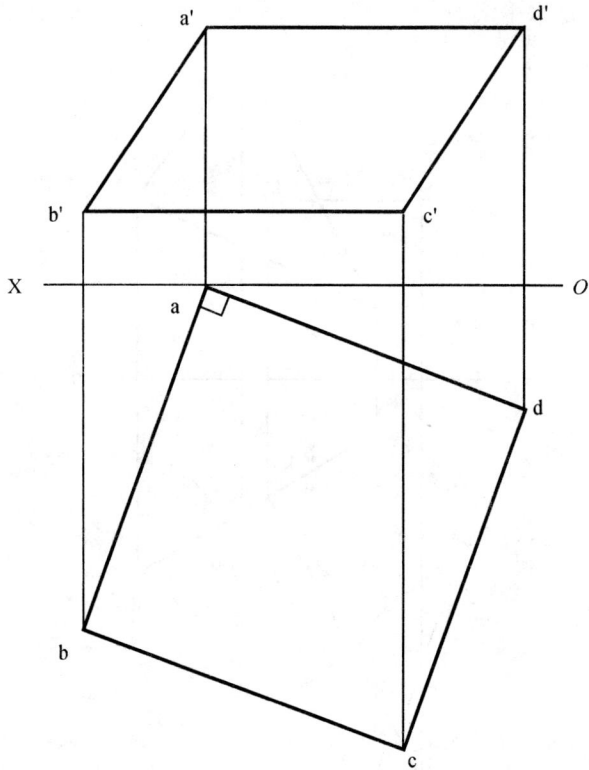

2-26 过 K 点作平面平行于直线 EF,且垂直于平面 ABCD。

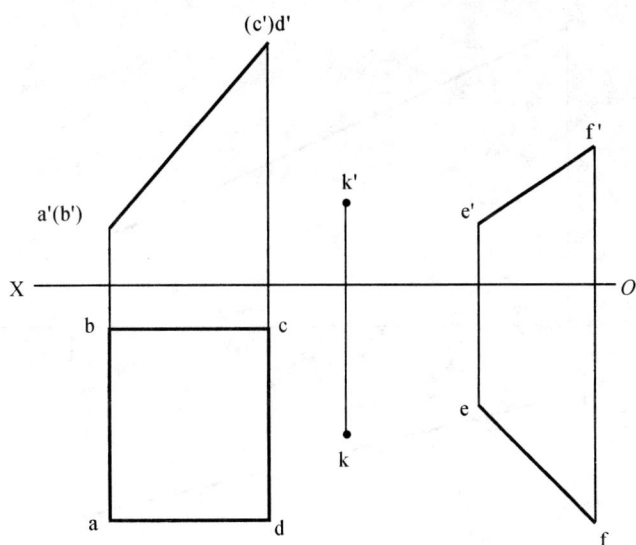

解答:正垂面的垂线是正平线。

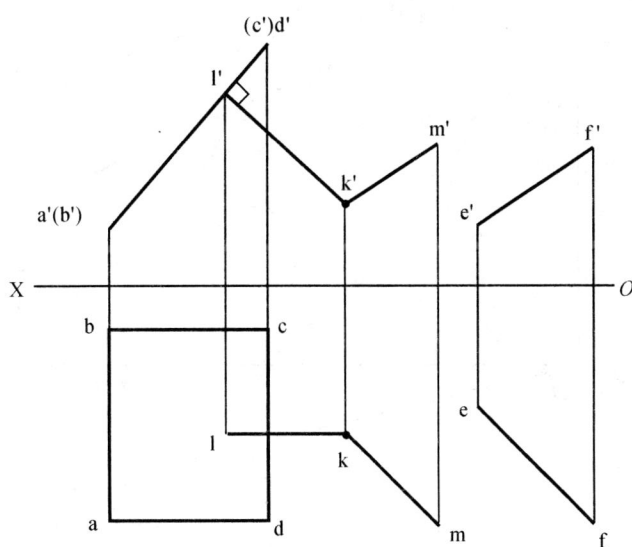

2－27　用直角三角形法求直线 AB 的实长及其对 H 面、V 面的倾角 α、β。

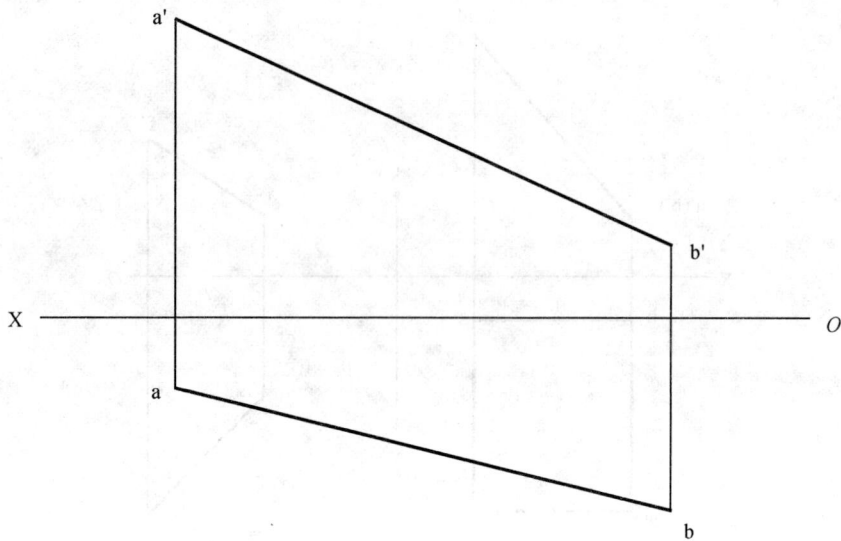

解答:直角三角形法。

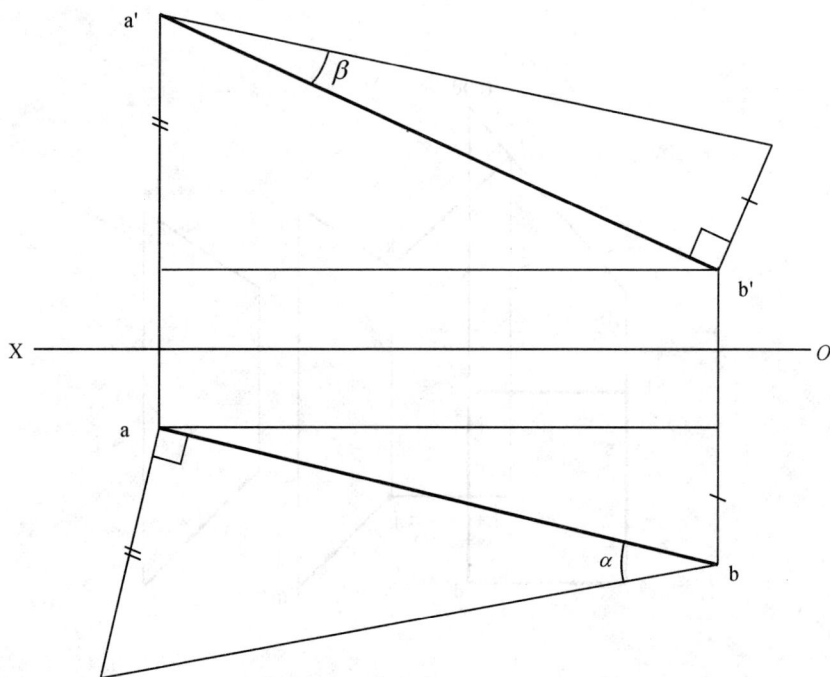

2-28 已知 AB=55 mm 以及水平投影 ab,求作正面投影 a'b'。

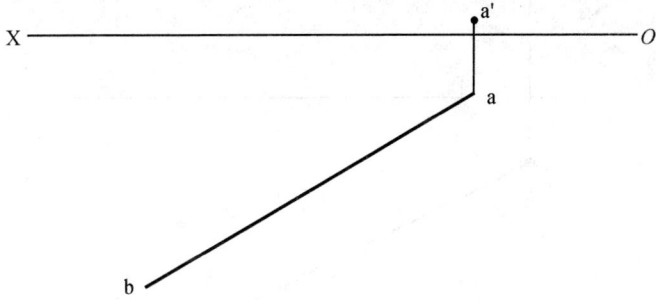

解答:直角三角形法。

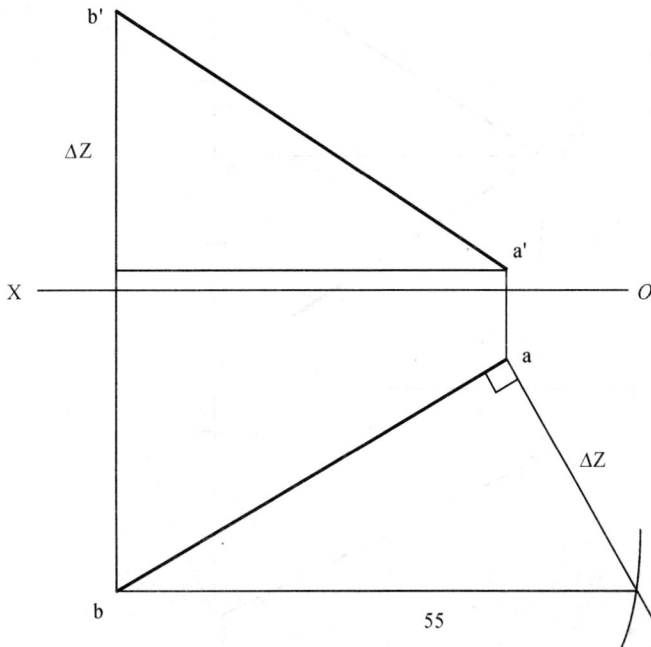

2 – 29　已知线段 AB 对 H 面倾角 α = 30°,求 a′b′,有几解?

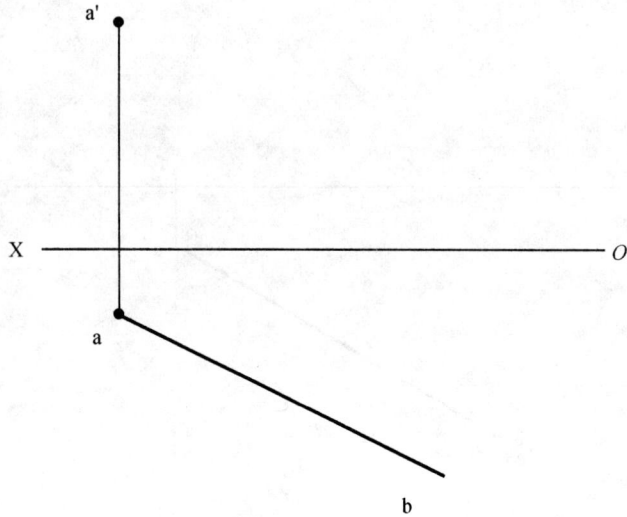

有__解

解答:直角三角形法。

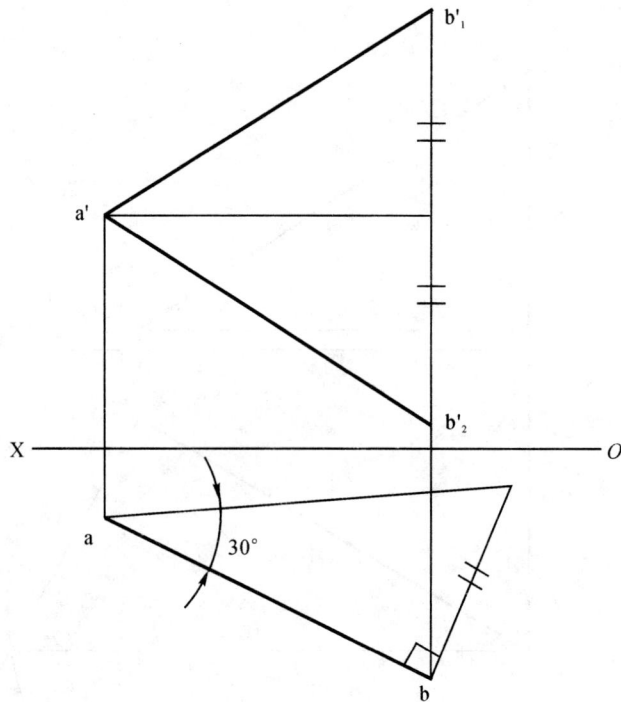

有两解

第3章 立体的投影

立体可分为平面立体和曲面立体,由平面围成的立体称为平面立体,如棱柱、棱锥等;由曲面或者由曲面和平面围成的立体称为曲面立体,如圆柱、圆锥、圆球等。

3.1 平面立体的投影

平面立体是由若干多边形所围成。因此,绘制平面立体的投影图就是绘制围成平面立体的所有多边形的边和顶点的投影。

3.1.1 棱柱体

1. 棱柱体的投影

在作图时,可先画出有积聚性的投影,再根据棱柱的高度及投影规律作出其他的投影。因为改变物体与三个投影面之间的距离,并不改变三个投影之间的投影关系,所以在作投影图时,投影轴可以省去不画,但必须保持它们之间的投影关系。

2. 棱柱表面上取点

在已知点的一个投影求其余两投影时,先确定该点在哪一个平面上,然后再根据点所在平面的投影特性作图,求出点的其余投影。

3.1.2 棱锥体

1. 棱锥体的投影

在作图时,先画出棱锥体底面的三面投影,再画出锥顶的三面投影,再将顶点和底面角点的同面投影分别连接起来,就得到了棱锥体的三面投影。

2. 棱锥表面上取点

若点在棱锥的特殊位置平面上,可利用其投影的积聚性作图;若点在一般位置平面上,就用过点在面内引一条直线的方法来作图。

3.2 回转体的投影

一条直线或曲线绕一定直线旋转而形成的曲面称为回转面。由回转面或回转面和平面围成的立体称为回转体。常见的回转体有圆柱体、圆锥体、圆球体和圆环等。

3.2.1 圆柱体

1. 圆柱体的形成

圆柱体是由圆柱面和上、下两个底圆所围成,其中圆柱面是由一条直线绕和它平行的一条轴线旋转而成的。

2. 圆柱体的投影

在三投影面体系中,圆柱体竖直放置,圆柱面的水平投影是一个圆,且具有积聚性。圆柱体的上下底面都是水平面,它们的水平投影与圆柱面的水平投影重合。正面投影和侧面投影都积聚为一直线段。

圆柱面最左、最右两条素线的正面投影是圆柱正面投影的左、右两条轮廓线,侧面投影与圆柱面轴线的侧面投影重合,图中不必画出,水平投影积聚为圆周上的两点。

圆柱面最前、最后两条素线的侧面投影是圆柱侧面投影的轮廓线,正面投影与圆柱面轴线的正面投影重合,水平投影积聚为圆周上的两点。

关于可见性问题,对正面投影来说,以最左、最右素线为界线,前半部分圆柱面是可见的,后半部分圆柱面是不可见的;对于侧面投影来说,以最前、最后素线为界线,左半部分圆柱面是可见的,右半部分圆柱面是不可见的。

3. 圆柱表面上取点

圆柱表面上的点利用其表面具有积聚性的投影来作图。

3.2.2　圆锥体

1. 圆锥体的形成

圆锥体是由圆锥面和底圆围成的,圆锥面是由直母线绕与它相交的轴线旋转而成的。

2. 圆锥体的投影

底面平行于水平面的正圆锥体,底圆的水平投影反映实形,正面投影和侧面投影都积聚为直线段。

圆锥体最左、最右素线的正面投影是圆锥正面投影的左、右轮廓线,它们的水平投影和圆锥水平投影圆的横向中心线重合,侧面投影和圆锥轴线的侧面投影重合。

圆锥面最前、最后两条素线的侧面投影是圆锥体侧面投影的轮廓线,正面投影与圆锥体轴线的正面投影重合,它们的水平投影和圆锥水平投影圆的竖向中心线重合。

关于可见性问题,对正面投影来说,以最左、最右素线为界线,前半部分圆锥面是可见的,后半部分圆锥面是不可见的;对于侧面投影来说,以最前、最后素线为界线,左半部分圆锥面是可见的,右半部分圆锥面是不可见的。

3. 圆锥表面上取点

如果点是在圆锥体的特殊位置素线上,则直接将点投到该素线的同面投影上;如果点是在圆锥的底圆上,则利用其具有积聚性的投影来作图;如果点在圆锥面上,则用素线法或纬圆法来作图。

3.2.3　圆球体

1. 圆球体的形成

圆球体是由圆球面围成的,圆球面是以半圆弧为母线绕直径旋转而成的。

2. 圆球体的投影

圆球体的三个投影均为圆,其直径都等于圆球的直径。但应注意这三个圆是分别从三个方向投影得到的,是三个不同方向外轮廓线的投影。从投影图中可以看出,球面最大水平圆的水平投影是圆,正面投影和侧面投影分别和相应的中心线重合,均不画出。球面的最大正平圆和最大侧平圆的三个投影的对应关系也是类似的。

3. 圆球面上取点

在圆球体表面取点时,采用的是纬圆法。

3.3　平面与平面立体相交

平面与立体表面的交线称为截交线,平面与平面立体截交,产生的截交线是由直线围成的封闭图形。在求截交线的投影时,先把截平面和平面立体棱线交点的投影求出来,再将这些点的投影依次连接起来,即可完成截交线的投影。

3.4　平面与回转体相交

由于截交线是截平面与立体表面的交线,它既在截平面上,又在立体的表面上,是截平面和立体表面的共有线,截交线上的任何一点都是共有点。因此求截交线的问题,可归结为求共有点的问题。

回转体的截交线形状是直线或平面曲线。作投影图时,应根据回转体的几何形状和性质,以及截平面与回转体轴线的相对位置,判断截交线及其投影的几何形状,以便确定具体的作图方法和步骤。

截交线上有一些能确定截交线的形状和范围的特殊点,包括回转体转向轮廓线上的点,截交线在对称轴上的顶点,以及最高、最低、最左、最右、最前、最后点等,通常先作出特殊点,然后根据需要再作出一些一般点,最后连成截交线的投影,并表明可见性。

3.4.1　平面与圆柱相交

根据截平面相对于圆柱轴线的位置不同,圆柱面的截交线有两条平行线、圆、椭圆这三种情况(如图 3 - 1 所示)。

图 3 - 1　平面与圆柱相交

3.4.2　平面与圆锥相交

平面与圆锥相交时,根据截平面与圆锥轴线相对位置不同,圆锥截交线有两条素线、圆、椭圆、抛物线、双曲线等五种情况(如图 3 - 2 所示)。

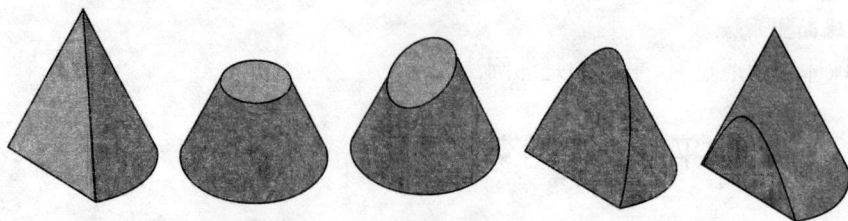

图 3 - 2　平面与圆锥相交

在作图时,先要分析清楚截平面与圆锥轴线处于一种什么样的位置,产生的是哪一种截交线,然后再采用表面取点或辅助平面法来作图。

3.4.3　平面与圆球相交

不论平面与圆球的相对位置如何,平面与圆球截交产生的截交线都是圆或圆弧。但其投影则根据截平面对投影面的相对位置不同,可能是直线段、椭圆或圆。

3.5　两回转体表面相贯

两回转体表面的交线称为相贯线。相贯线一般是封闭的空间曲线,是两立体表面的共有线,相贯线上所有的点是两立体表面的共有点。求两回转体相贯线的问题,可归结为求两回转体表面的共有点的问题。

求共有点的方法有辅助平面法和积聚性法。作图时,应首先确定相贯线上的特殊点。例如最高、最低、最前、最后、最左、最右点等。再作出适当数量的一般点,以便较准确地画出相贯线的投影,并表明可见性。

3.5.1　用表面取点法求相贯线

1. 圆柱与圆柱相贯

如果相贯的两圆柱体中有一个的轴线垂直于投影面,则相贯线在该投影面上的投影就积聚在圆柱面有积聚性的投影上,用表面取点法便可求出相贯线的其他投影。

2. 三种基本形式

(1)小实心圆柱全部贯穿大实心圆柱,相贯线是上下对称的两条闭合的空间曲线。

(2)圆柱孔全部贯穿实心圆柱,相贯线是上下对称的两条闭合的空间曲线,也是圆柱孔壁的上、下孔口曲线。

(3)相贯线是长方体内部两个圆柱孔的孔壁的交线,是上下对称的两条闭合的空间曲线。

上述三种投影图中的相贯线,具有同样的形状(如图 3 - 3 所示),求这些相贯线投影的作图方法是相同的。

3.5.2　辅助平面法

假想用一个辅助平面(投影面的平行面)切割相贯体,辅助平面与两相贯体截交产生截

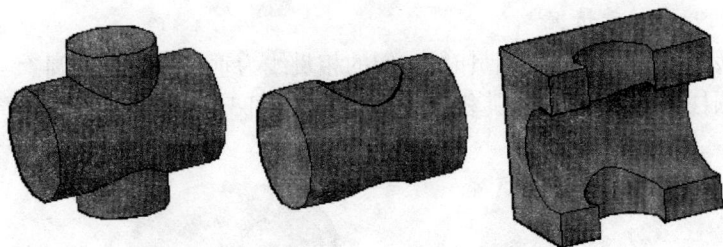

图 3 - 3　两圆柱相贯的三种基本形式

交线的交点就是相贯线上的点。用若干个辅助平面去切割相贯体,就会得到一系列相贯线上的点,用光滑曲线连接这些点,就得到相贯线的投影。

用辅助平面法求相贯线的作图步骤如下:

(1) 作出辅助平面的投影,当辅助平面为特殊位置平面时,画出其有积聚性的投影即可。

(2) 分别作出辅助平面与两回转面的截交线的投影。

(3) 作出两回转面截交线的交点的各投影。

(4) 将交点的同面投影光滑地连接起来,并判别可见性。

为简便作图,在选择辅助平面时应注意以下几点:

(1) 在一般情况下,用投影面的平行面作为辅助平面。

(2) 辅助平面与两回转面的截交线的投影应是直线或圆。

(3) 辅助平面应作在两回转面的相交范围内。

3.5.3　圆柱、圆锥相贯线的变化

圆柱与圆柱相贯,圆柱与圆锥相贯,其相贯线的形状和位置取决于相贯体的形状、大小及相对位置。

1. 两圆柱相贯

为保持水平圆柱直径不变而改变竖直圆柱的直径时,相贯线的变化情况如图 3 - 4 所示。

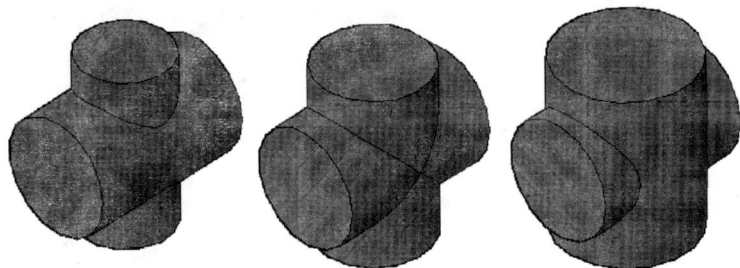

图 3 - 4　轴线正交的两圆柱直径相对变化时对相贯线的影响

从图 3 - 4 中可以看出,当水平圆柱较大时,相贯线为空间曲线,其正面投影为上下对称的两条曲线,当水平圆柱较小时,相贯线为空间曲线,其正面投影为左右对称的两条曲线;当两圆柱直径相等时,相贯线为两个相交的椭圆,其正面投影为正交的两直线。可以看出,这些相贯线的正面投影曲线,总是弯向大圆柱的轴线。

2. 相贯线的一些特殊情况

（1）当回转体与回转体同轴相贯时，它们的相贯线为垂直于轴线的圆。

（2）当两圆柱的轴线平行时，其相贯线是直线（如图 3 - 5 所示）。

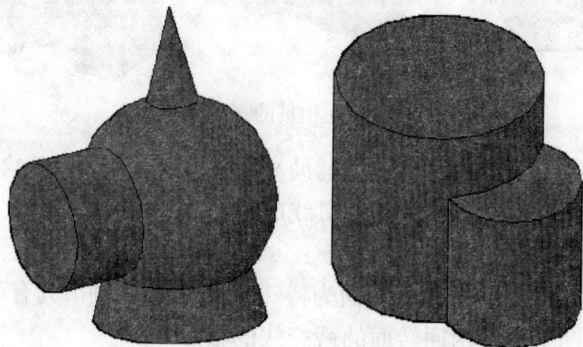

图 3 - 5　相贯线的特殊情况

3.6　习题

3-1 作三棱柱的侧面投影,并补全三棱柱表面上各点的三面投影。

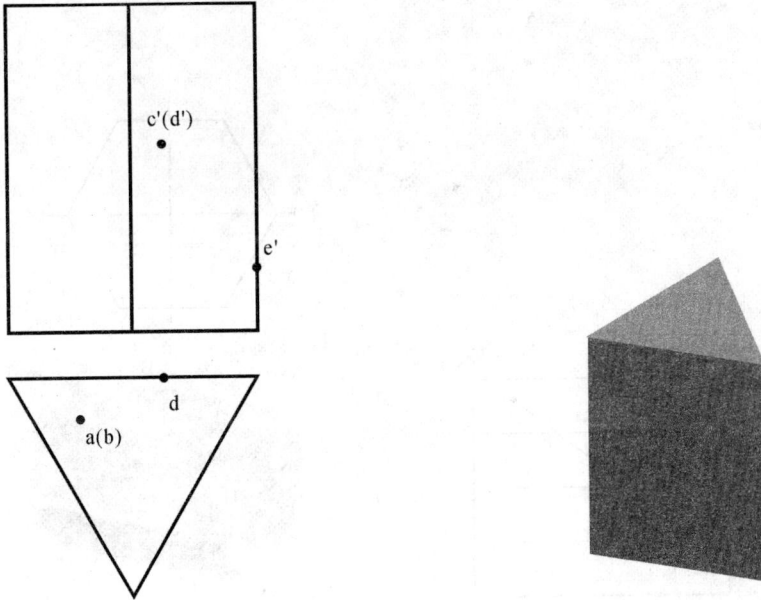

解答:积聚性法。

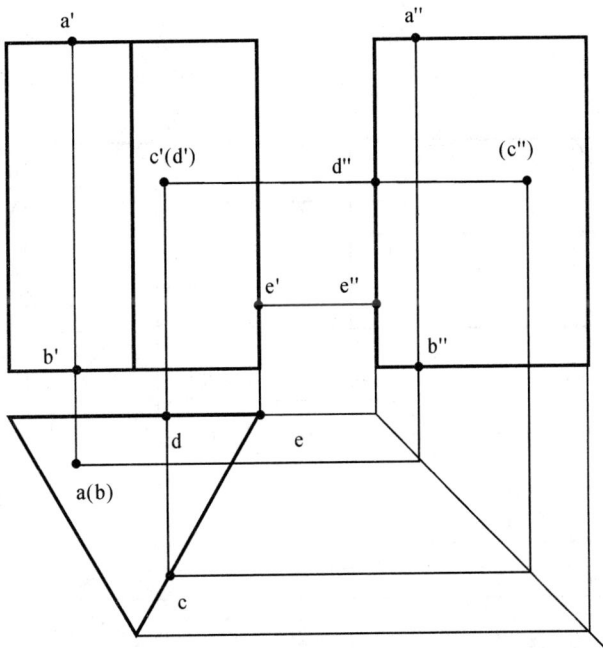

3-2　作六棱柱的正面投影,并作出六棱柱表面上的折线 ABCDEF 的侧面投影和正面投影。

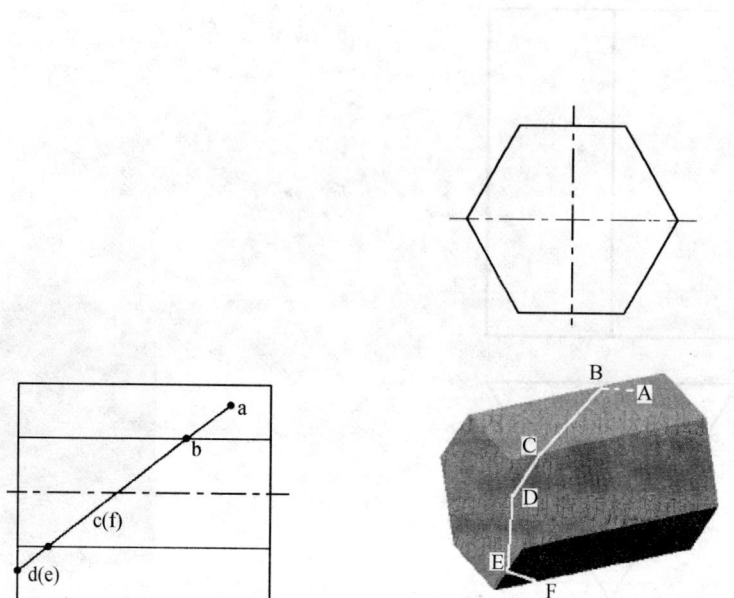

解答:积聚性法。

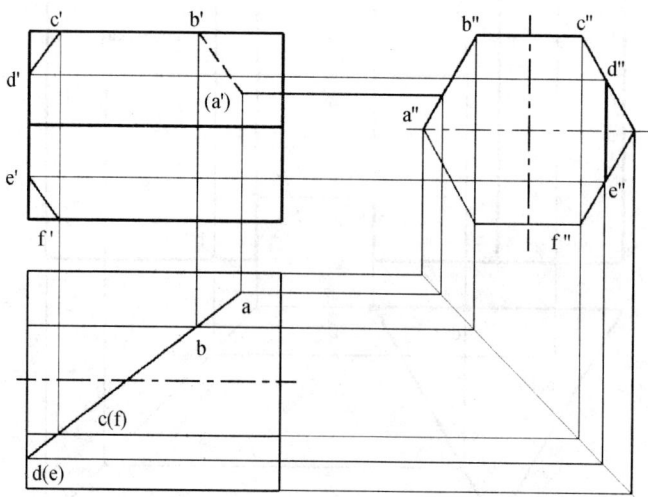

3 - 3　作六棱柱的侧面投影及其表面上折线 ABCD 的水平投影和侧面投影。

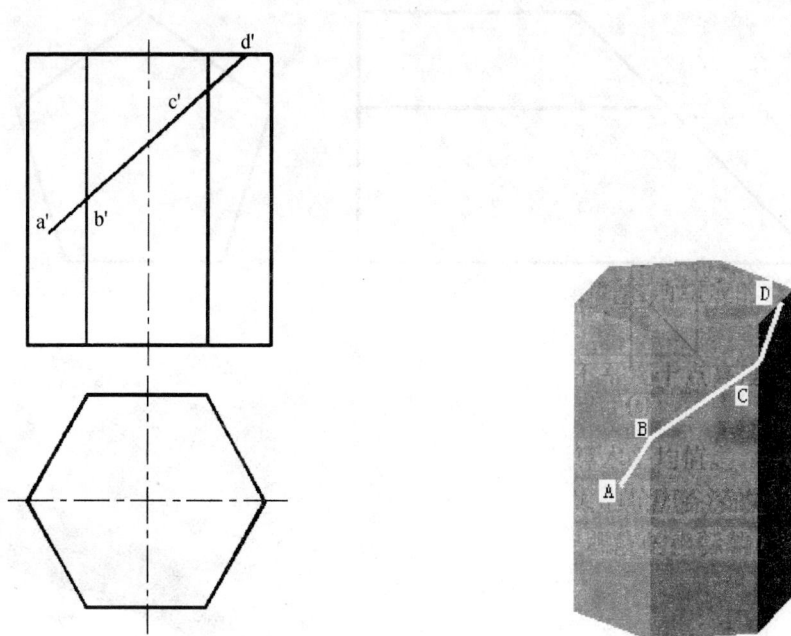

解答:积聚性法。

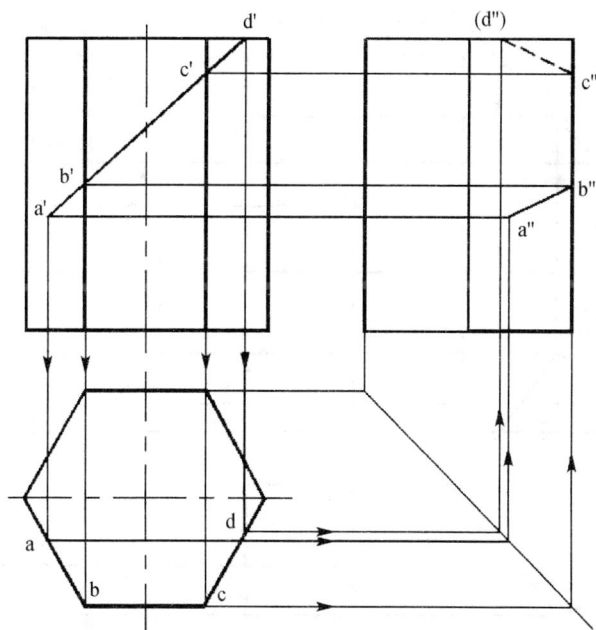

3-4 作缺口棱柱的第三投影,并作出缺口棱柱表面上各点的其余投影。

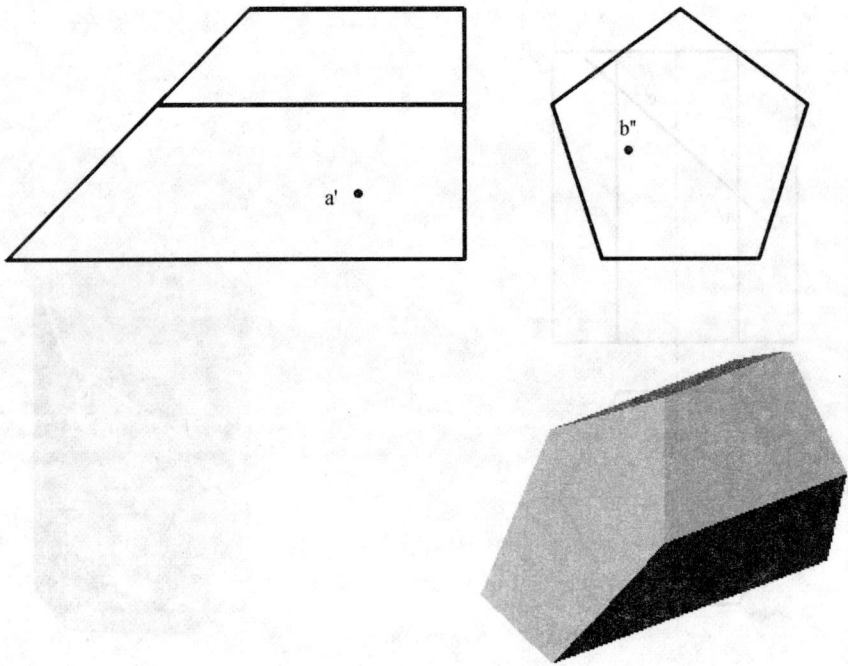

解答:积聚性法。

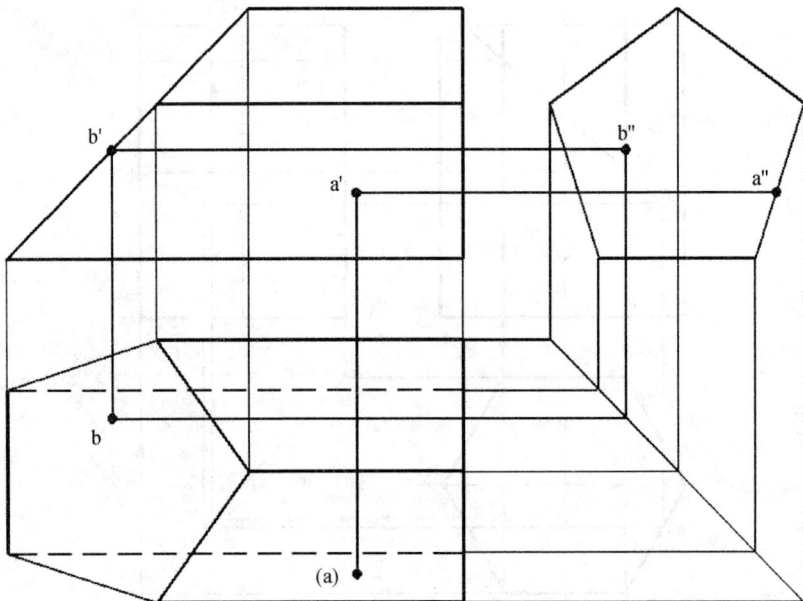

3－5   作三棱锥的侧面投影,并作出三棱锥表面上的折线 ABCD 的正面投影和侧面投影。

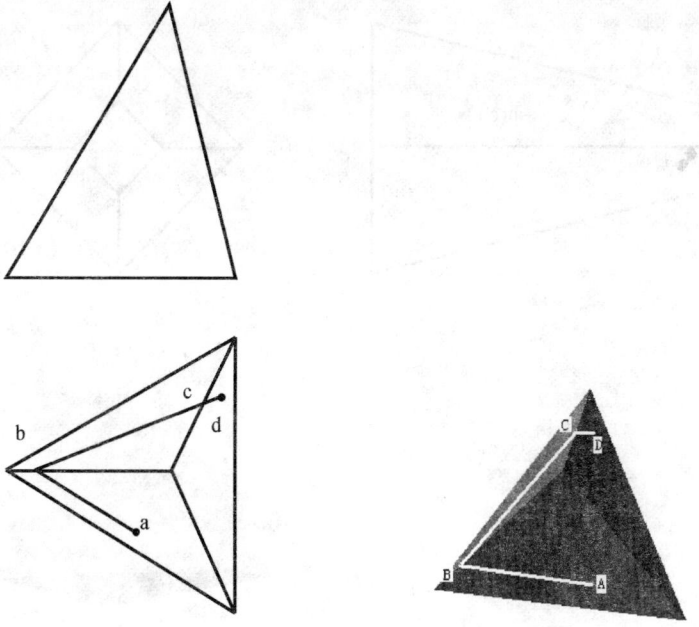

解答:可利用两平行直线的投影规律。

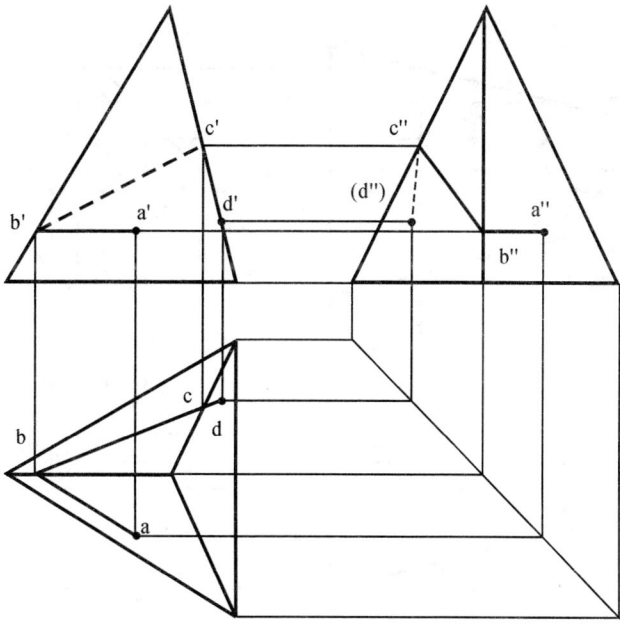

3-6　作四棱台的水平投影,并补全四棱台表面上的点 A、B、C、D、E 和 F 的三面投影。

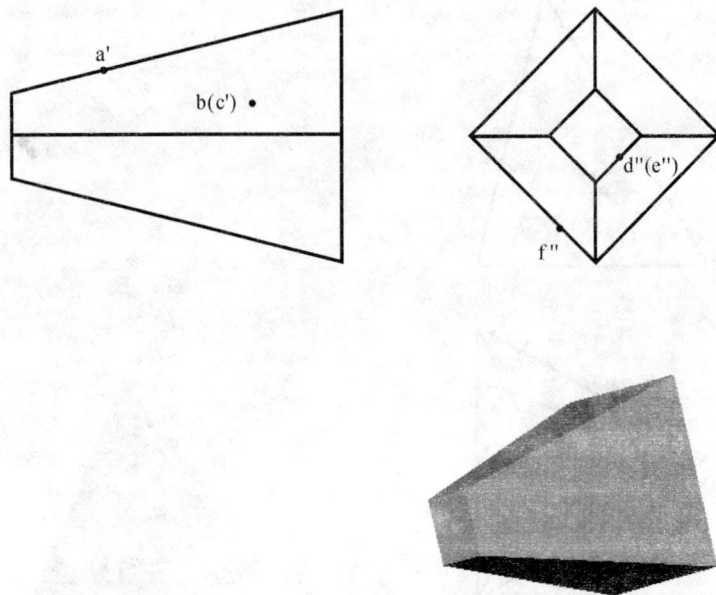

解答:两平行直线的投影规律。

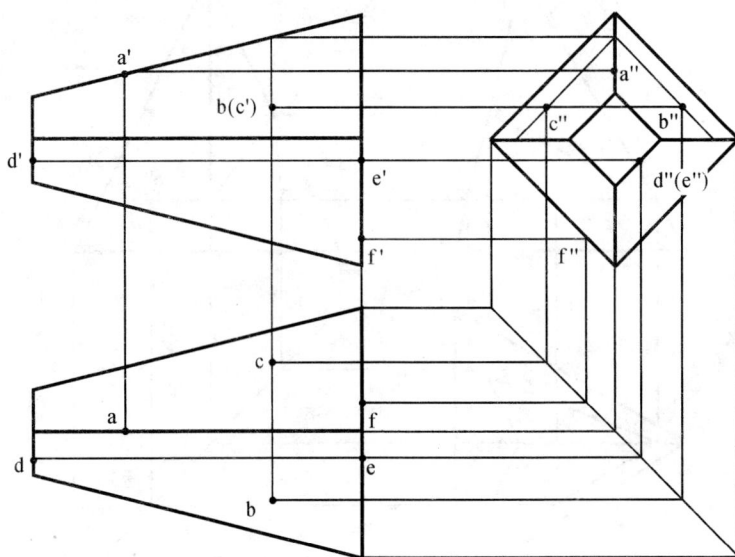

3-7　作出圆柱表面上各点的另外两个投影。

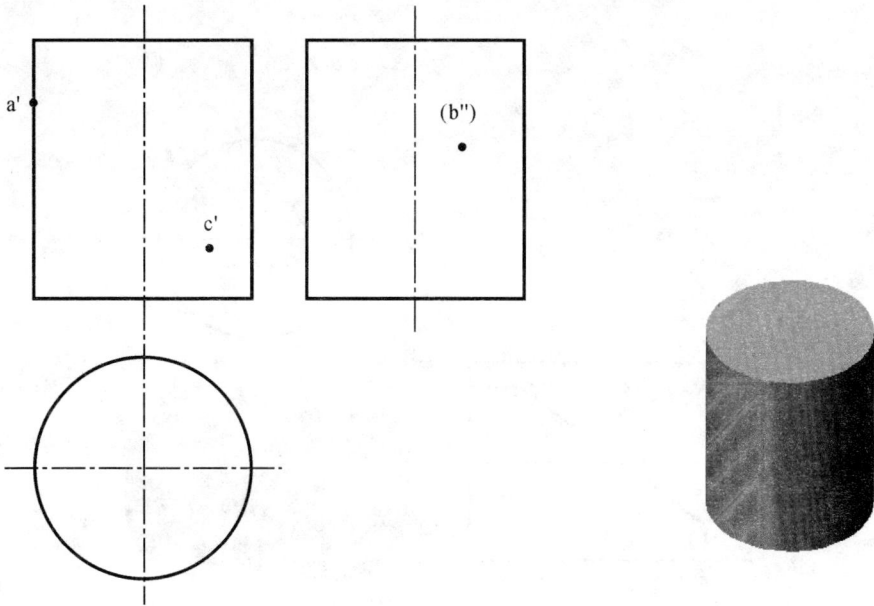

a'

(b")

c'

解答:积聚性法。

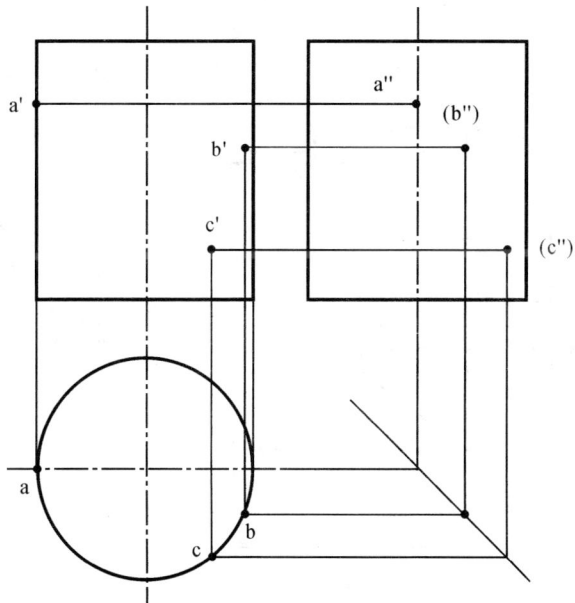

a'　　　　　　　a"　　(b")

b'

c'　　　　　　　　　　(c")

a

b

c

3－8　作圆柱的正面投影,并补全圆柱表面上的素线 AB、曲线 BC 和圆弧 CDE 的三面投影。

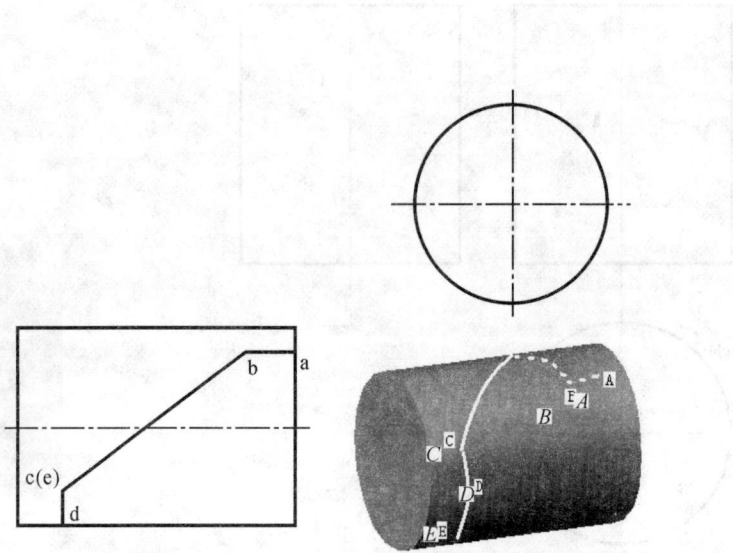

解答:积聚性法。

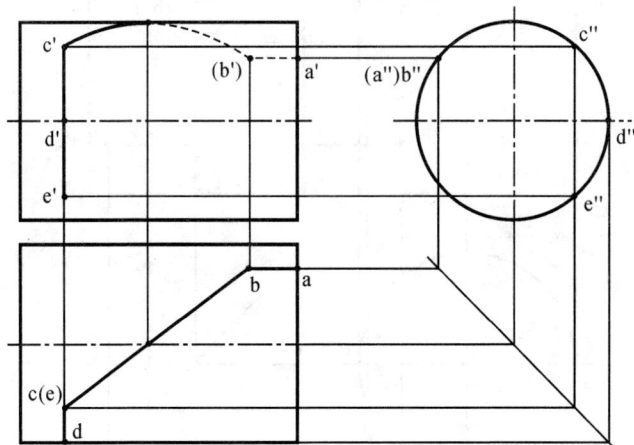

3 - 9 作出圆锥表面上各点的另外两个投影。

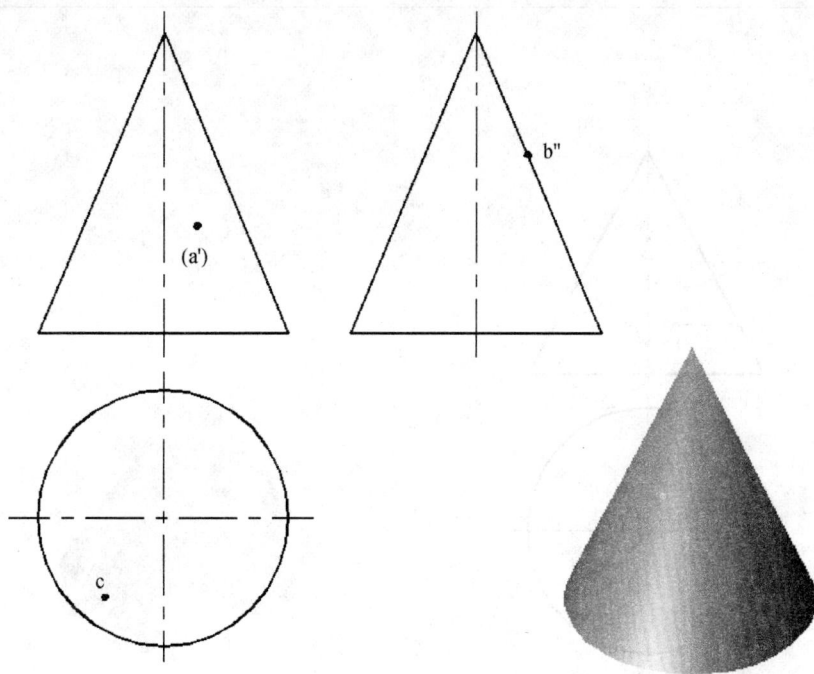

解答:素线法。

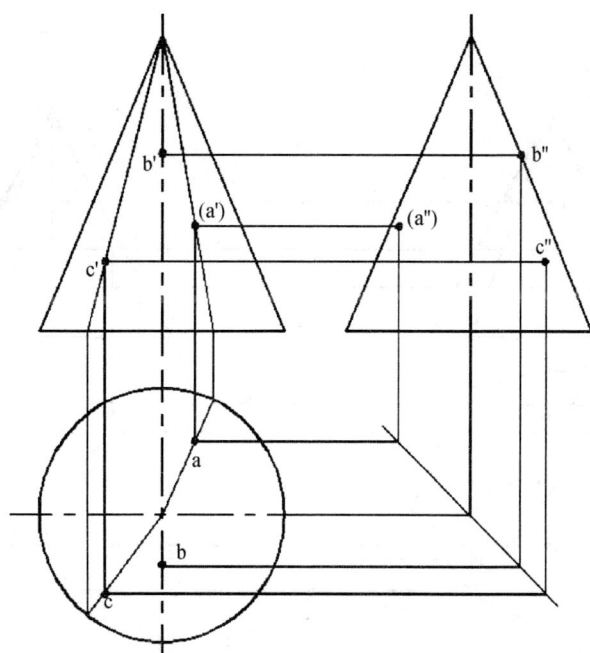

3－10　作圆锥的侧面投影,并补全圆锥表面上的点 A、B、C 以及素线 SD、圆弧 EF 的其余
投影。

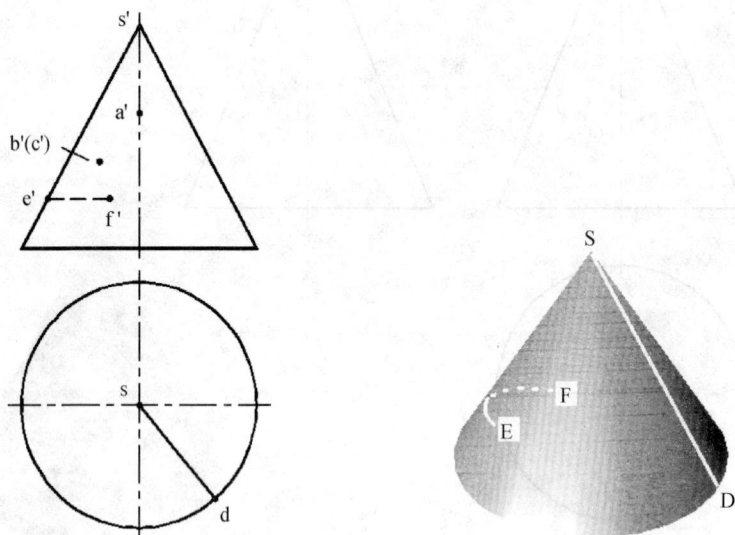

解答:素线法,纬圆法。

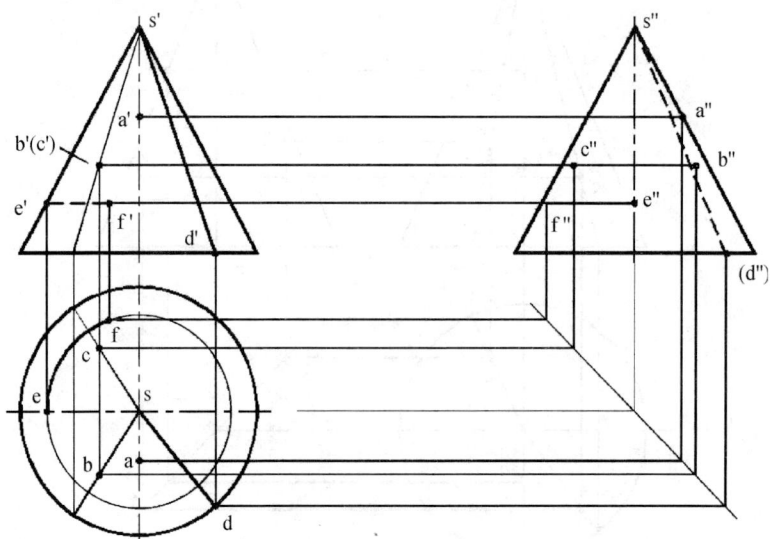

3 – 11　作出圆球表面上各点的另外两个投影。

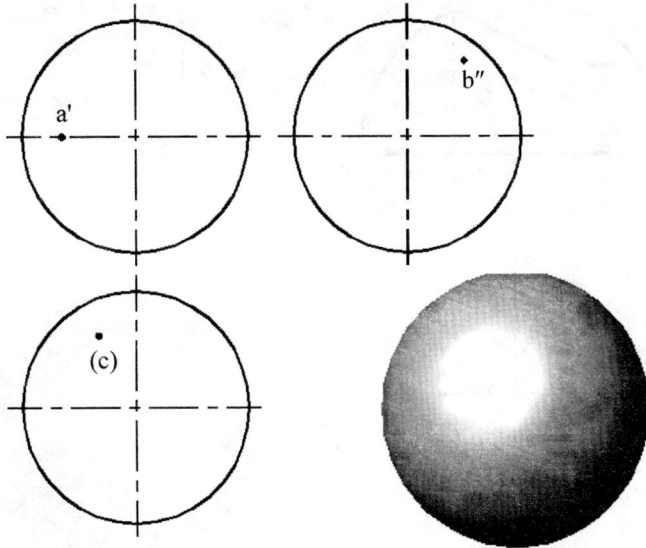

解答:纬圆法。

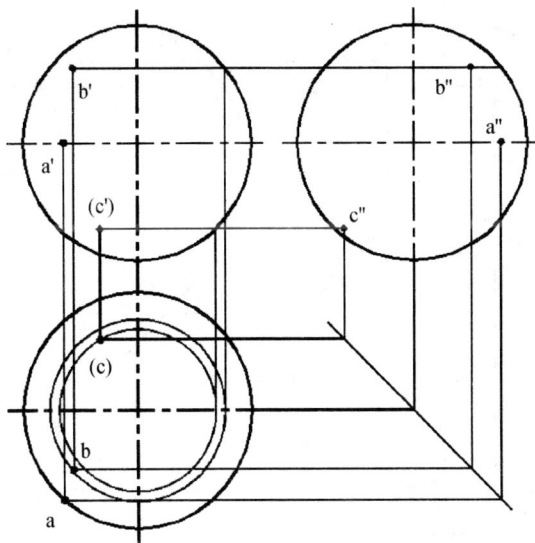

3-12 作半球及其表面上各圆弧 AB、BC、CD 的水平投影和侧面投影。

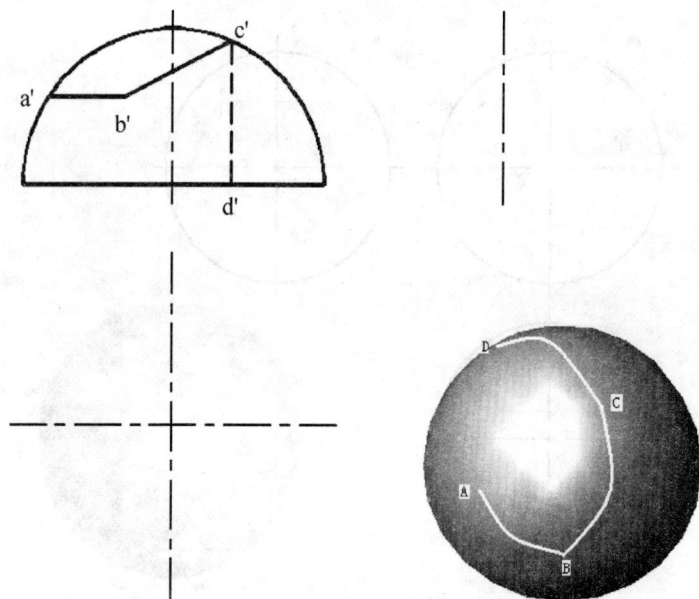

解答:纬圆法。

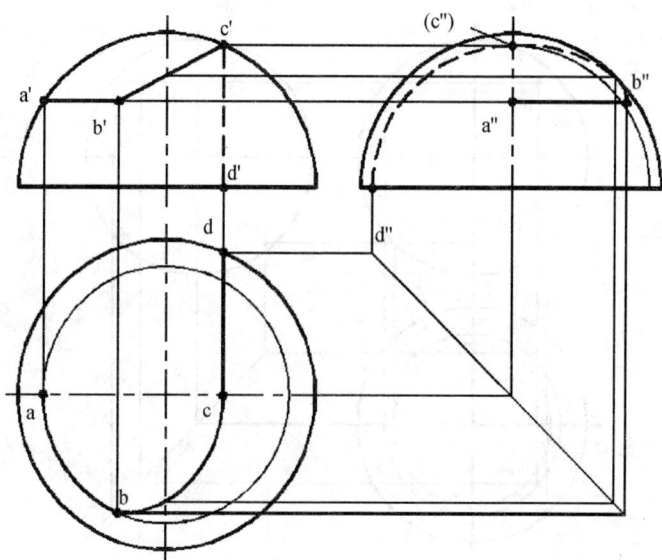

3-13 作四棱柱被截切后的水平投影。

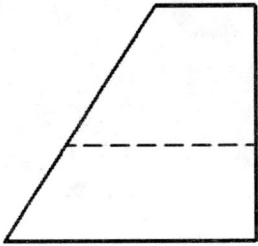
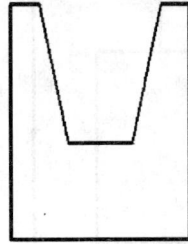

解答:

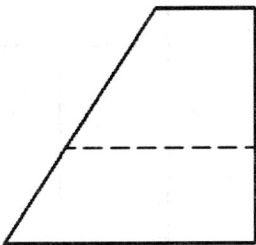
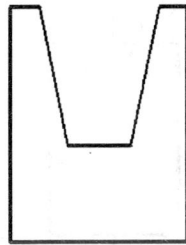

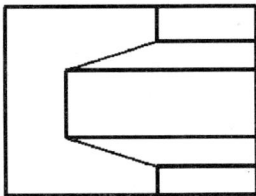

3－14　作矩形穿孔三棱柱的侧面投影。

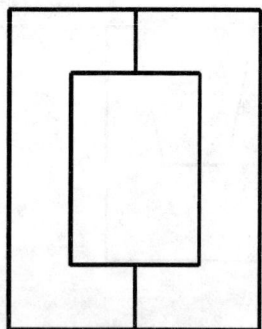

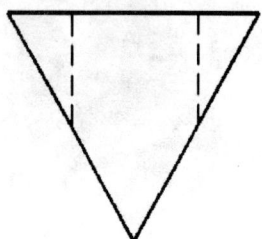

解答：

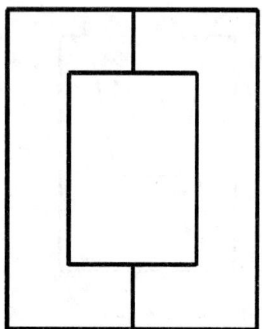

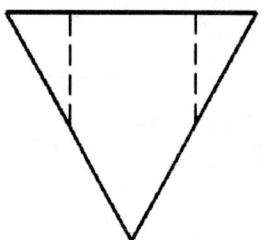

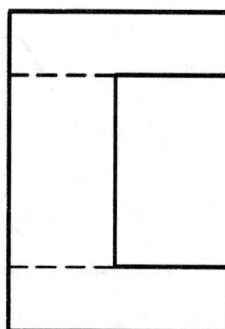

3 – 15 作穿孔立体的侧面投影,并完成未画全的水平投影。

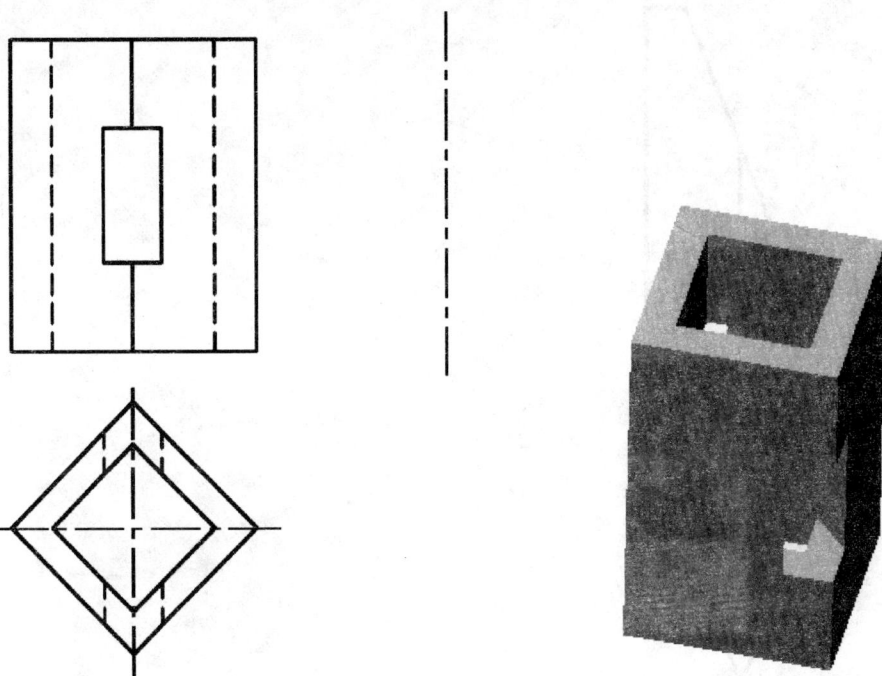

解答:

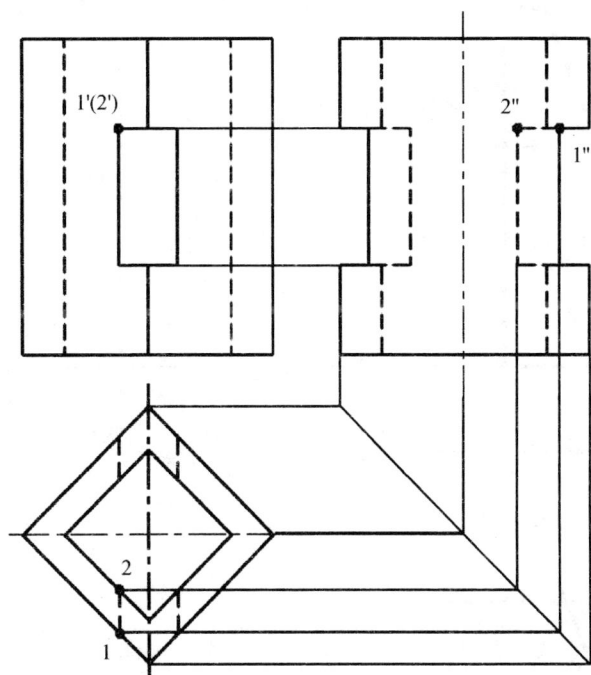

3 - 16　作截切立体的侧面投影。

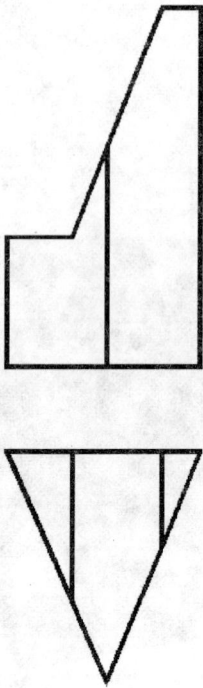

解答：

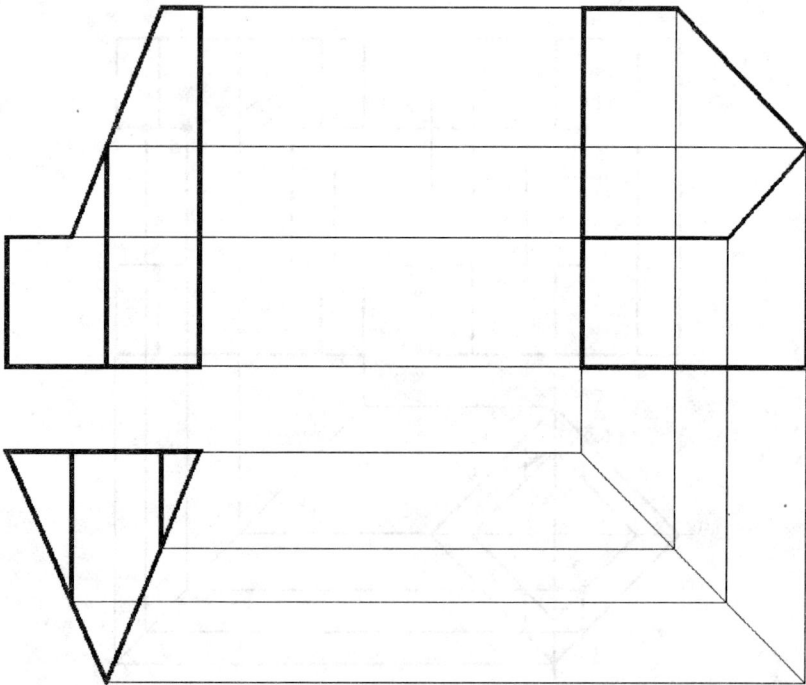

3 - 17　作截切立体的水平投影。

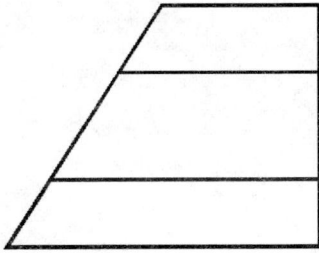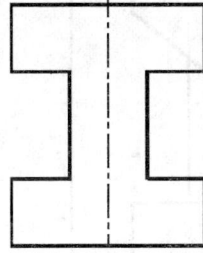

解答：

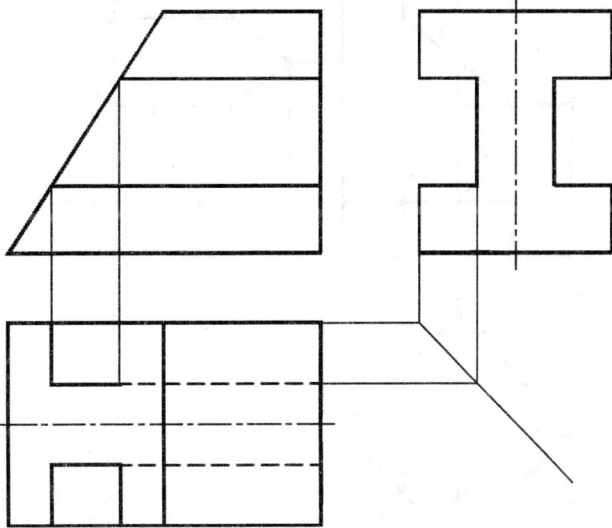

3 –18　完成缺口立体的水平投影,并作它的侧面投影。

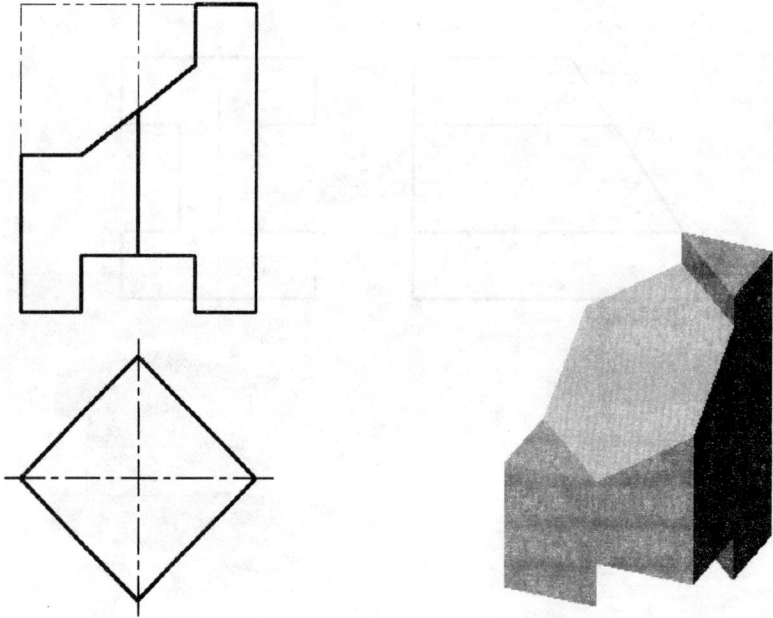

解答:

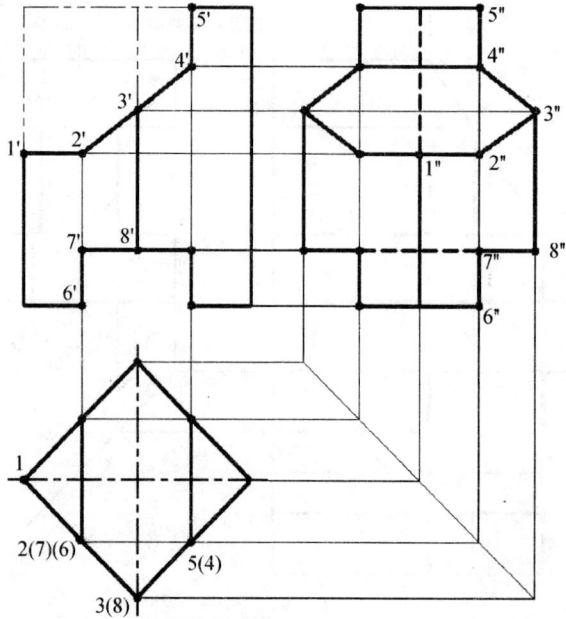

3-19　完成缺口三棱锥的水平投影,并作它的侧面投影。

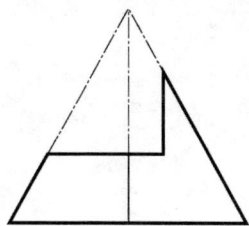

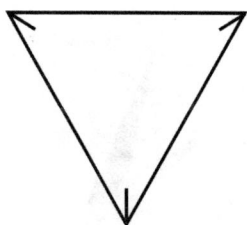

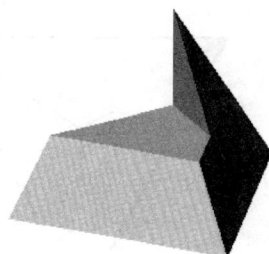

解答:可利用两平行直线的投影规律。

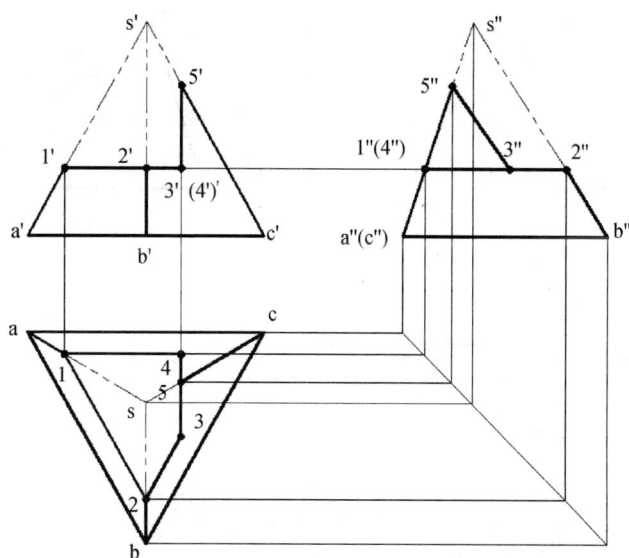

3－20　完成缺口三棱锥的水平投影，并作它的侧面投影。

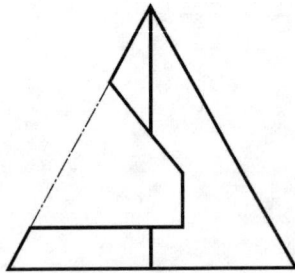

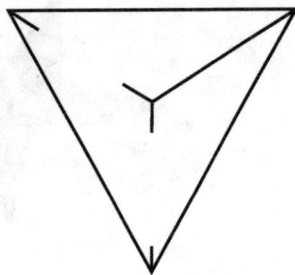

解答：两平行直线的投影规律。

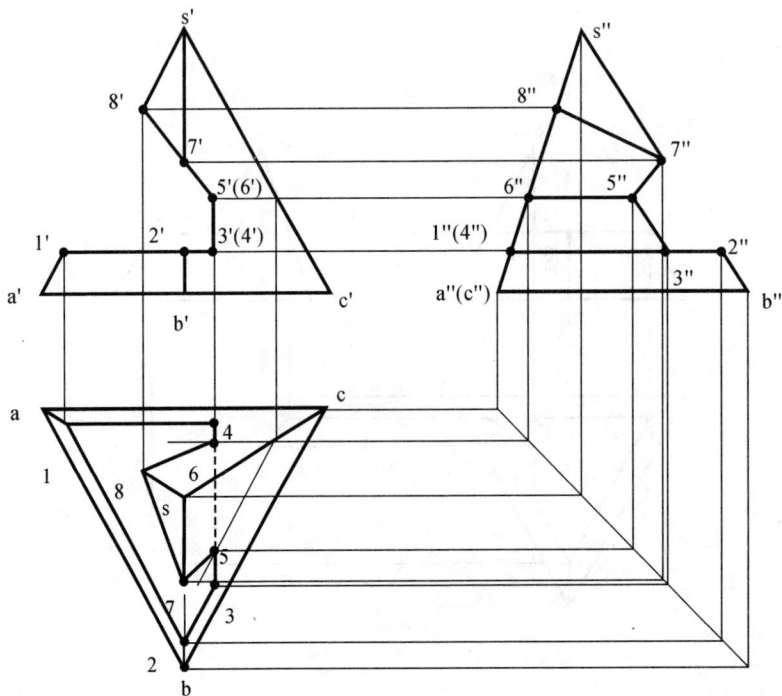

3 - 21　分析曲面立体的截交线,并补全曲面立体的三面投影。

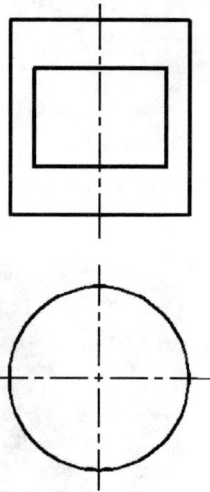

解答:

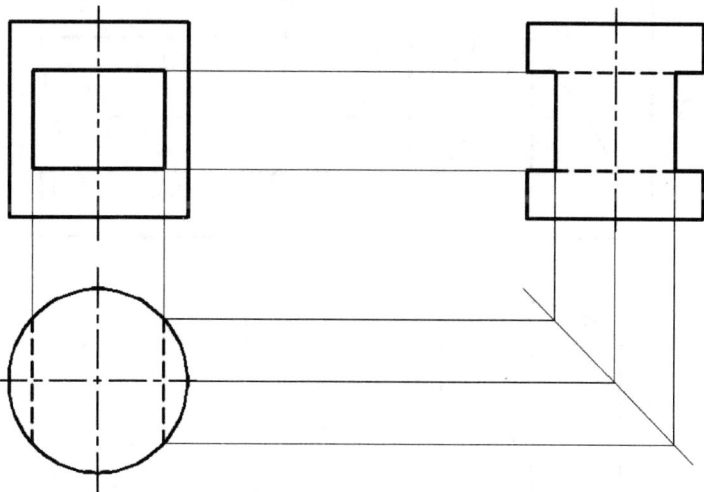

3 − 22 分析曲面立体的截交线，并补全曲面立体的三面投影。

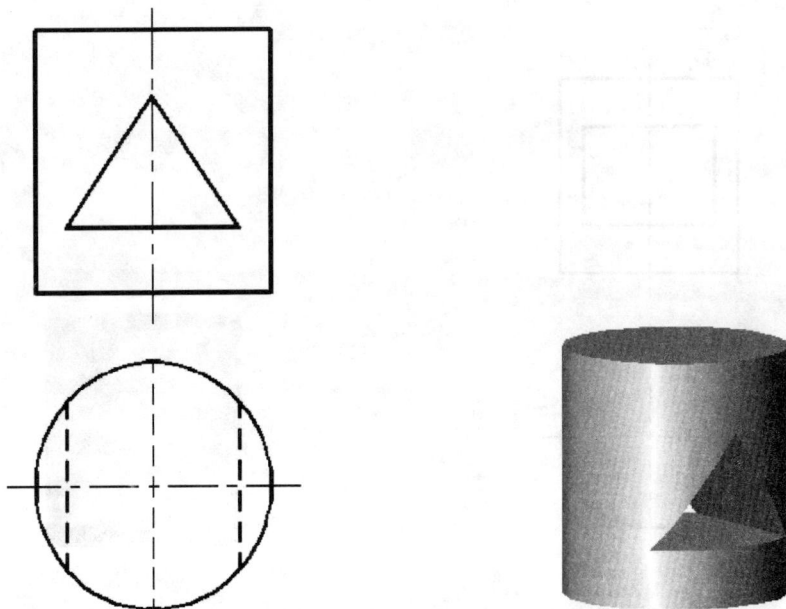

解答：

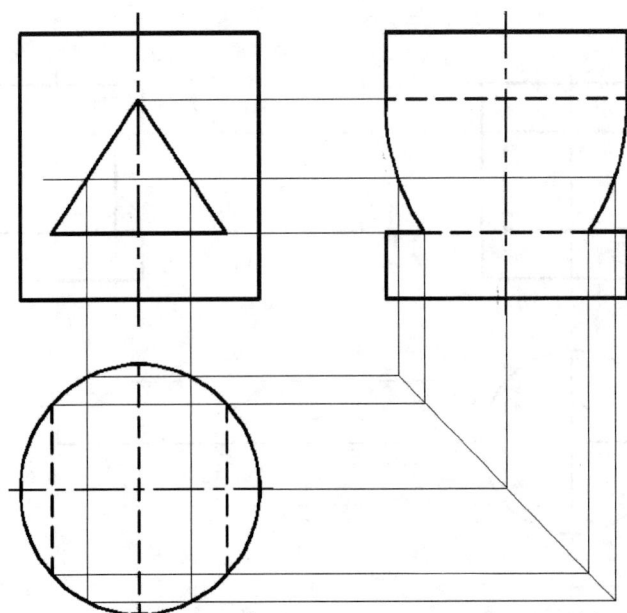

3-23 作出立体截交线的投影。

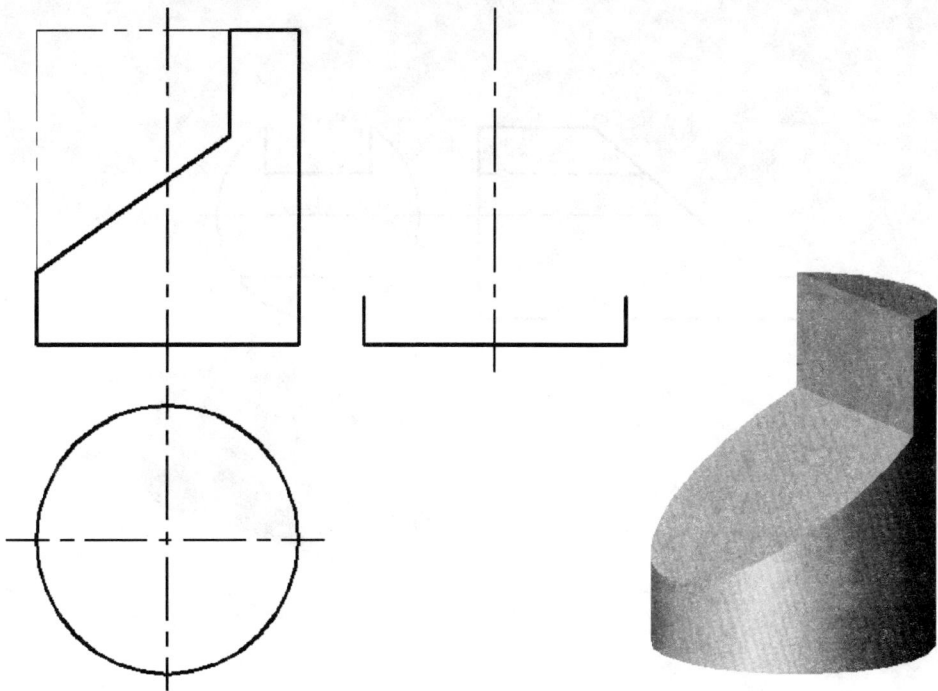

解答：

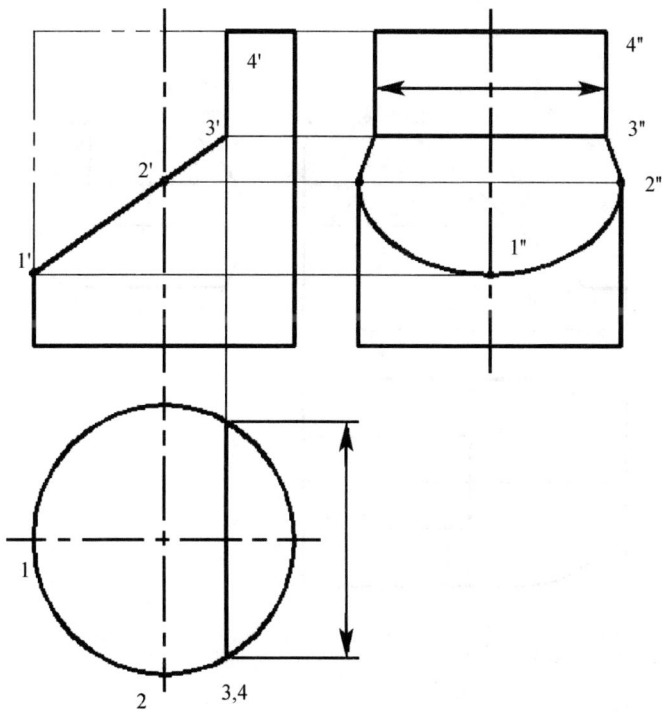

3 – 24　作出立体的水平投影。

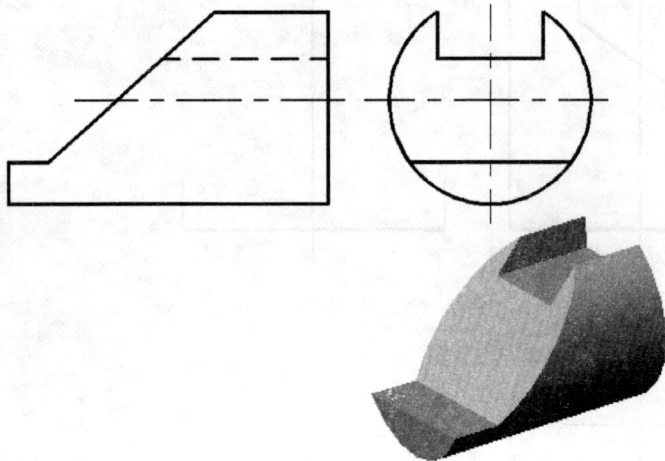

解答：

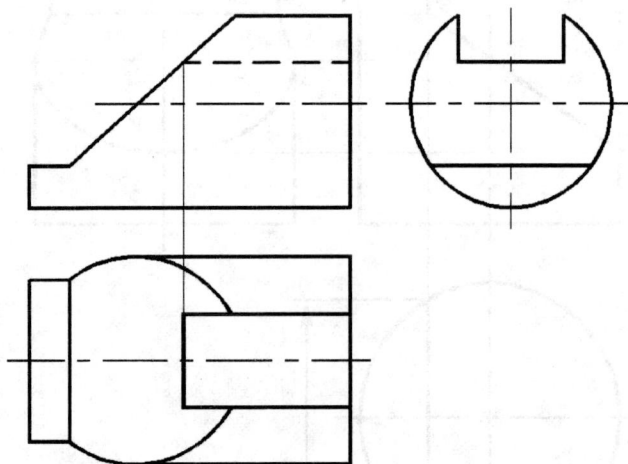

3 – 25 作出立体截交线的投影。

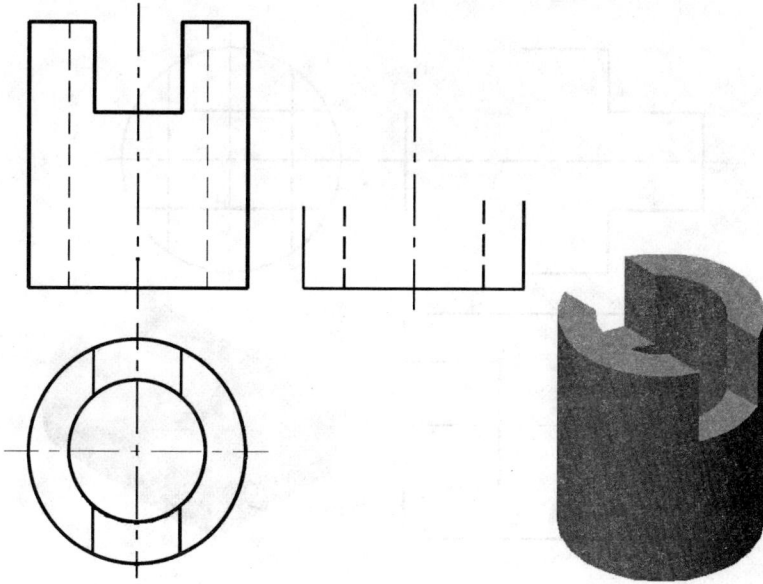

解答:

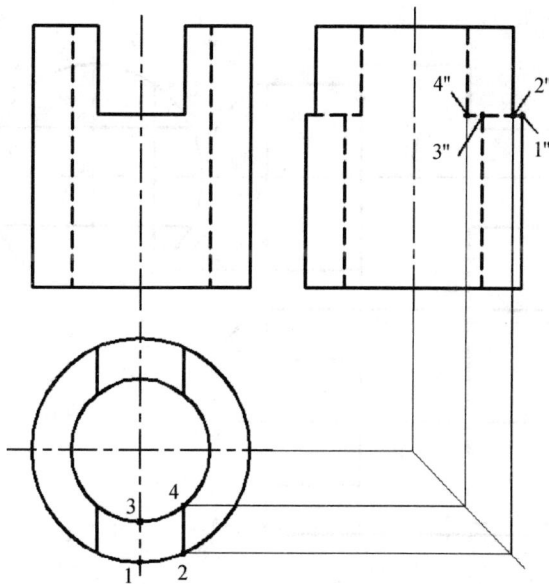

3 – 26　作出立体截交线的投影。

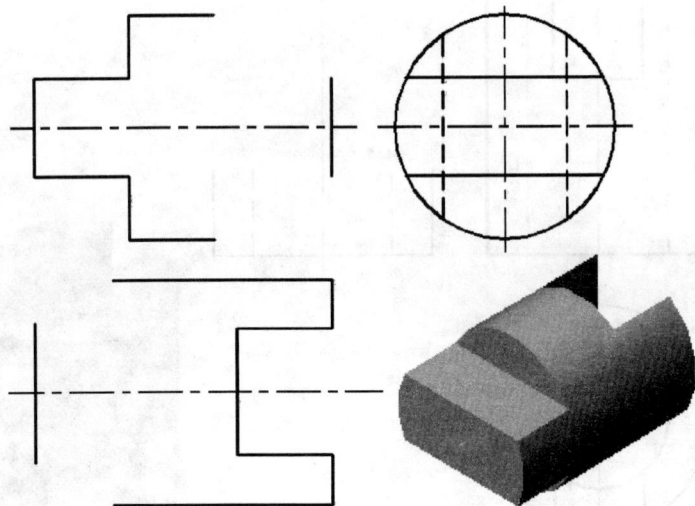

解答:

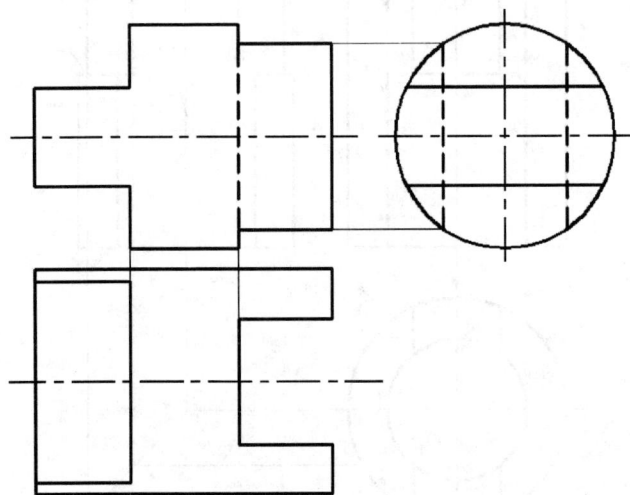

3 - 27 分析曲面立体的截交线,并补全曲面立体的三面投影。

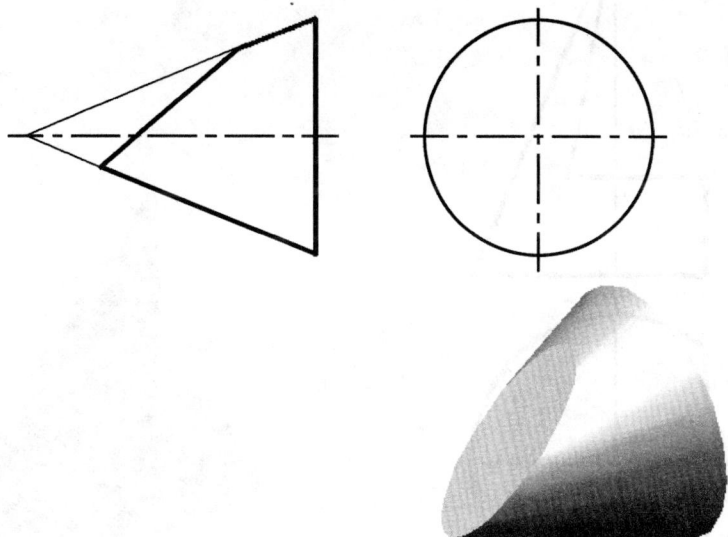

解答:

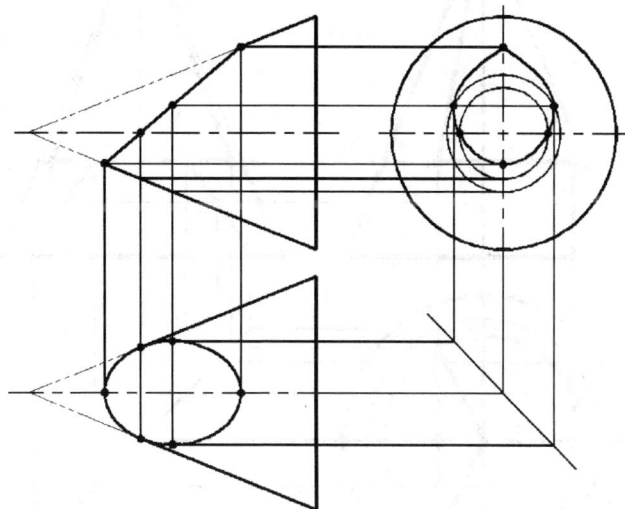

3-28　分析曲面立体的截交线,并补全曲面立体的三面投影。

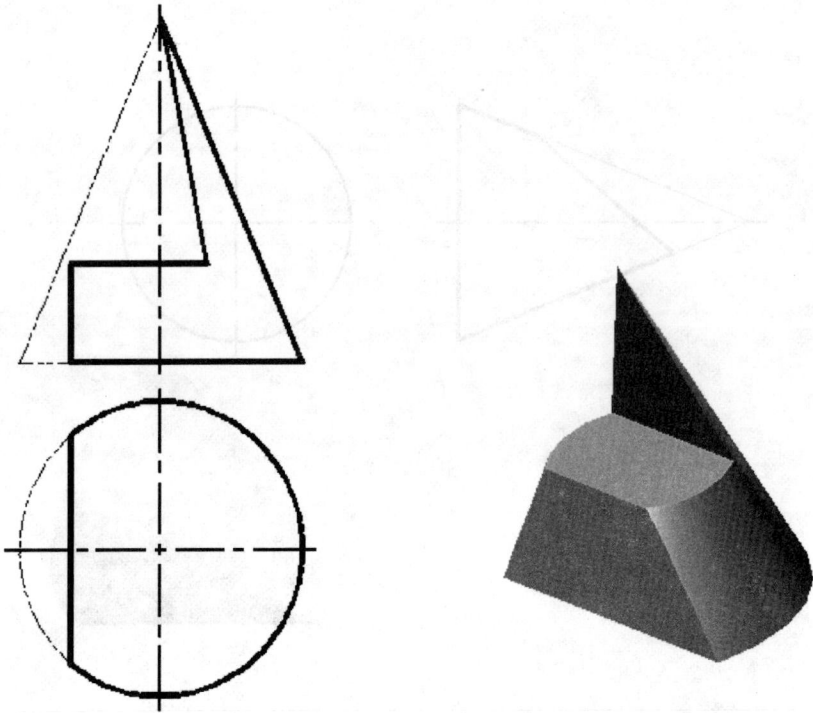

解答:

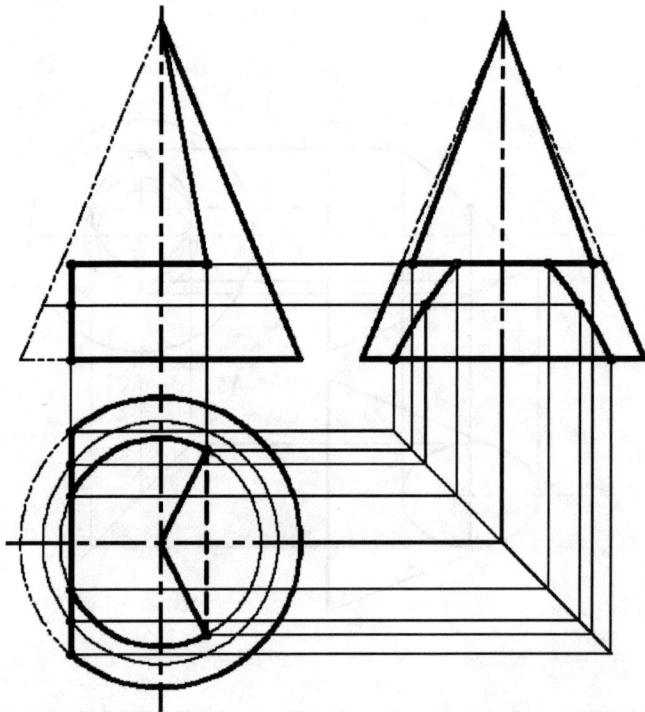

3－29 分析曲面立体的截交线,并补全曲面立体的三面投影。

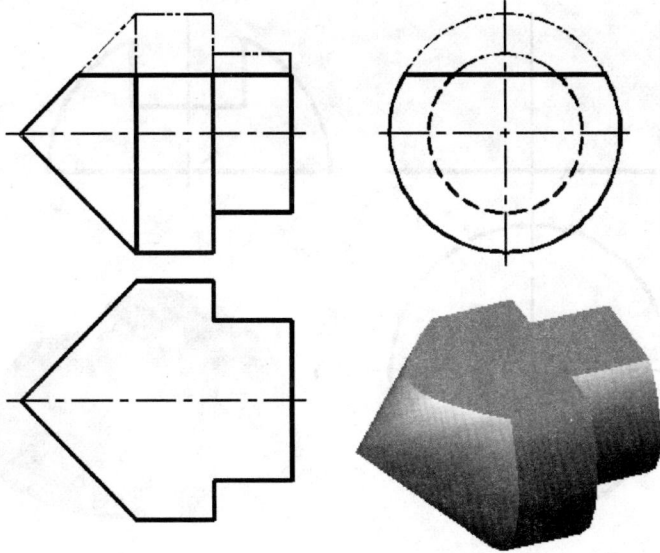

解答:

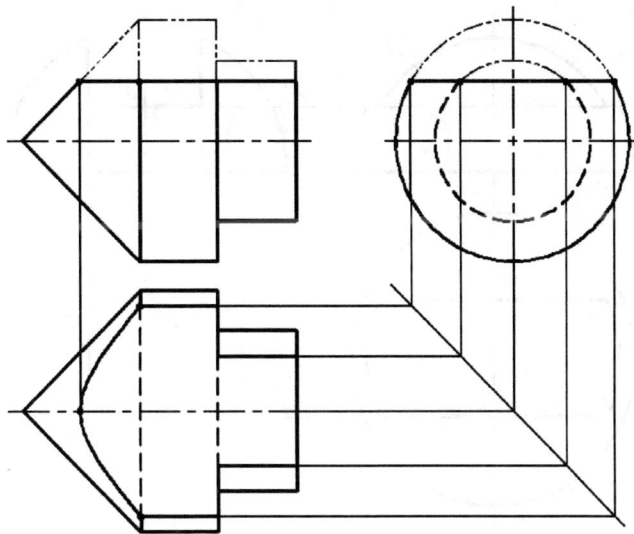

3-30　分析曲面立体的截交线,并补全曲面立体的三面投影。

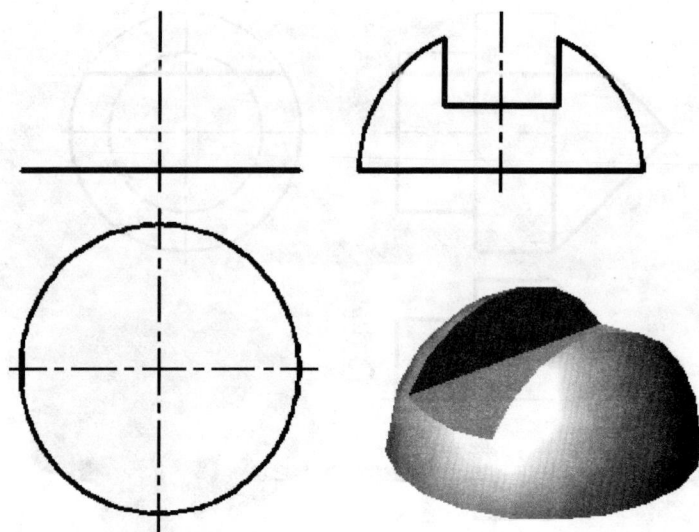

解答:

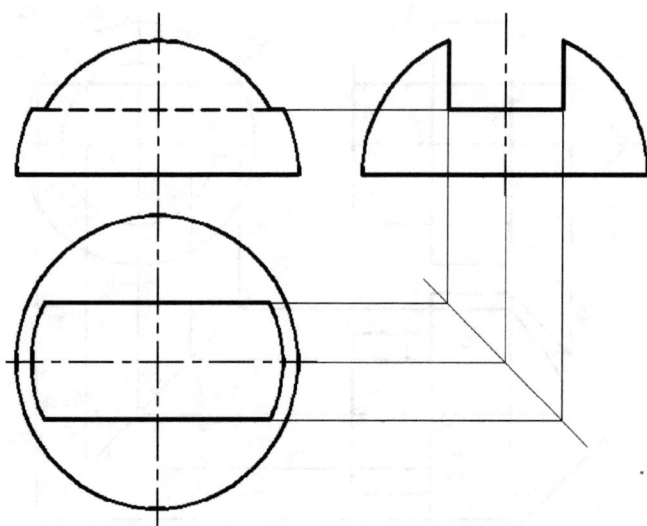

3 - 31　分析曲面立体的截交线,并补全曲面立体的三面投影。

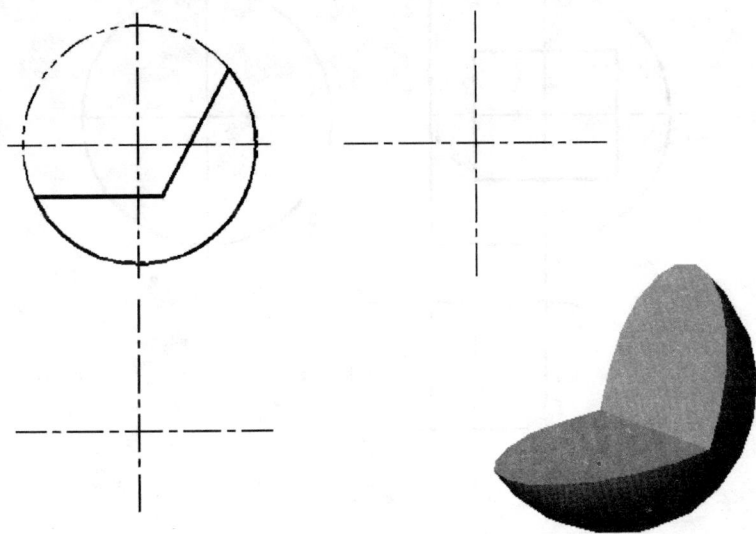

解答:

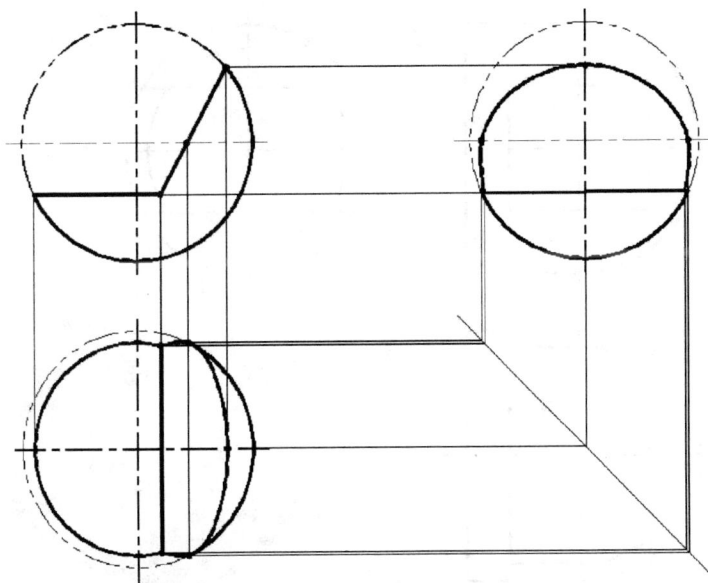

3 – 32　完成缺口立体的水平投影和侧面投影。

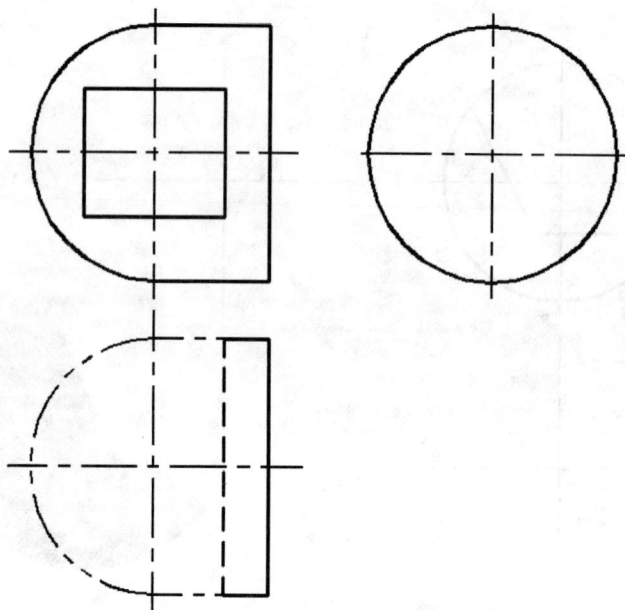

解答：

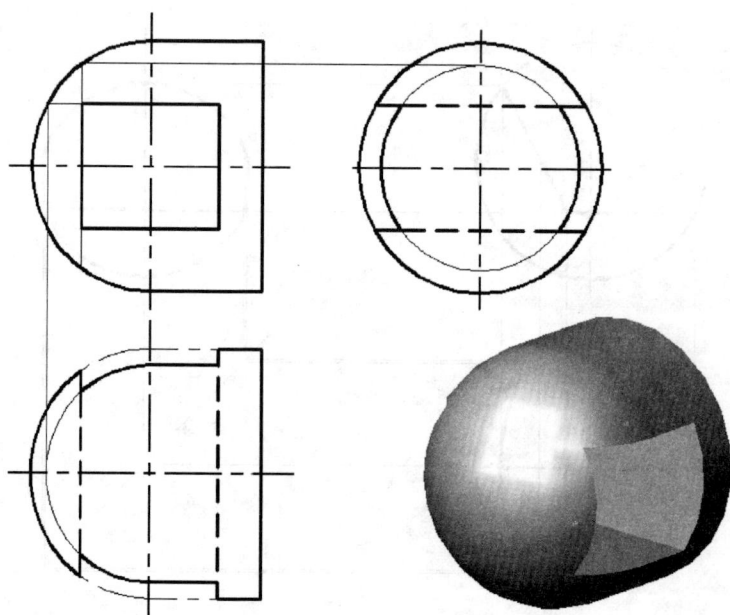

3 - 33 完成缺口立体的水平投影和侧面投影。

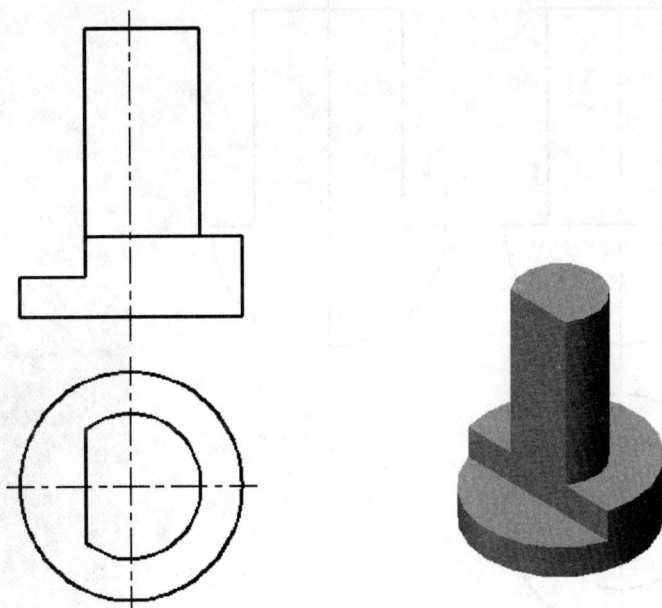

解答:

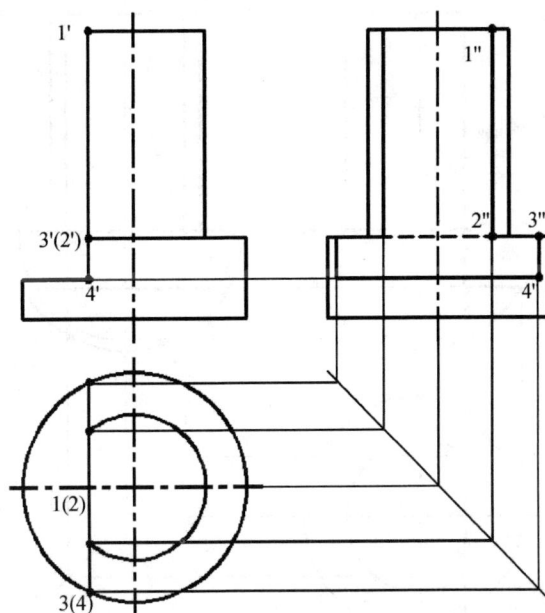

3 - 34　完成缺口立体的水平投影和侧面投影。

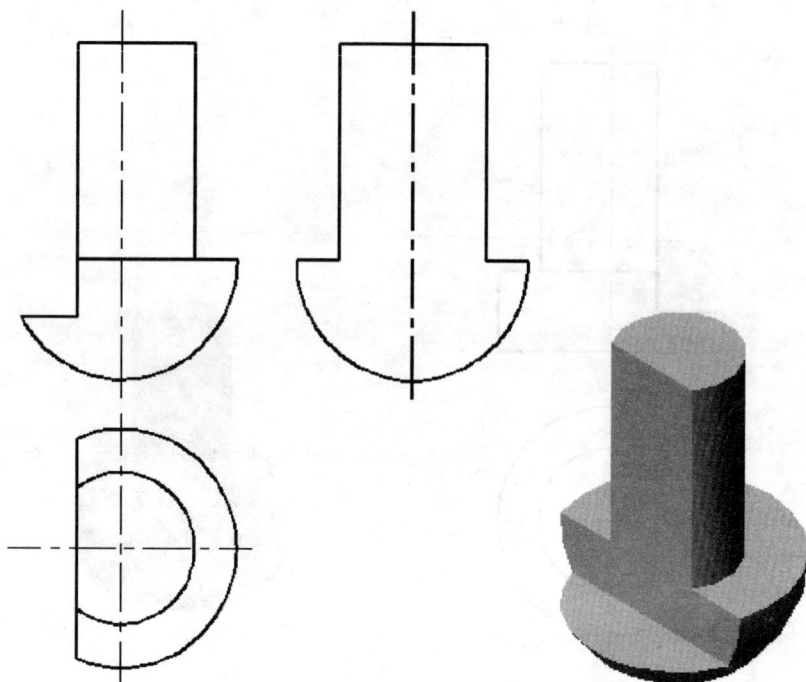

解答：

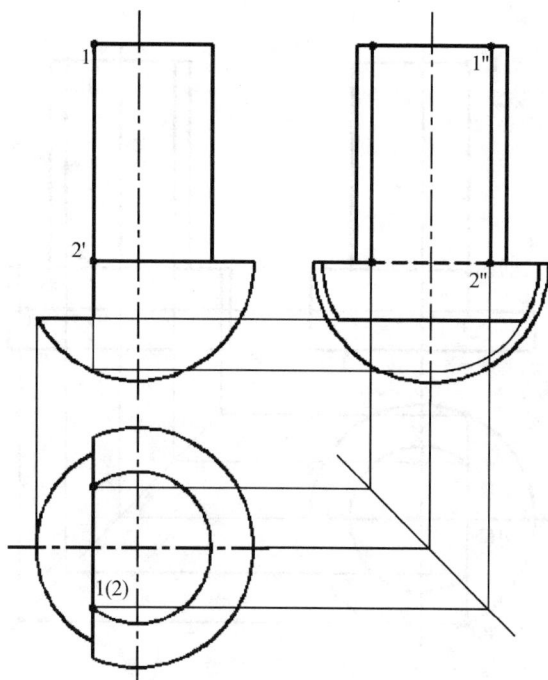

3 - 35　作相贯立体的正面投影。

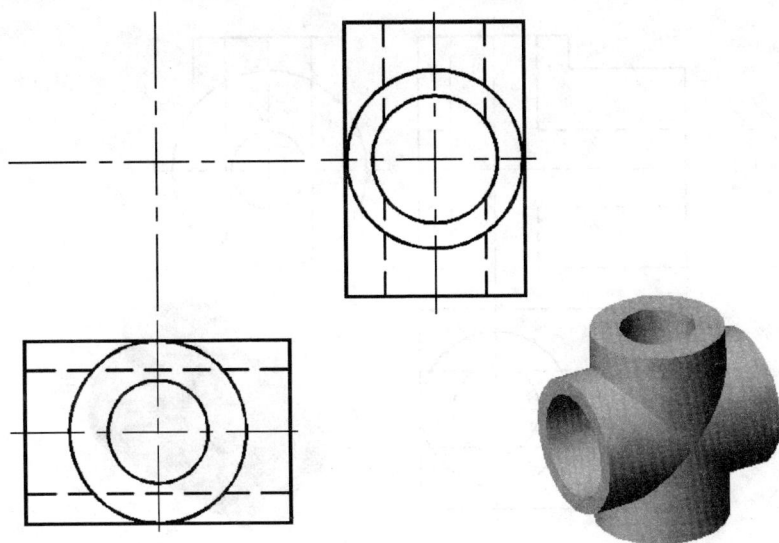

解答：

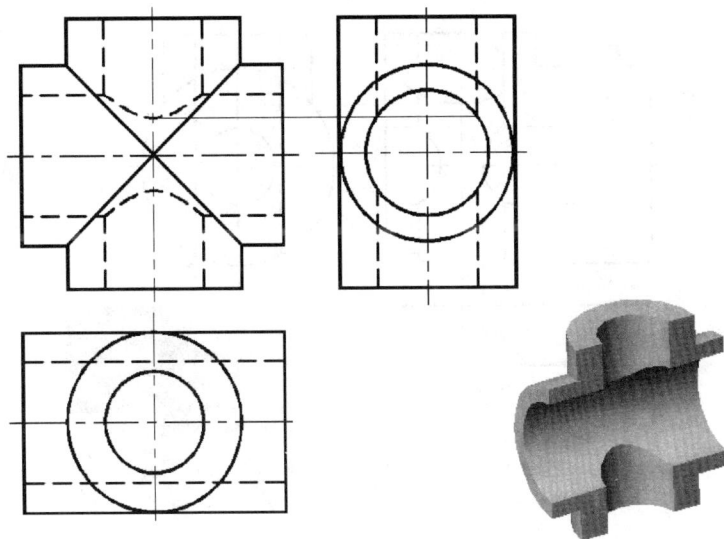

3 − 36　作相贯立体的正面投影。

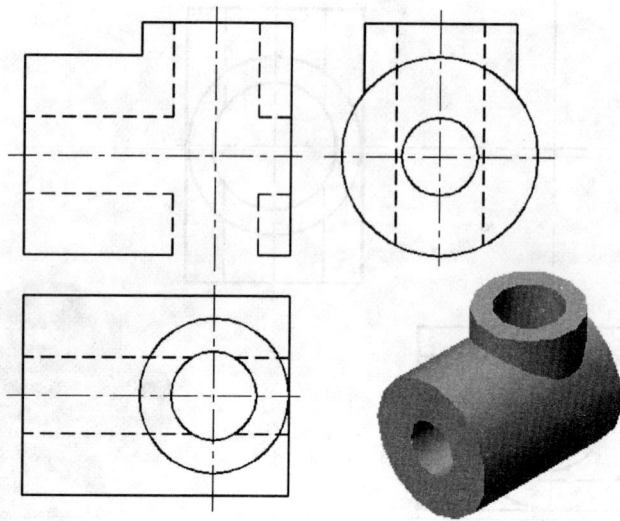

解答:

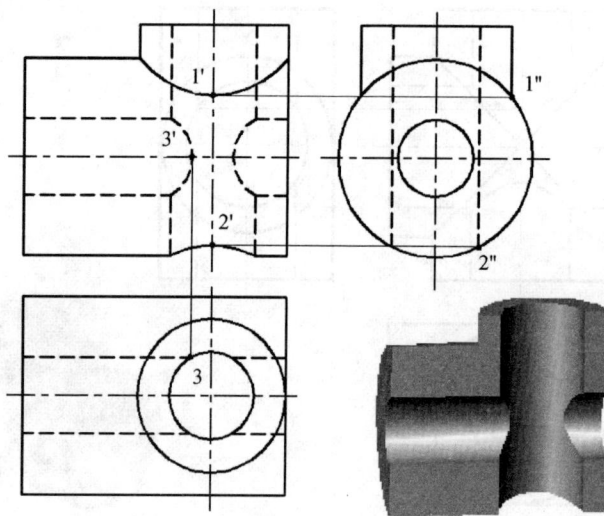

3-37　完成立体相贯线的投影。

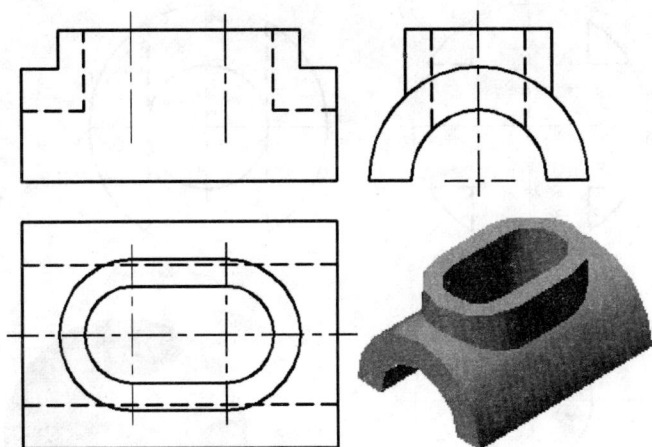

解答:

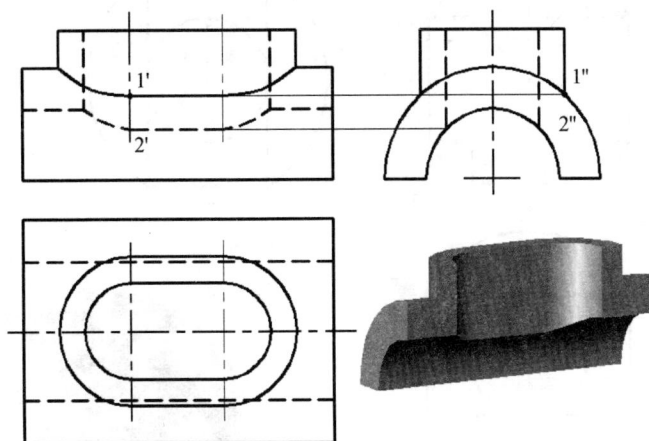

3 - 38　补全三面投影(形体分析提示:带有轴线为铅垂线和侧垂线的两个圆柱形通孔的球体)。

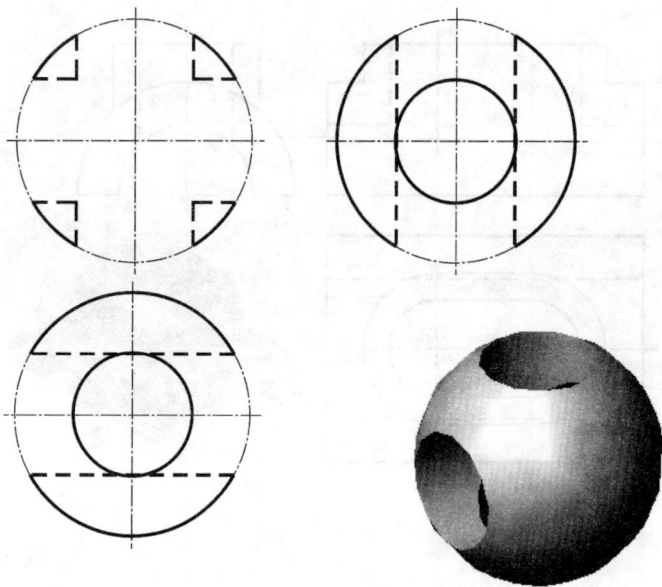

解答:相贯线的特殊情况。

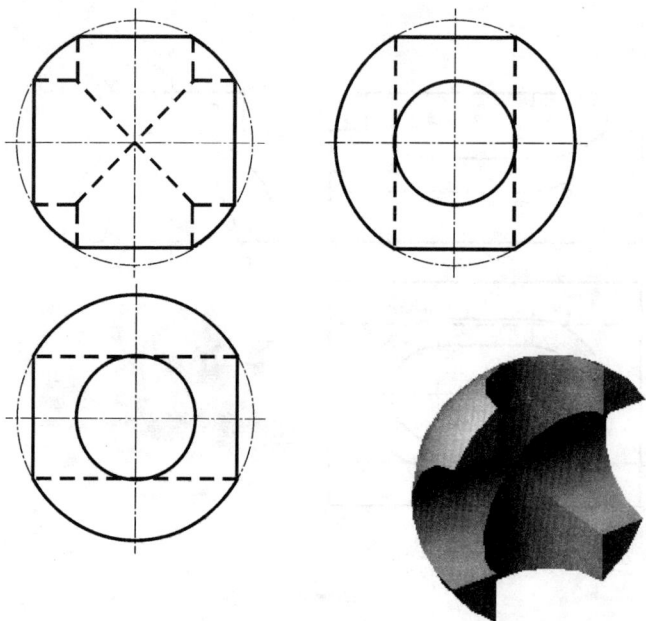

3 - 39　分析曲面立体表面的交线,补全立体相贯后的各投影。

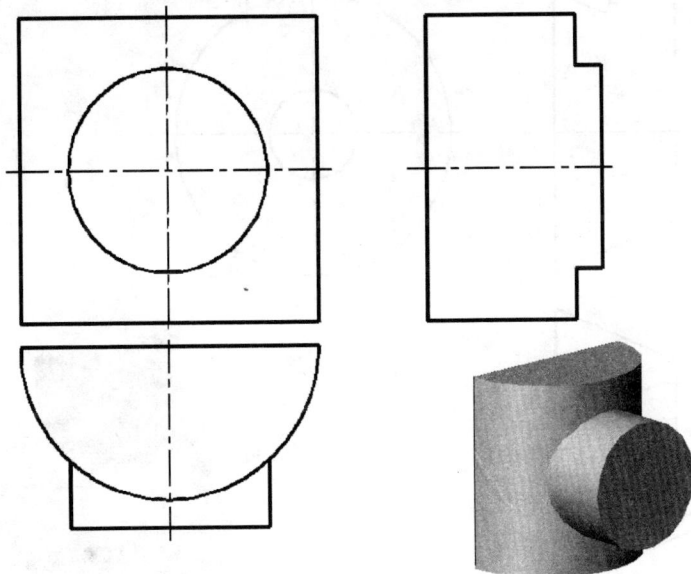

解答:

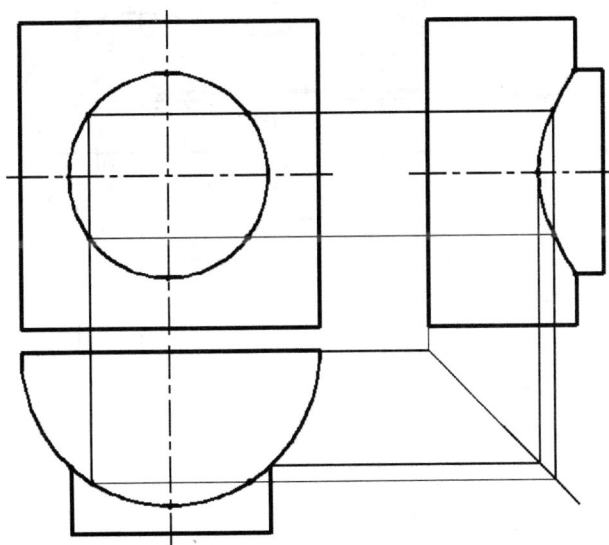

3 - 40　求两立体的相贯线,并完成投影图。

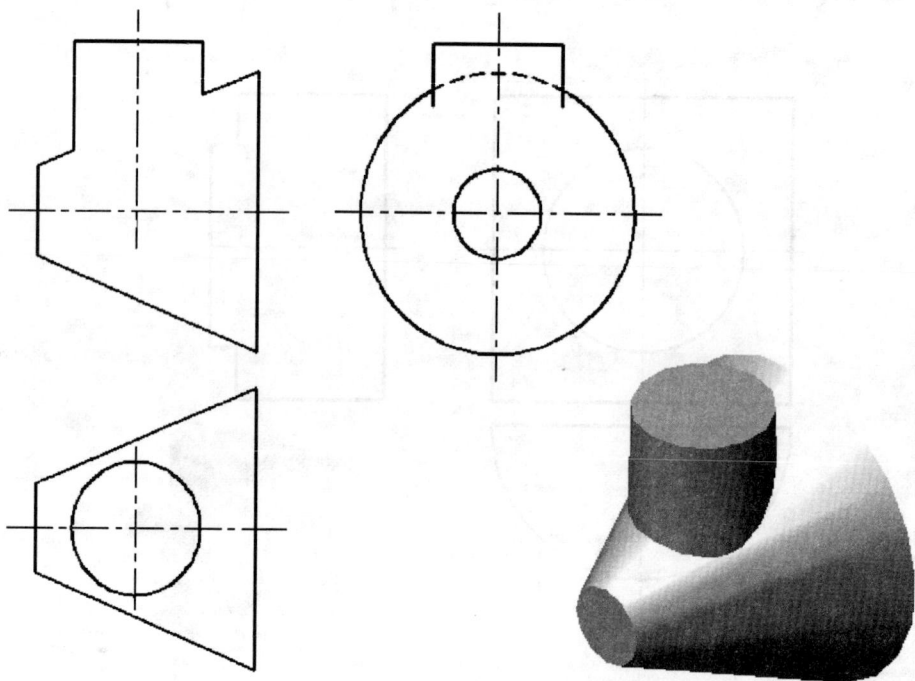

解答:先利用圆柱面的积聚性找到相贯线的一个投影:水平投影;再利用在圆锥表面取点法(作侧平纬圆)求相贯线的其余投影:先确定侧面投影,再确定正面投影。

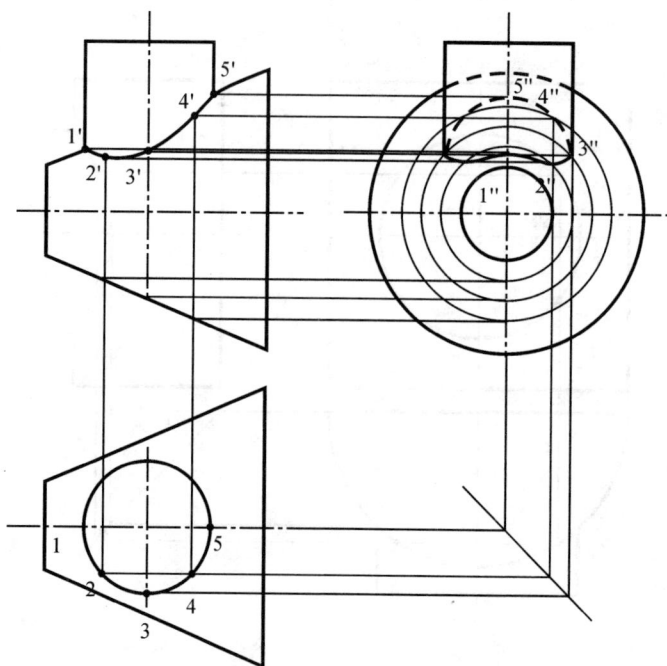

3－41　补全水平投影和正面投影。

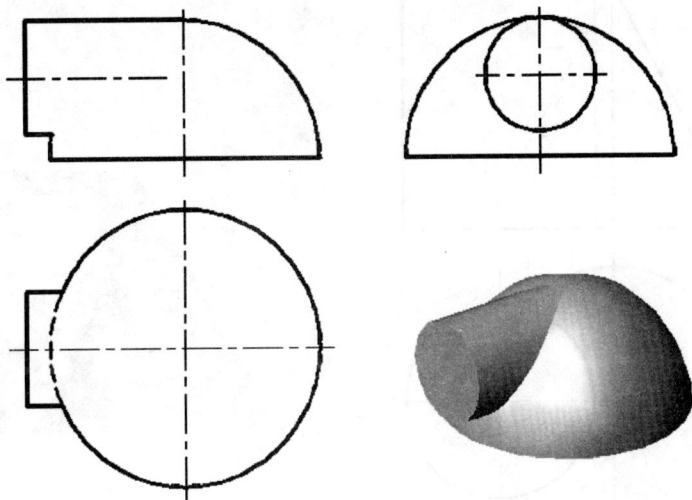

解答：先利用圆柱面的积聚性找到相贯线的一个投影：侧面投影；再利用在圆球表面取点法（作水平纬圆）求相贯线的其余投影：先确定水平投影，再确定正面投影。

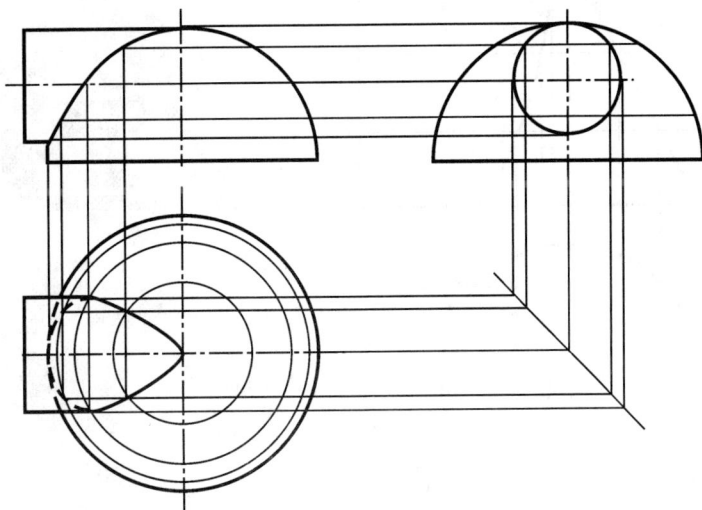

3-42　分析曲面立体表面的交线,补全立体相贯后的投影。

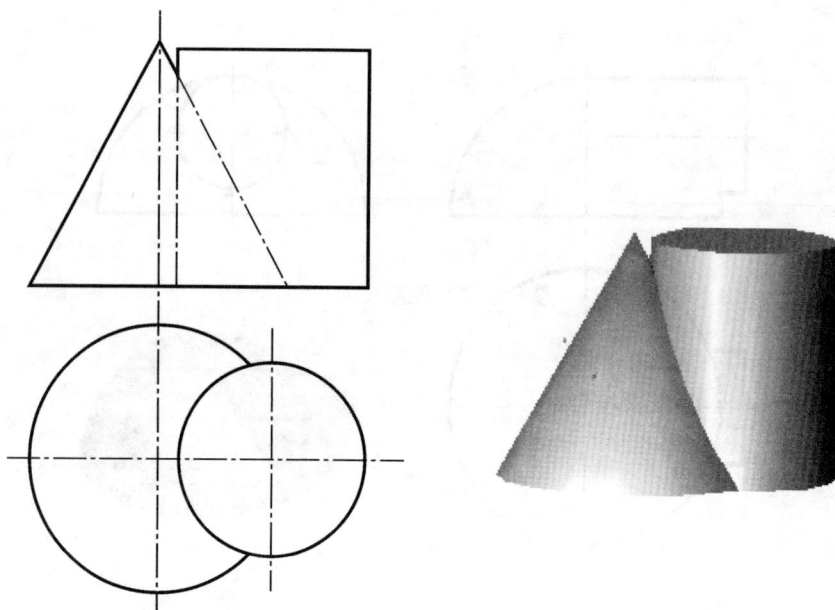

解答:辅助平面法,辅助平面为水平面。

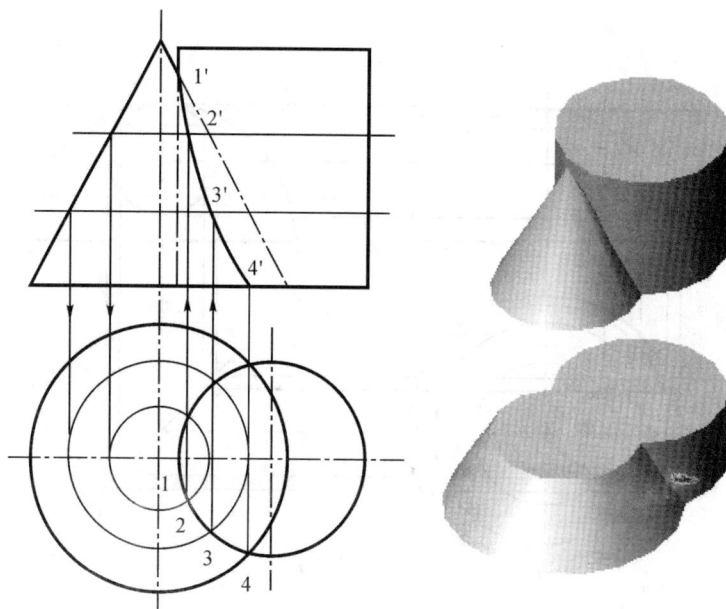

3 - 43 补画相贯线的水平投影和正面投影。

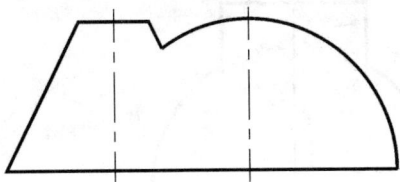

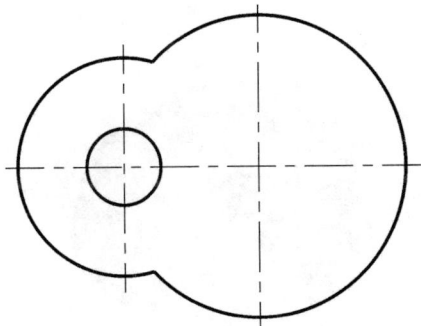

解答:辅助平面法,辅助平面为水平面。

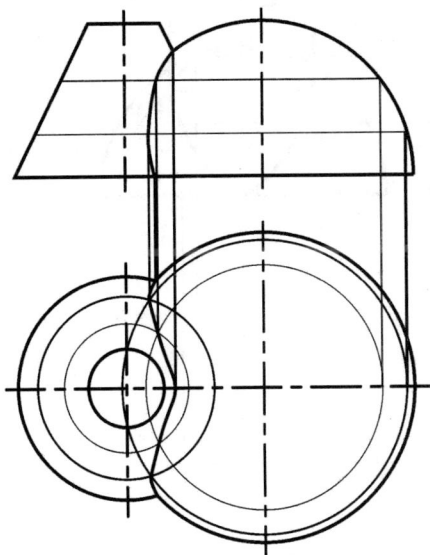

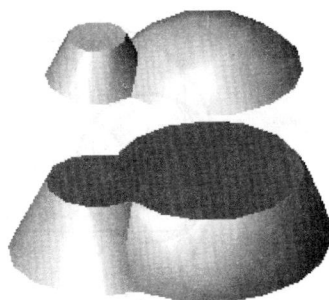

3-44　求两立体的相贯线,并完成投影图。

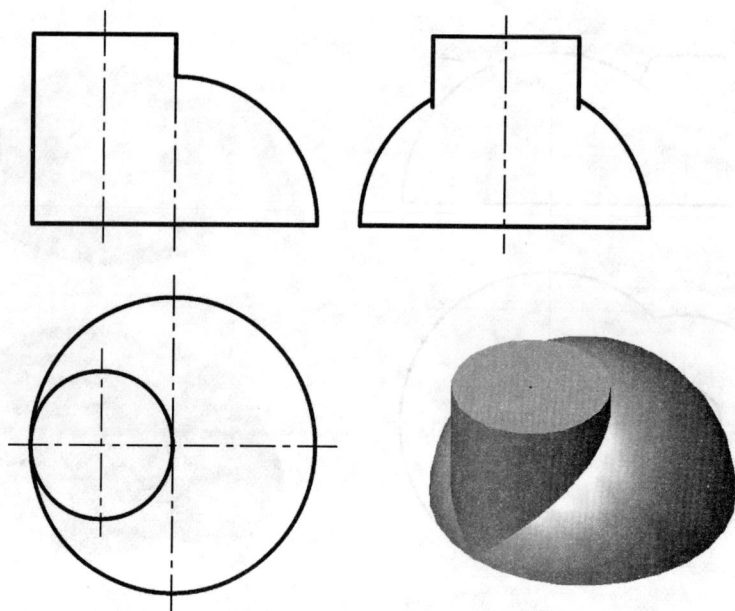

解答:利用辅助平面法:两水平面 Q1、Q2 分别求点 4、2,侧平面 P 求点 3。

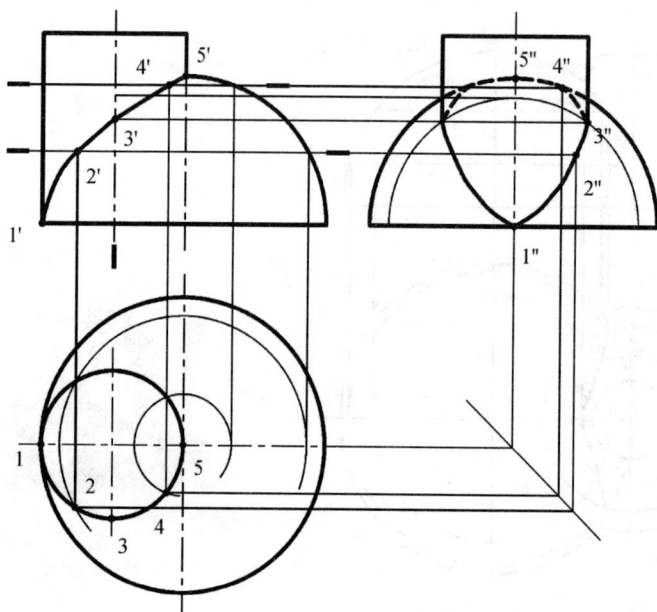

第4章　组合体的视图

由基本几何体通过叠加或切割形成的立体,称为组合体。

4.1　概述

4.1.1　组合体的三视图

物体向投影面投影所得到的图形,称为视图。物体在三面投影体系中投影所得的图形,称为物体的三视图。其中:由前向后投影所得的视图称为主视图,即物体的正面投影,反映物体的主要形状;由上往下投影所得的图形,称为俯视图,即物体的水平投影;由左往右投影所得的图形,称为左视图,即物体的侧面投影(如图4-1所示)。

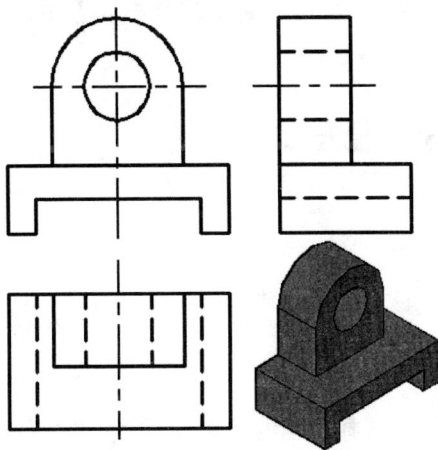

图4-1　组合体的三视图

三视图的形成及其特性

三视图的配置关系:俯视图在主视图的正下方,左视图在主视图的正右方。这样配置的三视图,不需要标注视图名称。

主视图反映物体的长和高;俯视图反映物体的长和宽;左视图反映物体的高和宽。

三视图有如下的对应关系:

主、俯视图长对正;

主、左视图高平齐;

俯、左视图宽相等。

这个规律不仅适用于物体的整体投影,也适用于物体的局部投影。

4.1.2　组合体的组合形式

组合体中各基本形体组合时的相对位置关系,称为组合形式。常见的组合形式大体上分为:叠加、切割和既有叠加又有切割的综合形式。

4.1.3　几何形体间表面的连接关系

组合体中各基本几何体间表面连接关系有下面几种情况:

(1)相邻两形体的表面互相平齐连成一个平面,结合处没有界线,在视图上不画表面的界线。

(2)两形体表面不共面,而是相错,在视图中两个基本体之间有分界线。

(3)两形体表面光滑过渡,相切处不存在轮廓线,在视图上一般不画分界线。

4.1.4　形体分析法

把一个组合体,分解成若干个基本几何体或部分,分析各部分的形状、相互位置和组合形式,以及表面连接关系,以达到了解整体的目的,这种思考问题的方法,称为形体分析法。

形体分析法是画图、看图和标注尺寸的基本方法。画图时,利用它可将复杂的形体简化为若干个基本形体进行绘制;看图时,可从简单的基本体着手,看懂复杂的形体。标注尺寸时,也是从分析基本形体考虑的。

4.2　组合体视图的画法

1. 形体分析

2. 视图选择

在三个视图中,主视图应该尽量反映机件的形状特征。主视图确定以后,俯视图和左视图的投影方向也就确定了。

3. 选择比例,布置视图

画组合体的视图时,首先要选择适当的比例,按图纸幅面布置视图的位置,确定各视图的轴线、对称中心线或其它定位的位置;然后按形体分析法分解各基本体以及确定它们之间的相对位置,逐个画出各基本体的视图。

4. 绘制视图

底稿完成后,要仔细检查,修正错误,擦去多余图线,再按规定线型加深画其三视图。

4.3　组合体的尺寸注法

标注尺寸的基本要求是:

(1)正确。严格遵守国家标准中有关尺寸注法的规定。

(2)完整。必须完全确定组合体各部分的形状大小和相互位置,不得遗漏尺寸也不得重复标注尺寸。

（3）清楚。每个尺寸都必须注在适当的位置，排列整齐，便于看图。

4.3.1　基本形体的尺寸注法

1. 基本体的尺寸标注

标注基本体的尺寸，一般要注出长、宽、高三个方向的尺寸。

2. 具有斜截面或缺口的基本体的尺寸标注

在标注具有斜截面或缺口的不完整的基本体的尺寸时，除了注出基本体的尺寸外，还要注出确定截平面位置的尺寸，截平面对于基本体的相对位置确定以后，立体表面的截交线也就完全确定，因此，不必标注截交线的尺寸。

4.3.2　组合体的尺寸标注

1. 标注尺寸要完整

从形体分析来说，组合体的尺寸有定形、定位和总体三种尺寸。

（1）定形尺寸：确定组合体各组成部分的长、宽、高三个方向的尺寸。

（2）定位尺寸：确定各组成部分相对位置尺寸。

（3）总体尺寸：组合体外形的总长、总宽、总高尺寸。

2. 标注尺寸要清晰

（1）尺寸尽量标注在形状特征明显的视图上。

（2）同一基本体的定形尺寸以及有联系的定位尺寸尽量集中标注。

（3）标注尺寸要排列整齐。

4.3.3　标注组合体尺寸的步骤与方法

（1）形体分析和初步考虑各基本体的定形尺寸。

（2）选定尺寸基准。机件的长、宽、高三个方向的尺寸基准，常采用机件的底面、端面、对称面以及主要回转体的轴线等。

（3）逐个地分别标注各基本体的定位和定形尺寸。

（4）标注总体尺寸。

（5）校核。

4.4　读组合体的视图

根据已画好的组合体视图，运用投影原理和方法，想象出其结构和形状，这就是看组合体视图。要准确、迅速地看懂视图，培养空间思维和空间想象能力，必须掌握看图的基本要领和基本方法，不断实践，才能逐步提高看图能力。

4.4.1　看图的基本要领

（1）几个视图要用投影关系联系起来看。

（2）认清视图上每一线框和图线的含义。

4.4.2　读图的基本方法

1. 形体分析法

读图的基本方法与画图一样,主要也是运用形体分析法。一般是从反映物体形状特征的主视图着手,对照其它视图,初步分析该物体由哪些基本体和通过什么形式所形成的,然后按投影特性逐个找出各基本体在其它视图中的投影,确定各基本体的形状以及各基本体之间的相对位置,最后综合想象物体的总体形状。

2. 线面分析法

在读图时,对比较复杂的组合体,不易读懂的部分,还常使用线面分析法来帮助想象和读懂这些局部的形状。

(1)分析面的形状。当基本体和不完整的基本体被投影面垂直面截切时,则断面在与截平面相垂直的投影面上的投影积聚成直线,而在另两个与截平面倾斜的投影面上的投影则是类似形。

(2)分析面的相对位置。视图中的每个封闭线框表示组合体上的一个表面,那么相邻的封闭线框通常是物体的两个表面。因此,视图上的任何相邻的封闭线框是物体上相交的或不相交的两个面的投影。

4.5　习题

4 – 1　根据立体图,画组合体的三视图。

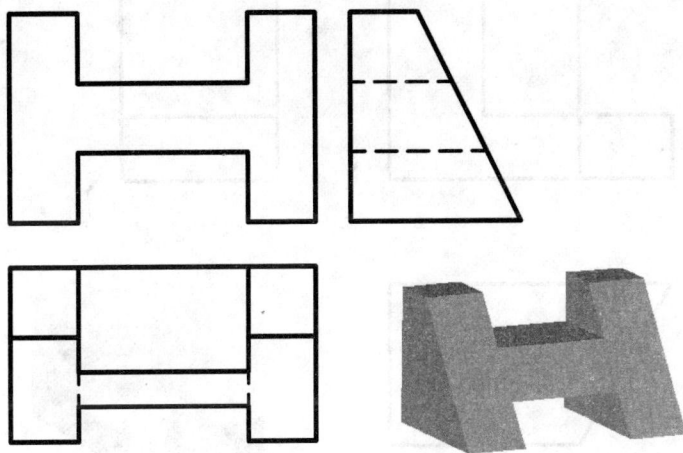

4 – 2　根据立体图,画组合体的三视图。

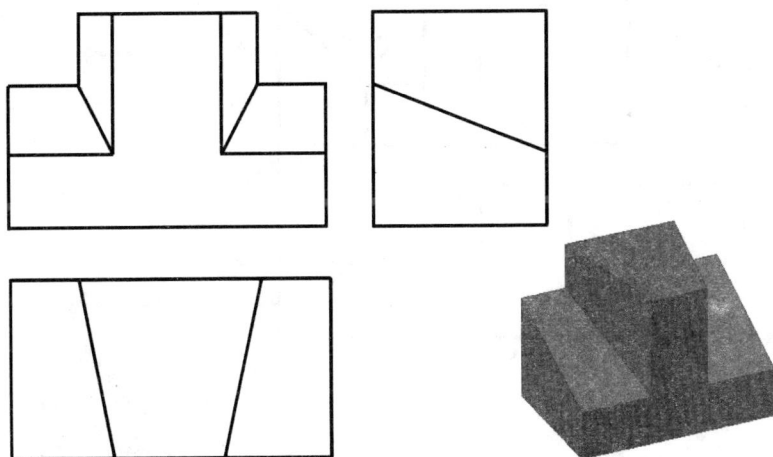

4 – 3　根据立体图,画组合体的三视图。

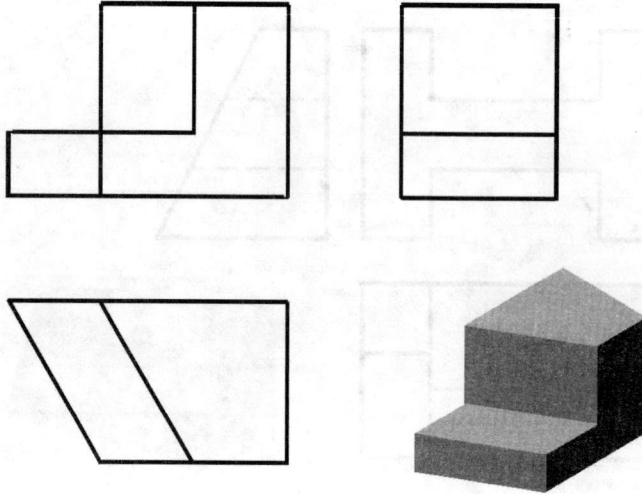

4 – 4　根据立体图,画组合体的三视图。

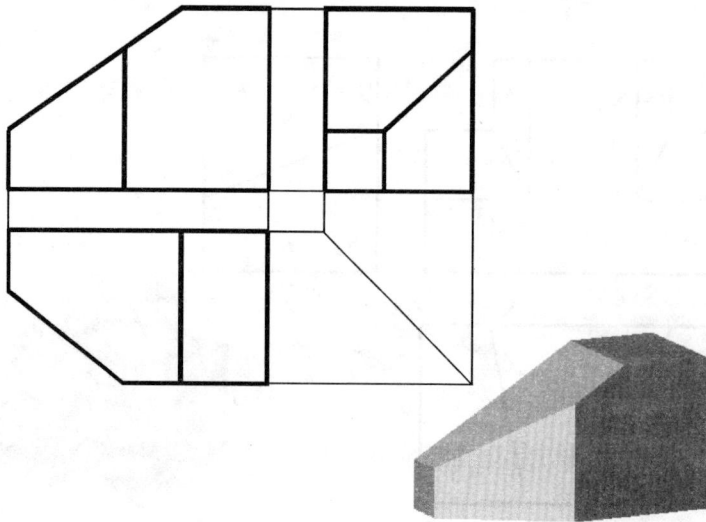

4-5　根据立体图,画组合体的三视图。

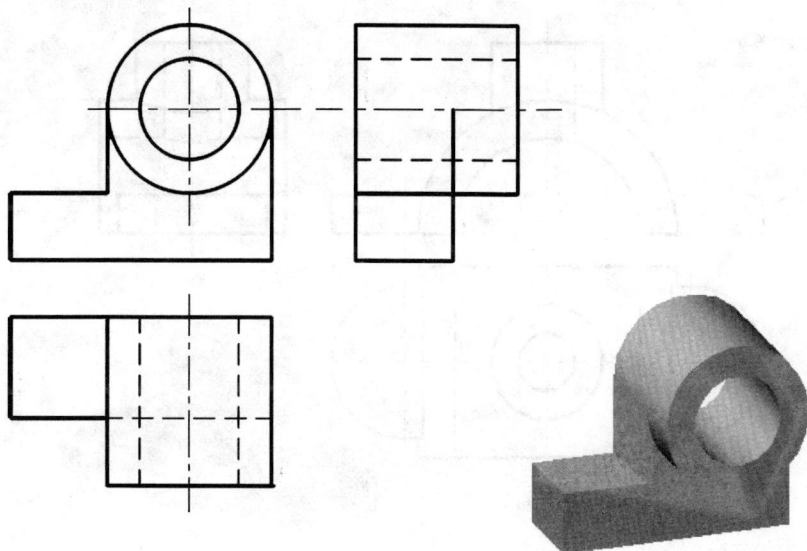

4-6　根据立体图,画组合体的三视图。

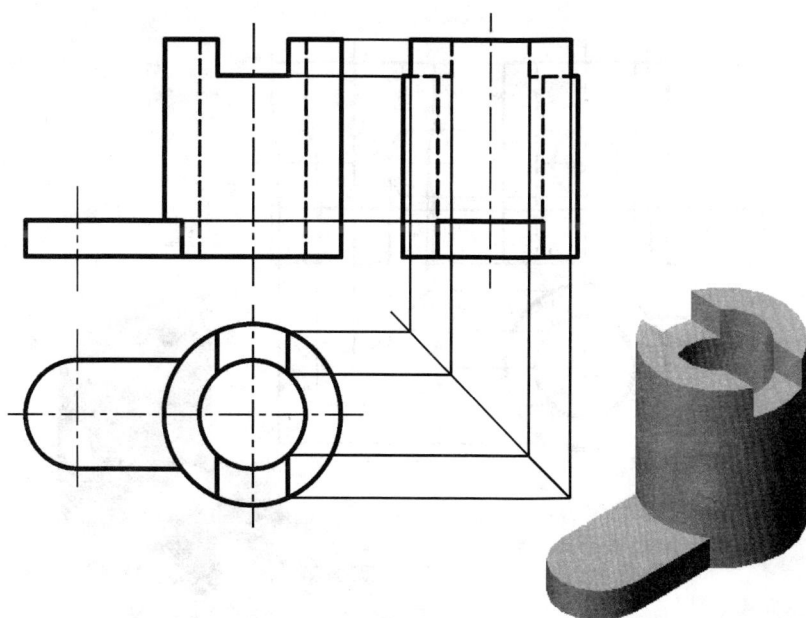

4 – 7　根据立体图,画组合体的三视图。

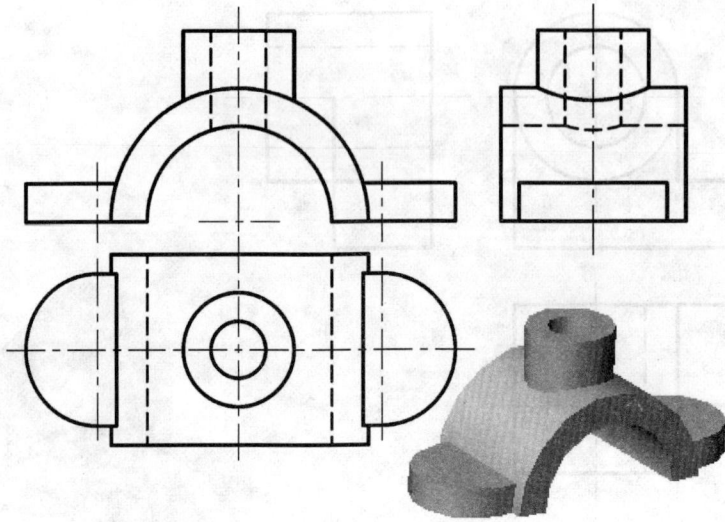

4 – 8　根据立体图,画组合体的三视图。

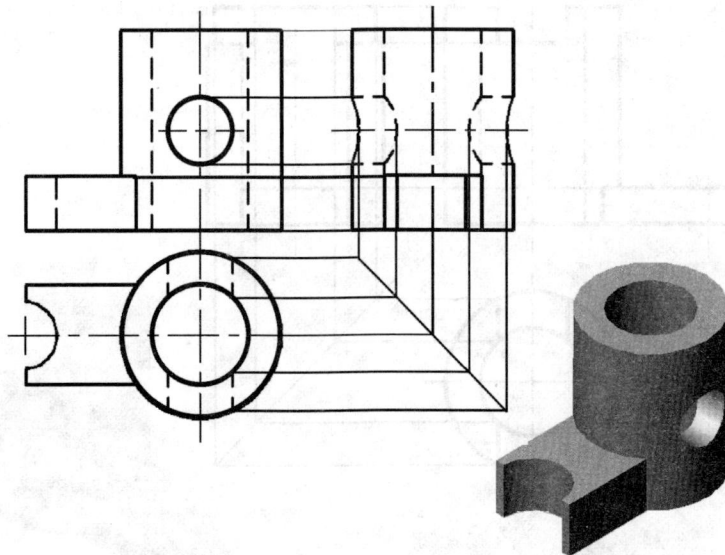

4 - 9　根据立体图,画组合体的三视图。

解答:

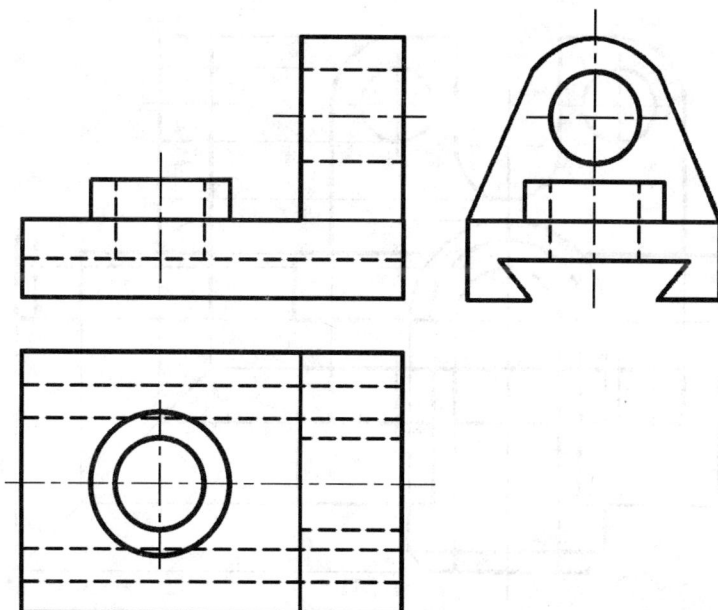

4 - 10 根据立体图,画组合体的三视图。

解答:

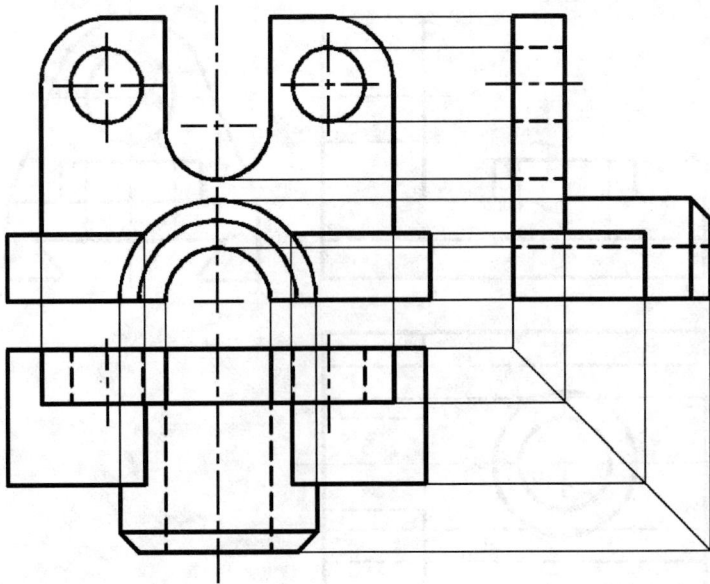

4－11　根据立体图,画组合体的三视图。

解答:

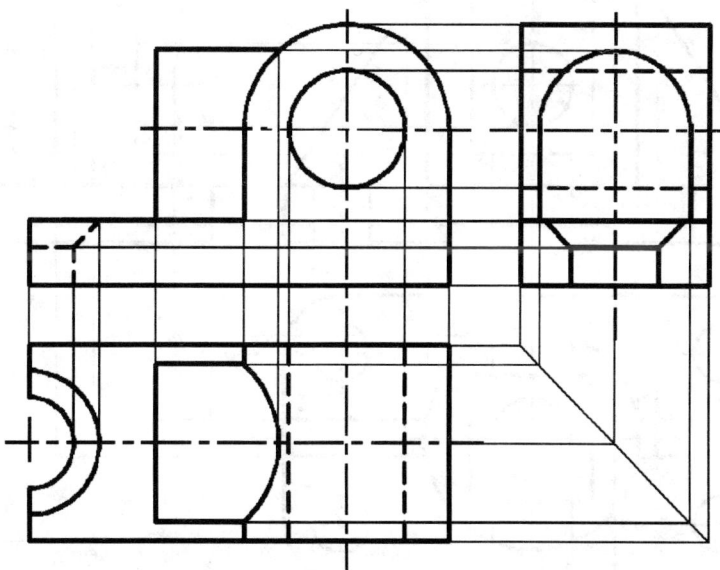

4－12　根据立体图,画组合体的三视图。

解答:

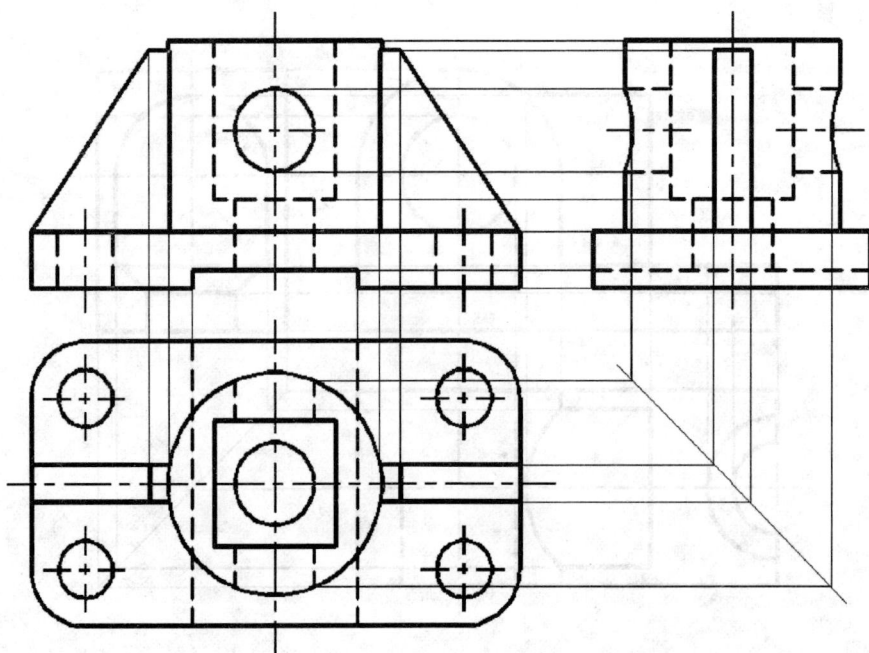

4 – 13　根据立体图,画组合体的三视图。

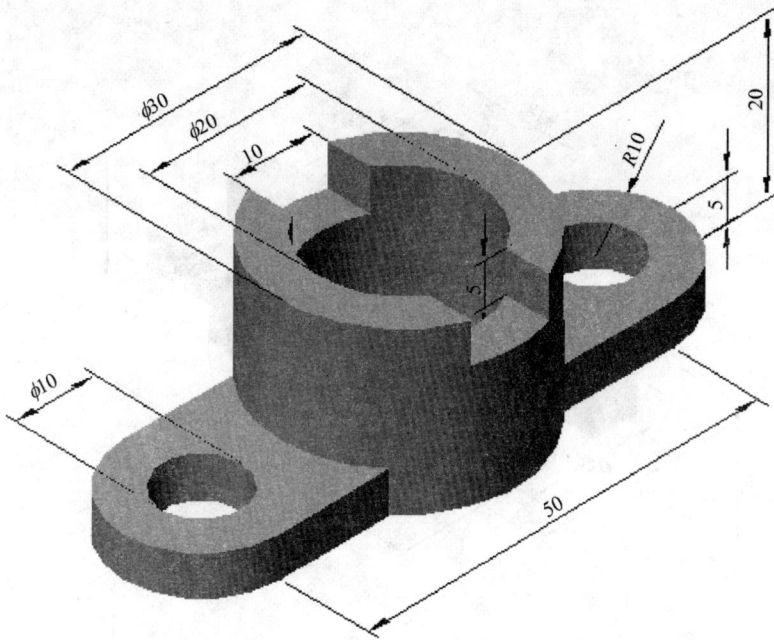

解答:

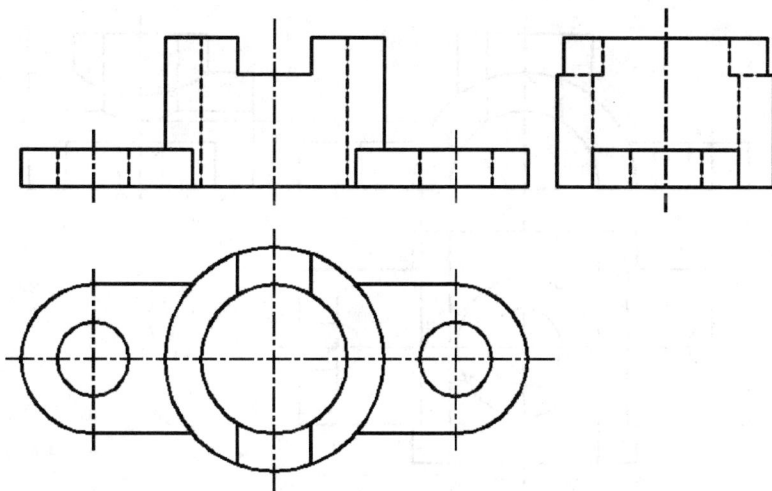

4 – 14　根据立体图，画组合体的三视图。

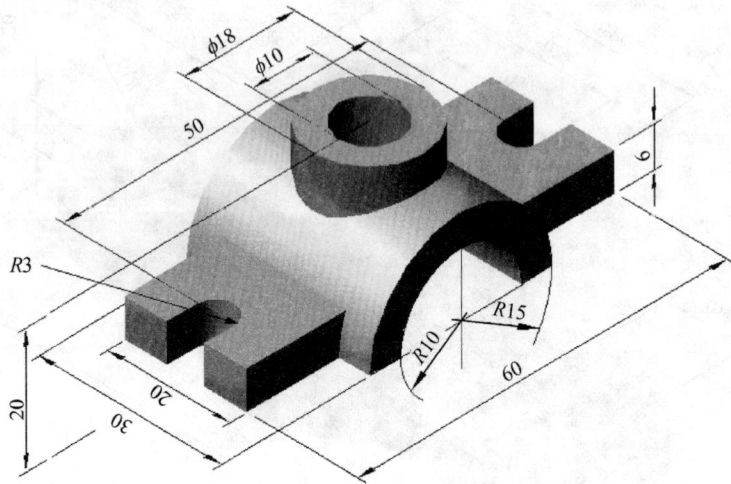

解答：

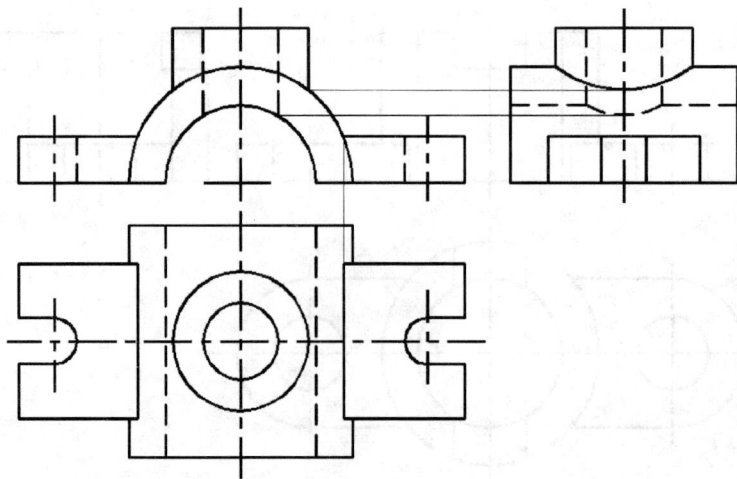

4-15　根据立体图,画组合体的三视图。

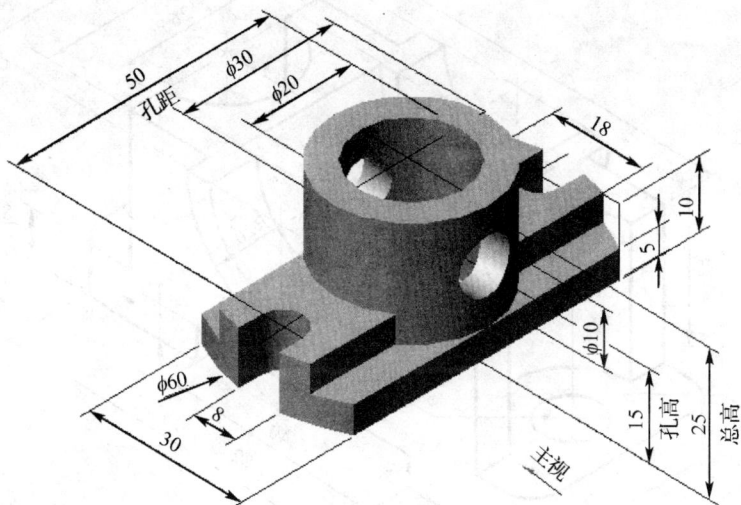

解答:

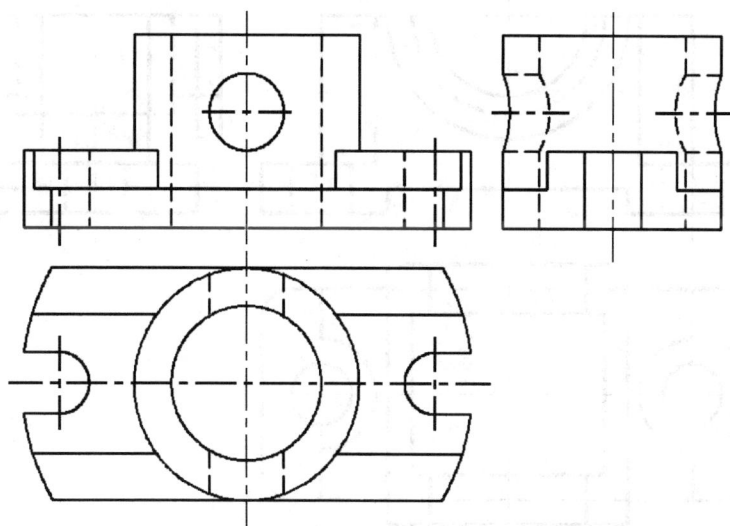

4-16　根据立体图中标注的尺寸,在 A3 图纸上画出组合体的三视图,比例 2:1。

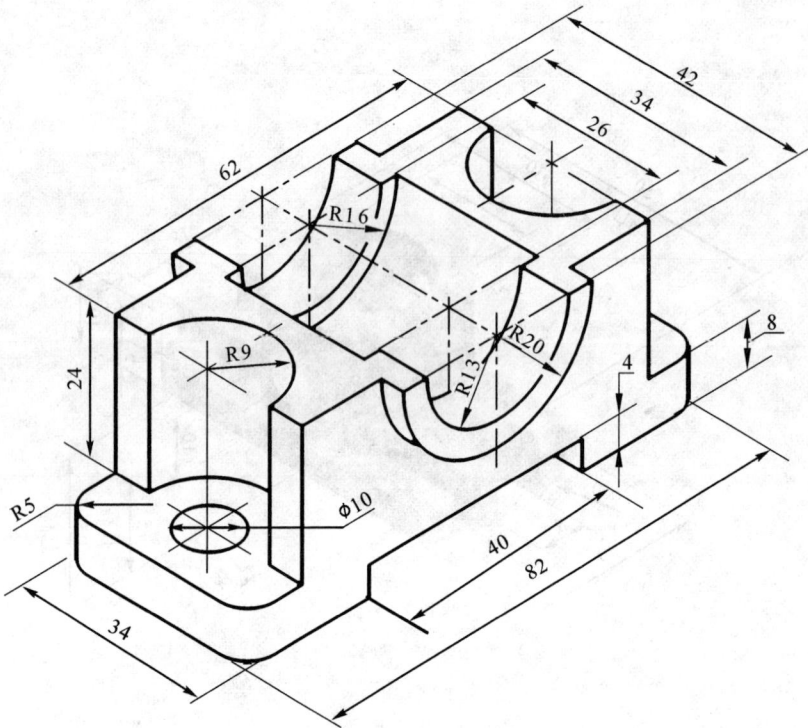

解答:

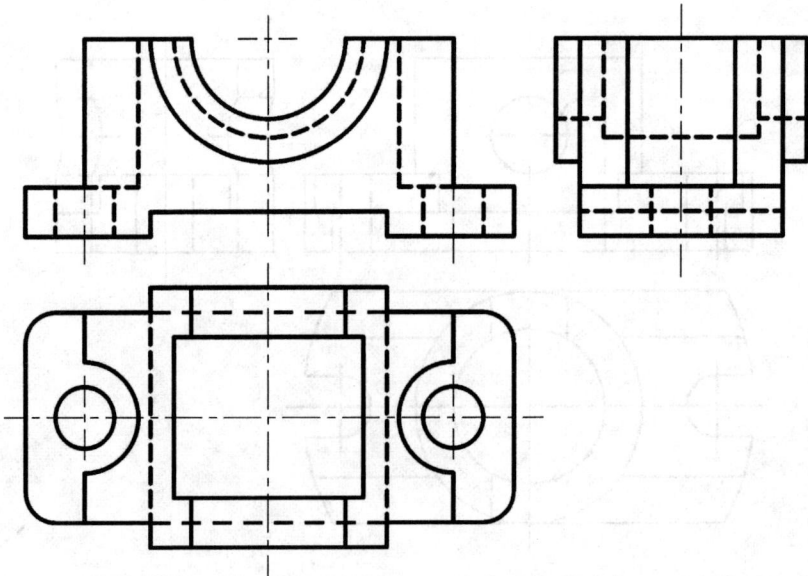

4 - 17　补画组合体视图中所缺的图线。

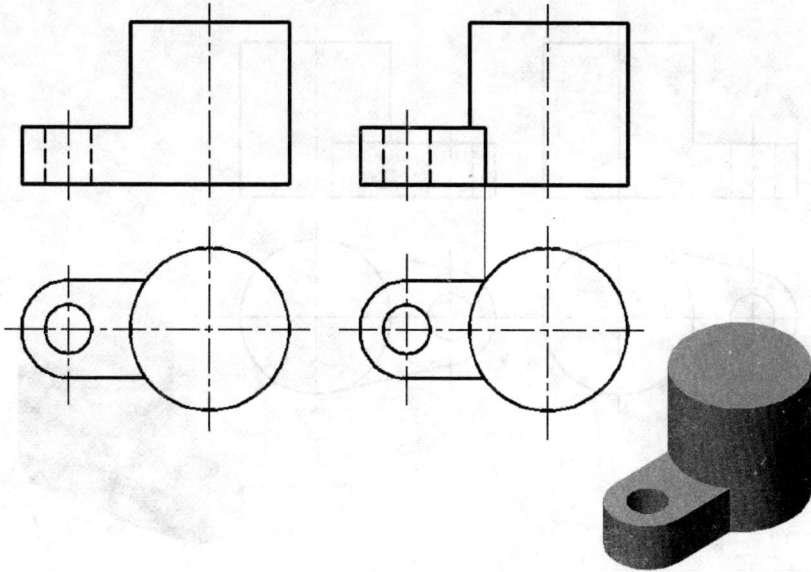

4 - 18　补画组合体视图中所缺的图线。

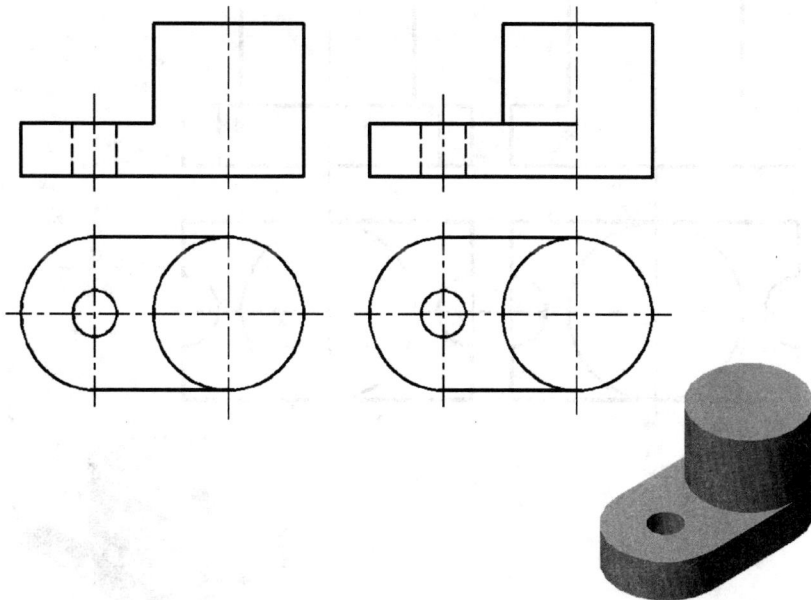

4 – 19　补画组合体视图中所缺的图线。

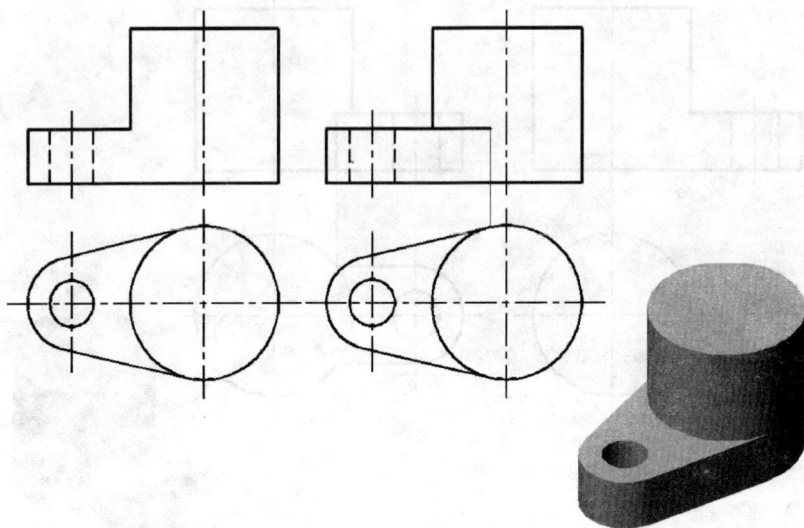

4 – 20　补画组合体视图中所缺的图线。

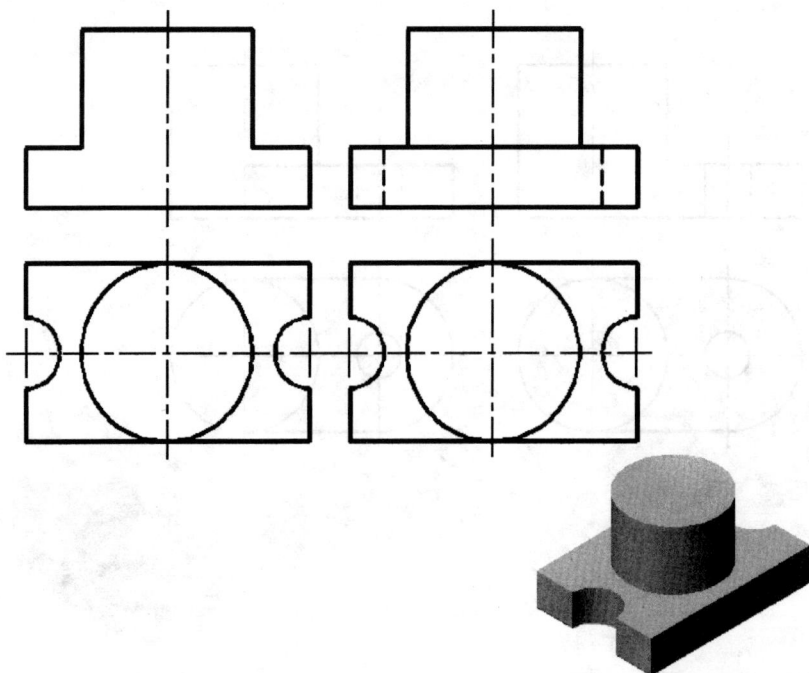

4 – 21 补画组合体视图中所缺的图线。

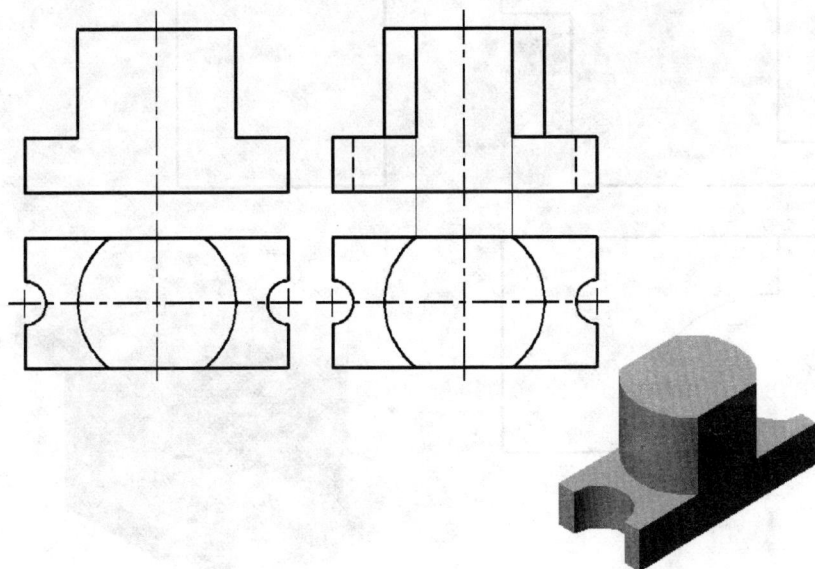

4 – 22 补画组合体视图中所缺的图线。

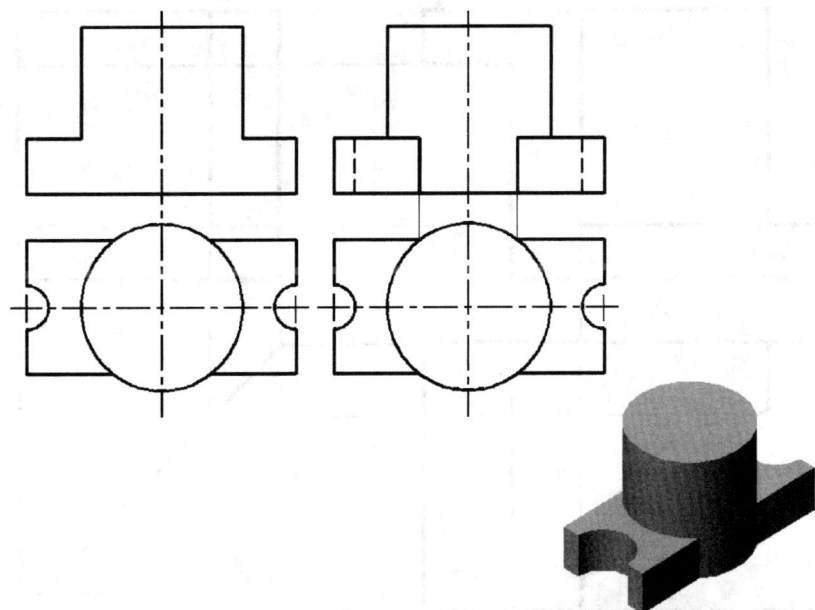

4 – 23　补画组合体视图中所缺的图线。

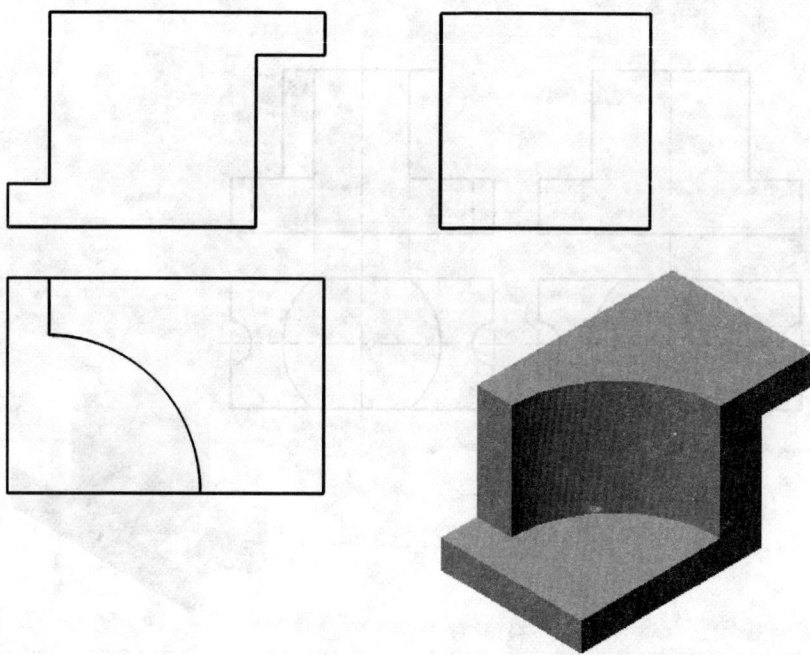

解答：

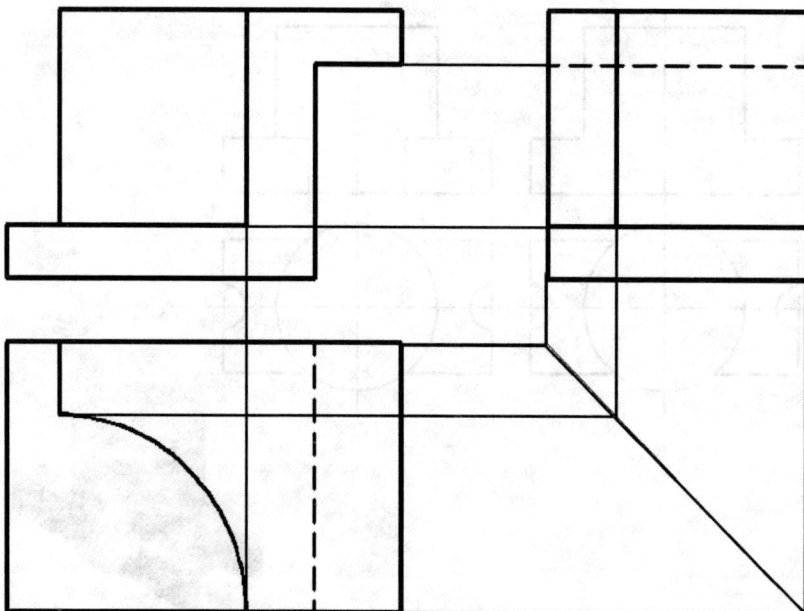

4－24　补画组合体视图中所缺的图线。

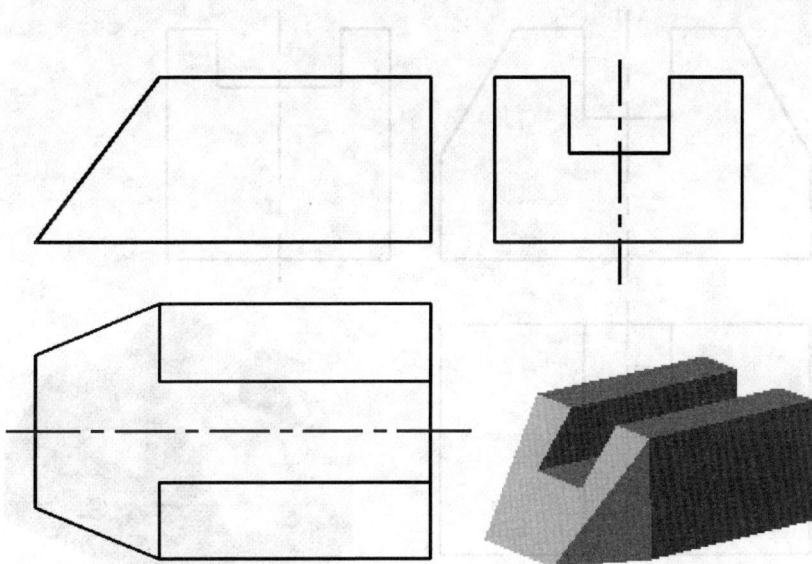

解答:

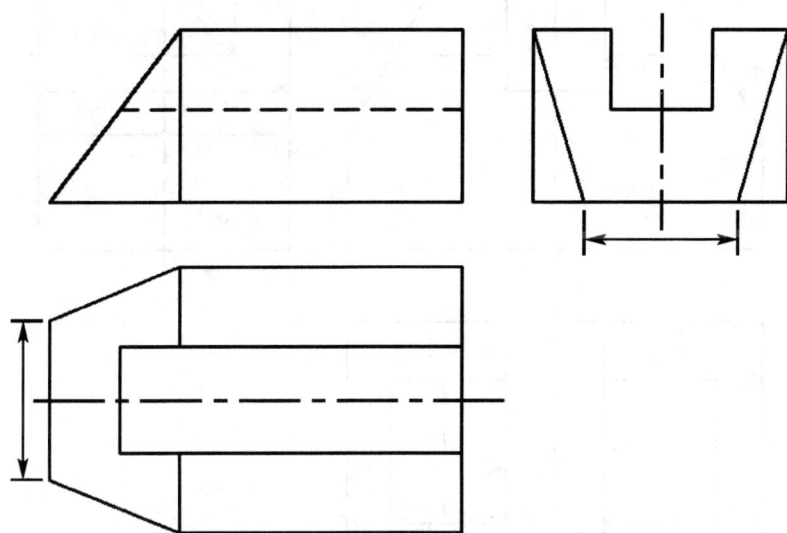

4 – 25　补画组合体视图中所缺的图线。

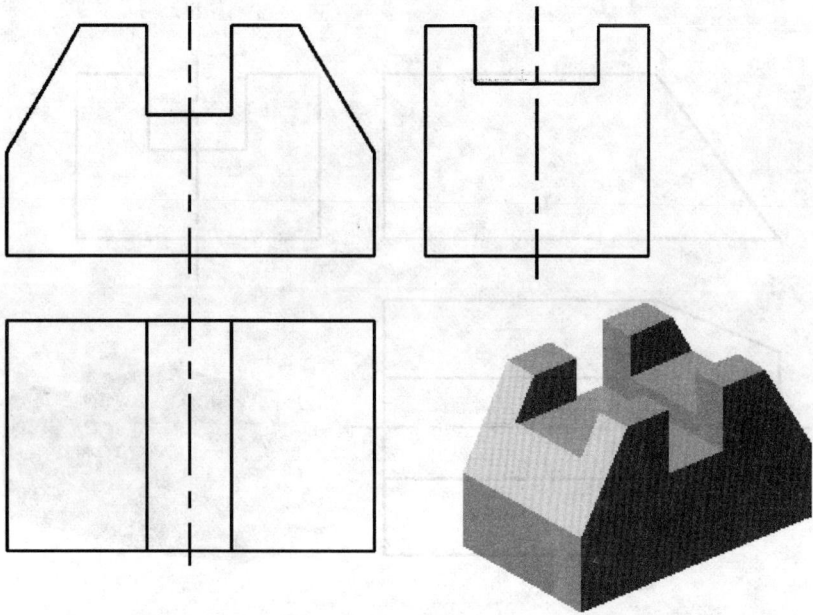

解答：

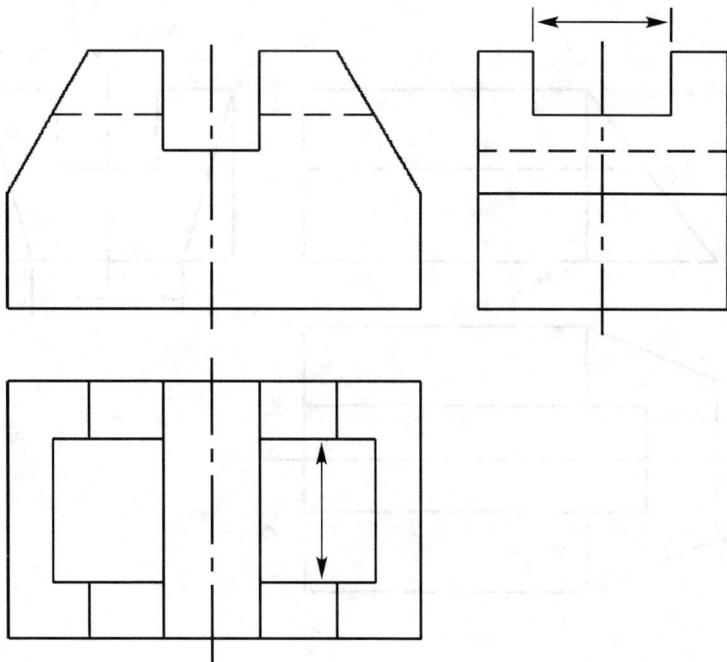

4 – 26　补画组合体视图中所缺的图线。

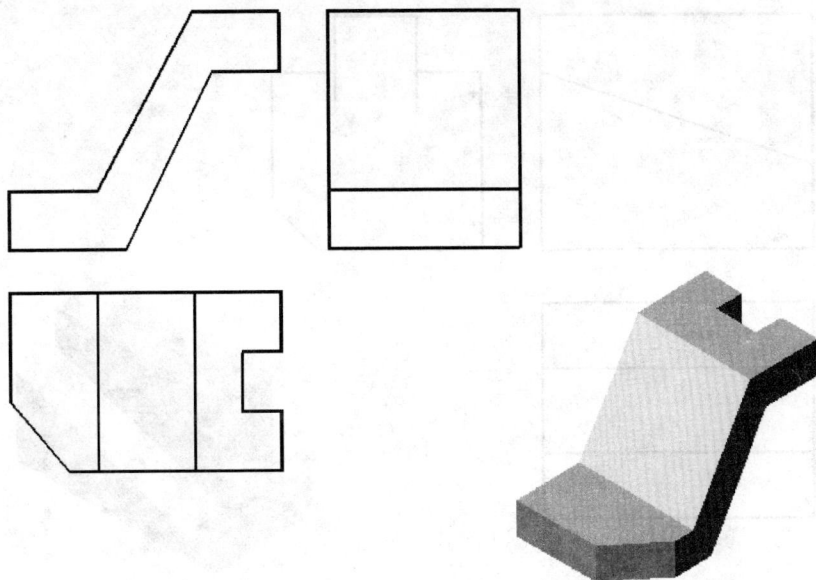

解答：

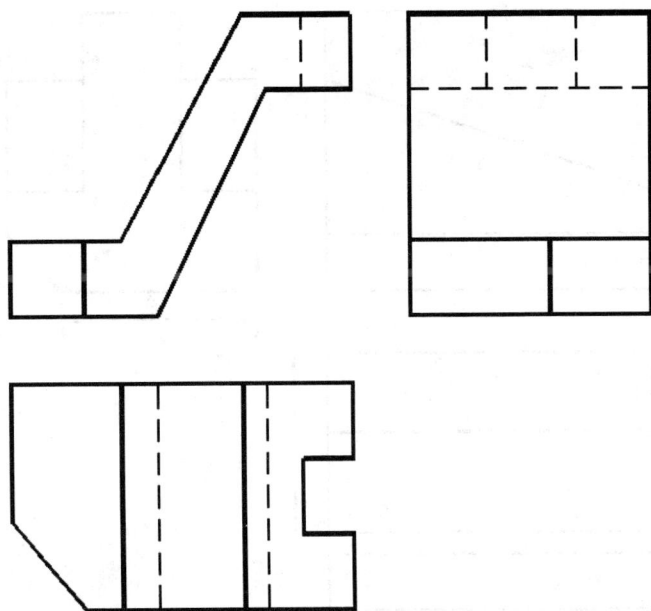

4 – 27　补画组合体视图中所缺的图线。

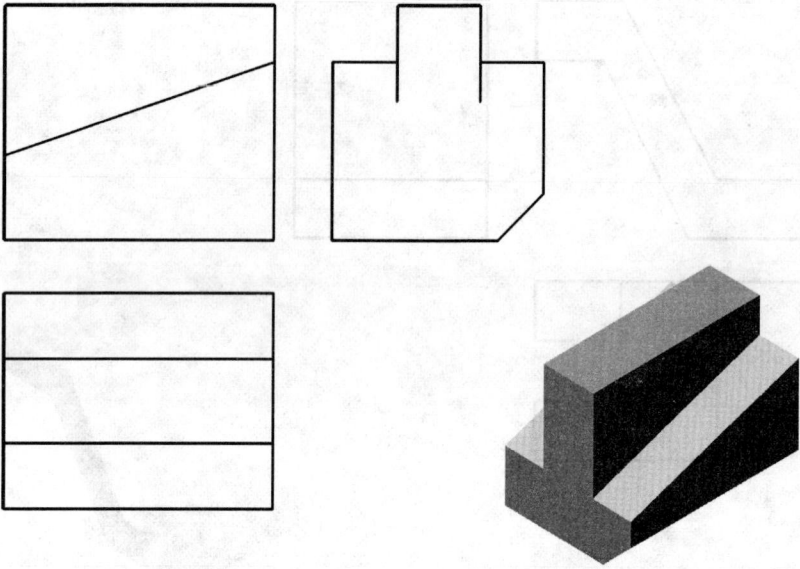

解答：

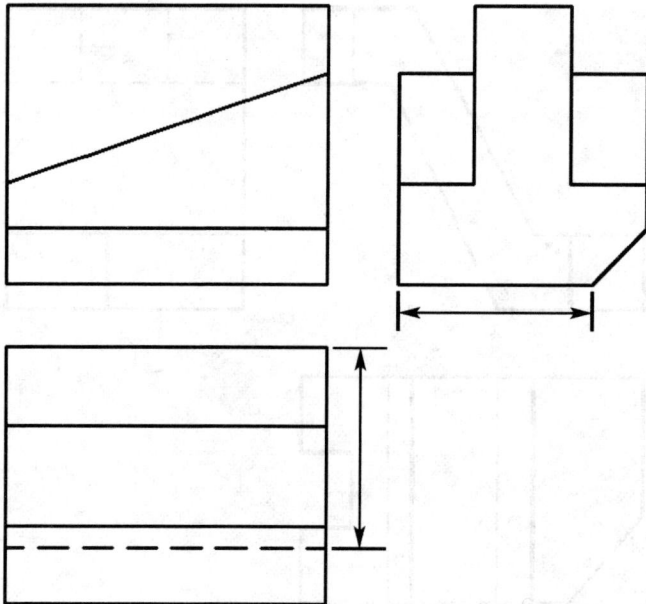

4-28 补画组合体视图中所缺的图线。

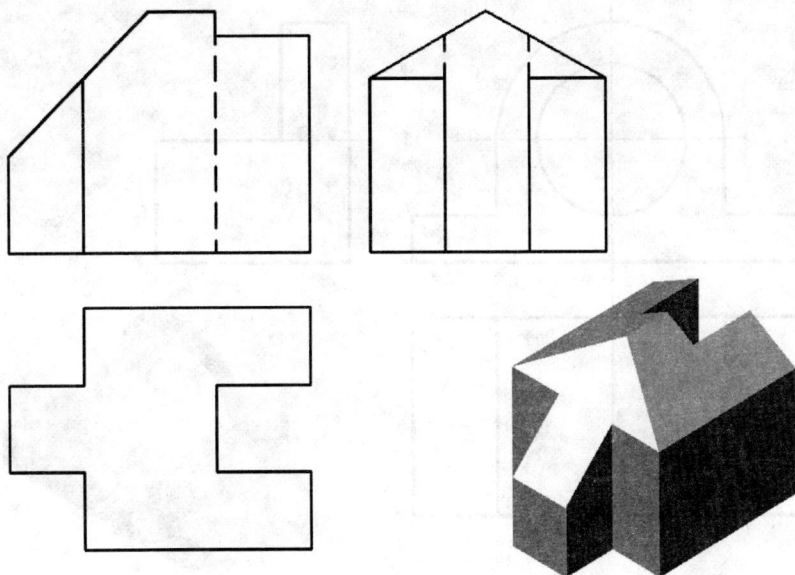

解答：

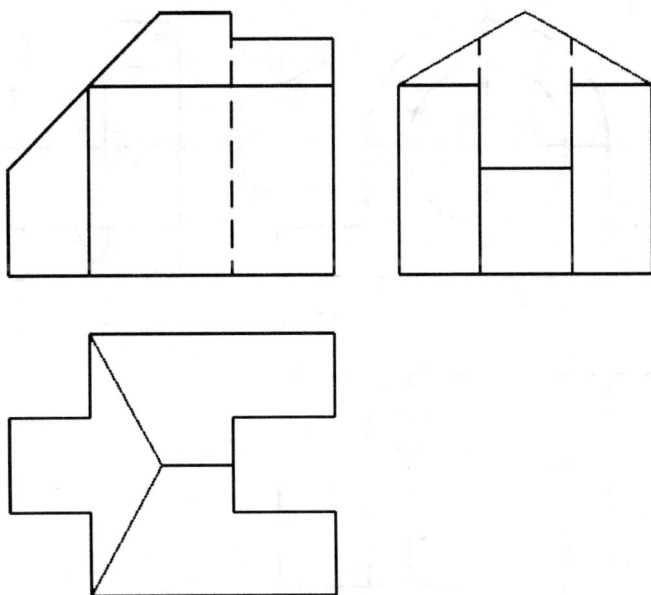

4 – 29　补画组合体视图中所缺的图线。

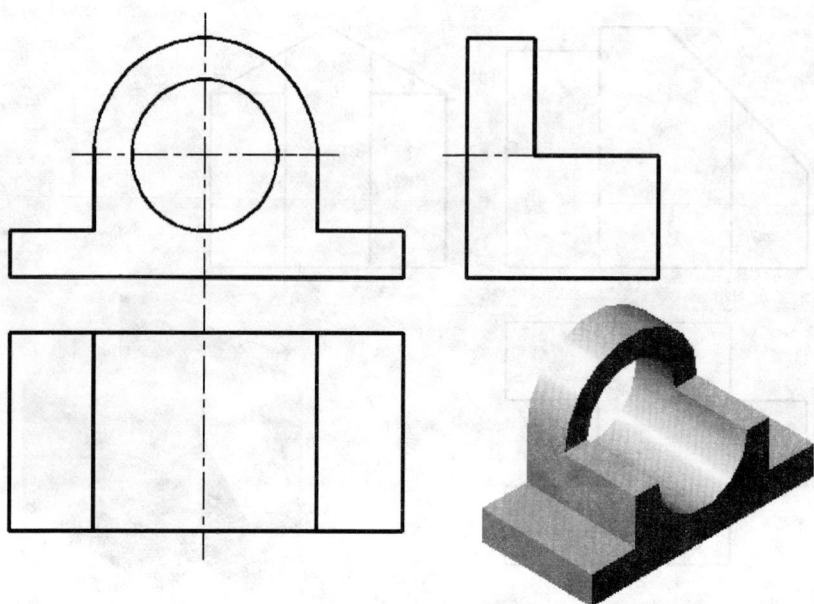

解答：

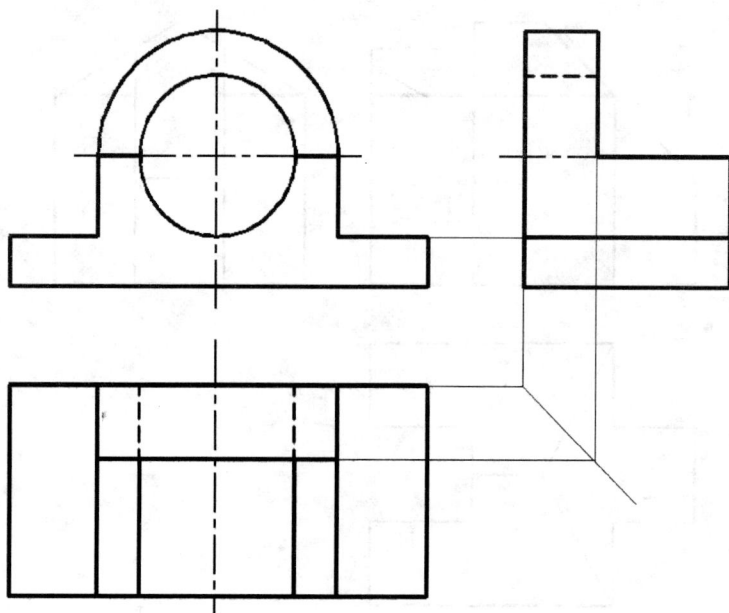

4 – 30　补画组合体视图中所缺的图线。

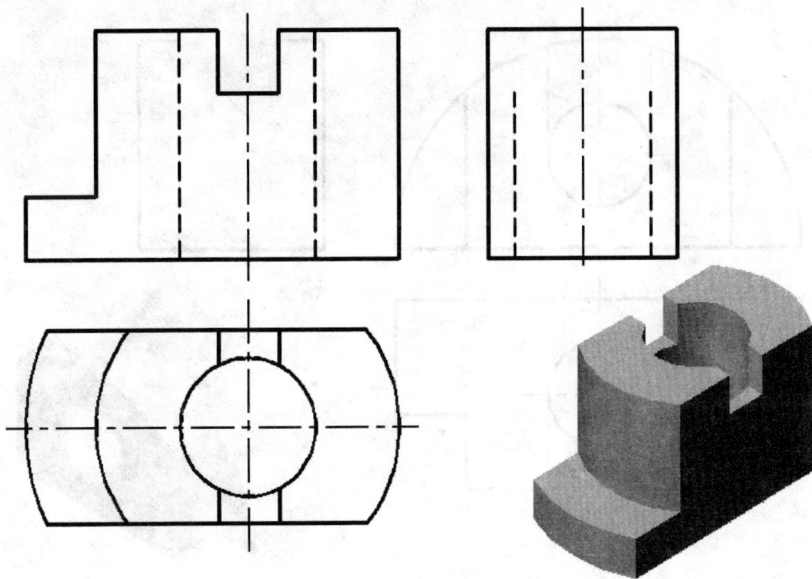

解答：

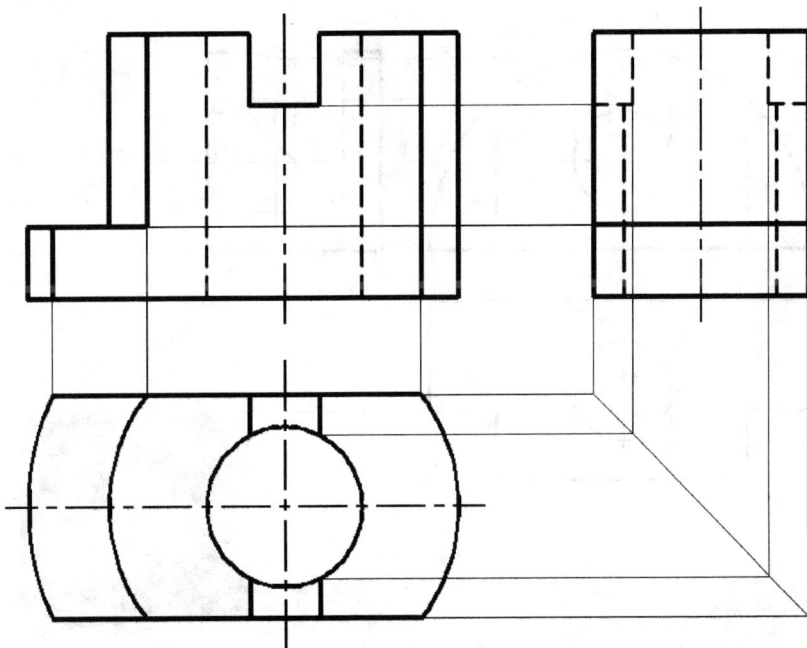

4－31　补画组合体视图中所缺的图线。

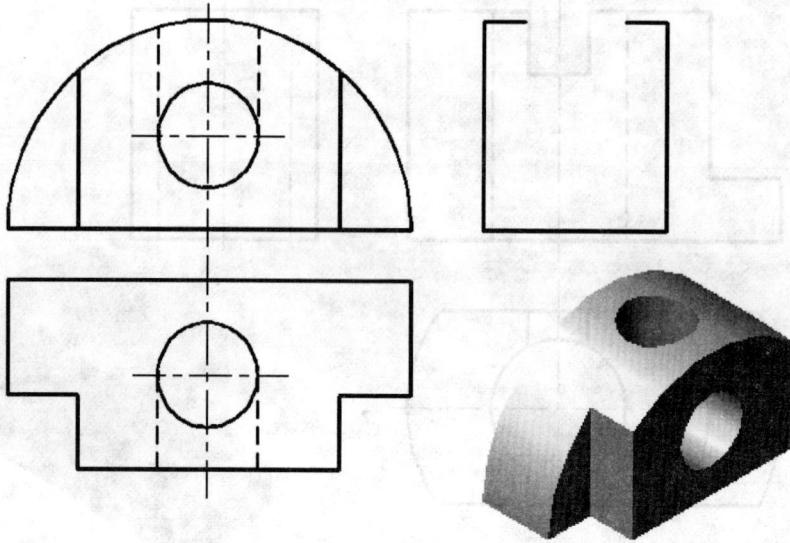

解答:

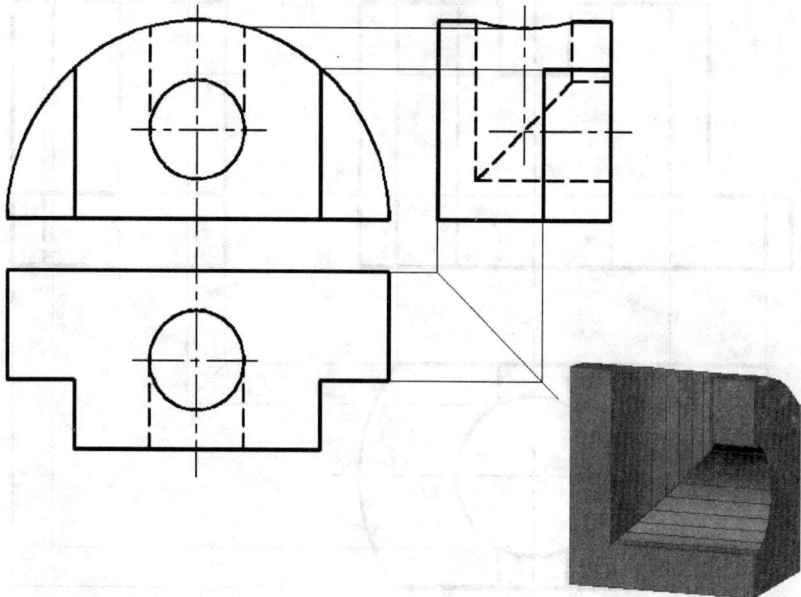

4 - 32　补画组合体视图中所缺的图线。

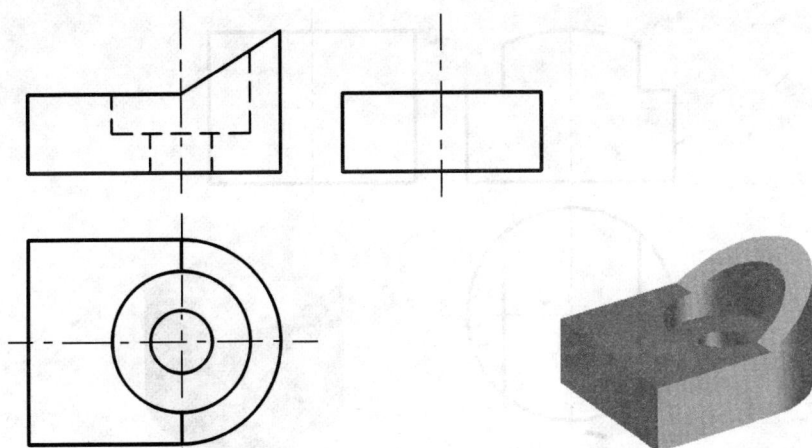

解答：

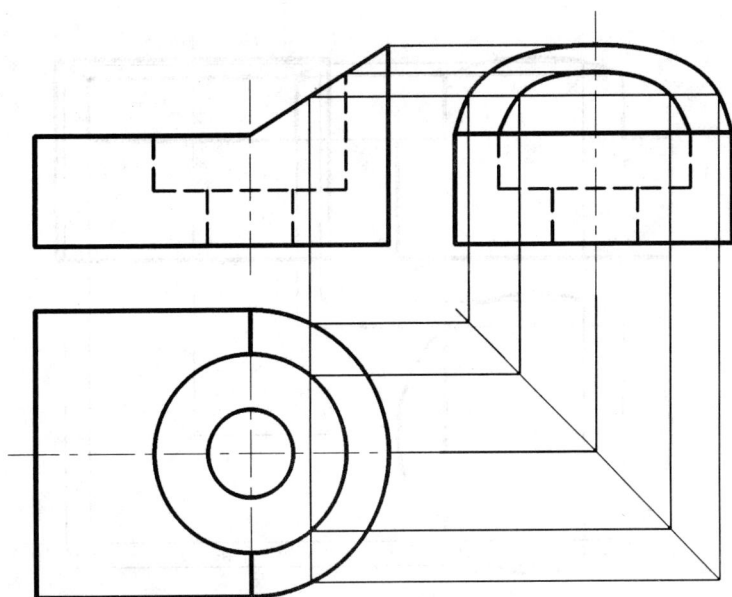

4 – 33　补画组合体视图中所缺的图线。

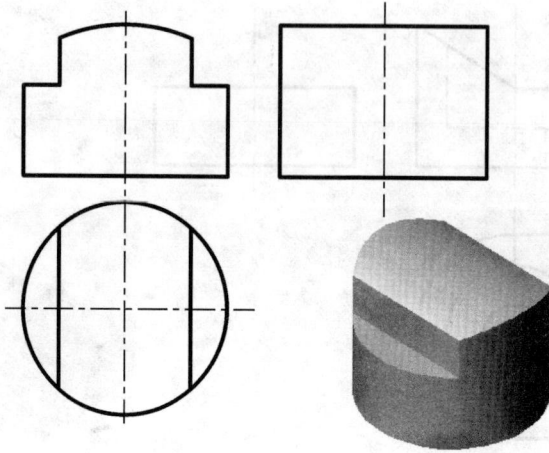

解答：

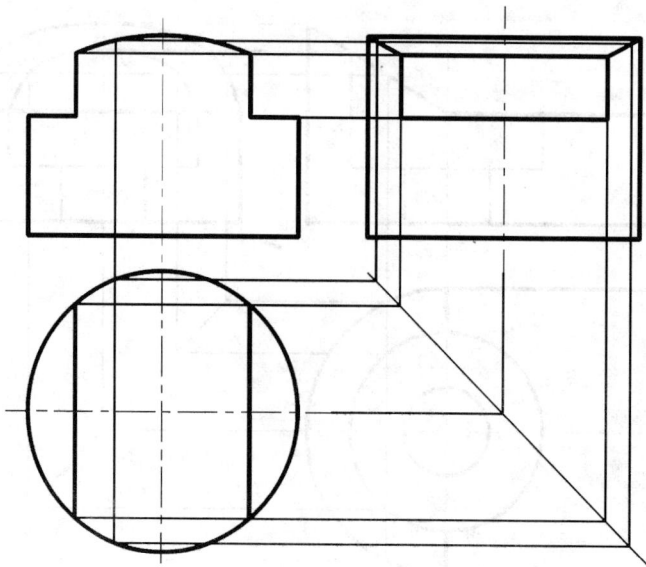

4-34 补画组合体视图中所缺的图线。

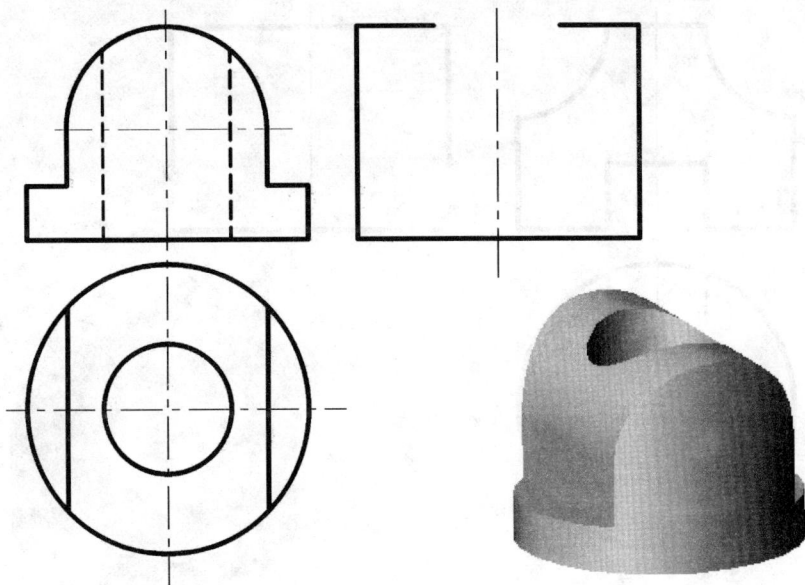

解答：

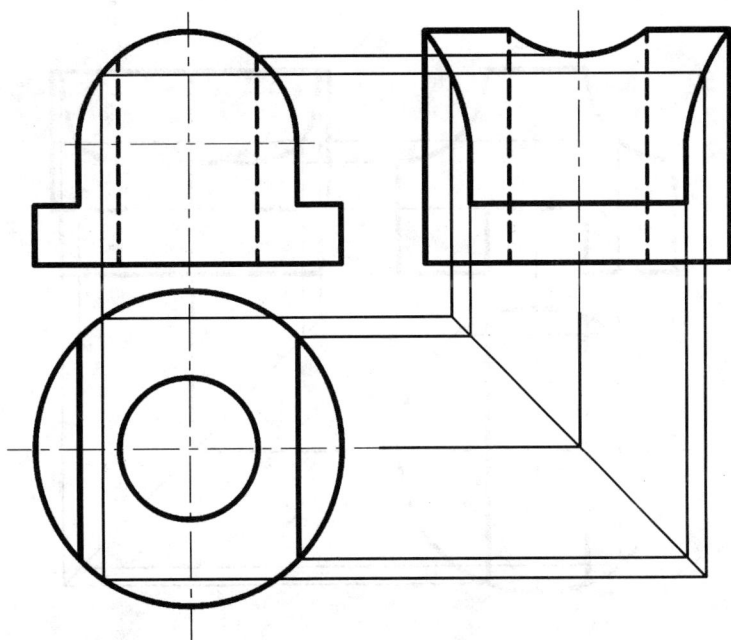

4 – 35　补画组合体视图中所缺的图线。

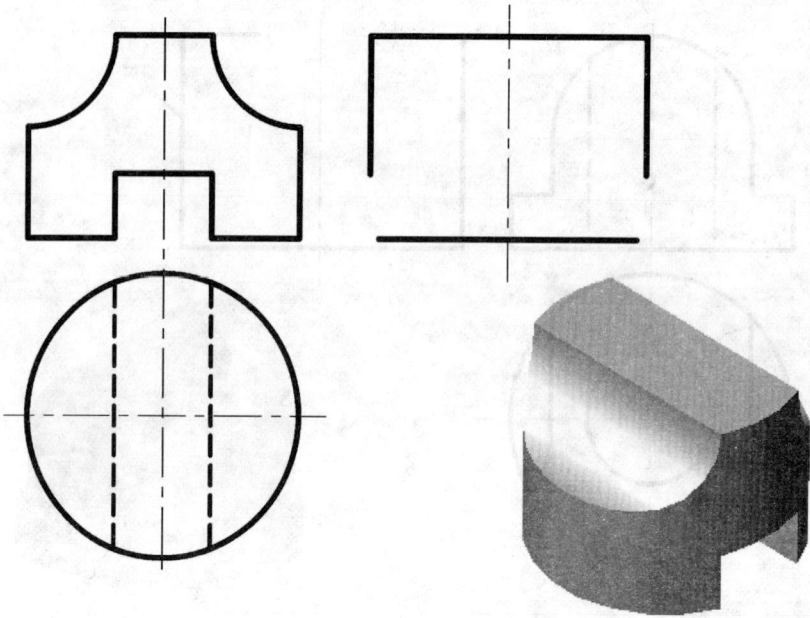

解答：

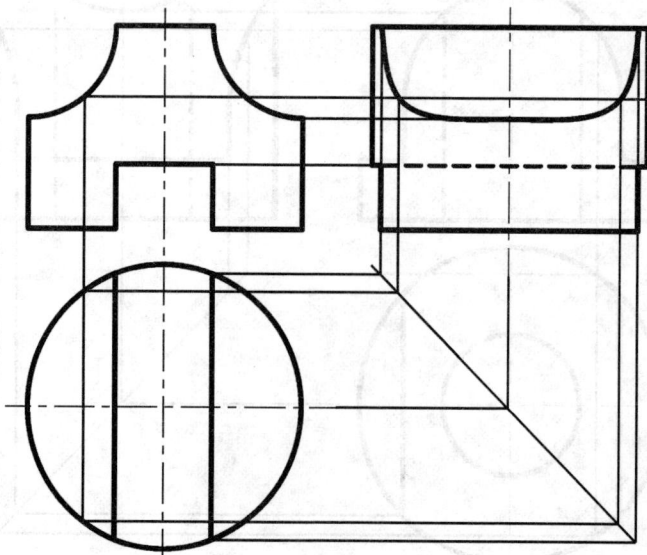

4-36 对照立体图，补画组合体视图中所缺的图线。

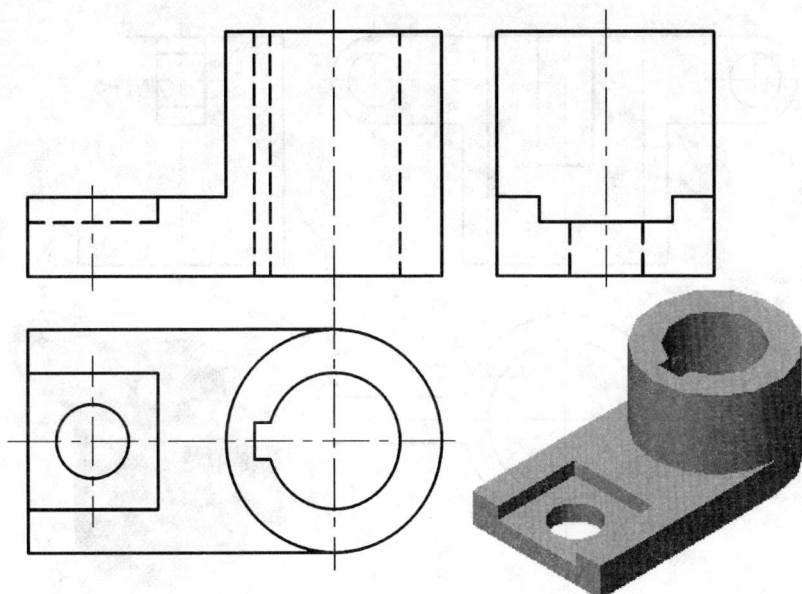

解答：

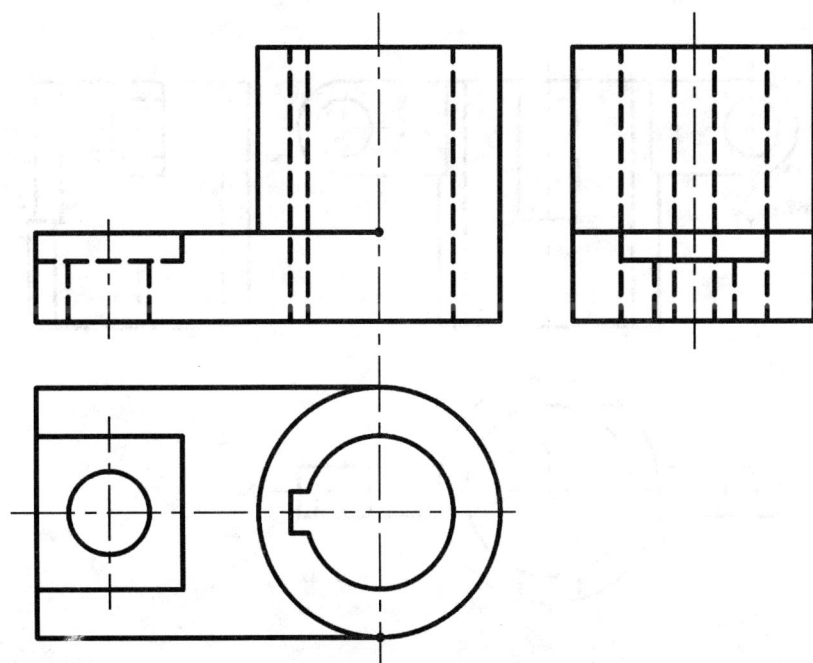

4 – 37 对照立体图，补画组合体视图中所缺的图线。

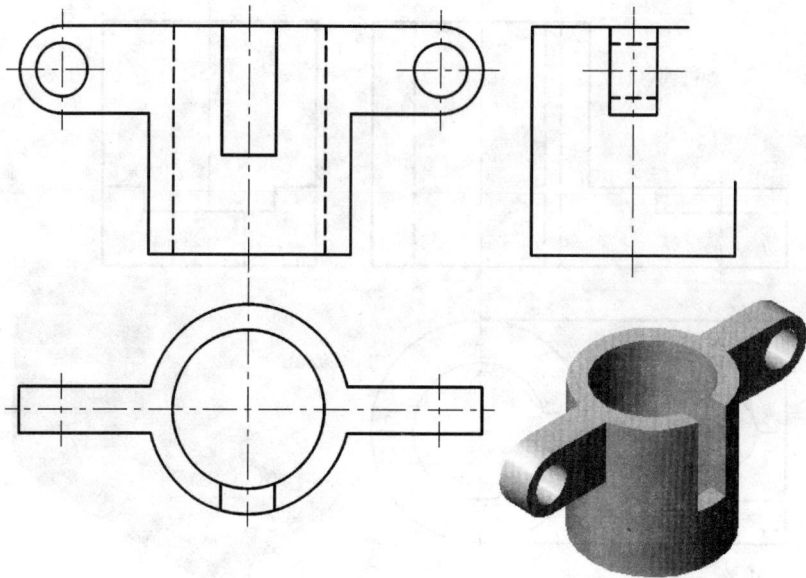

解答：

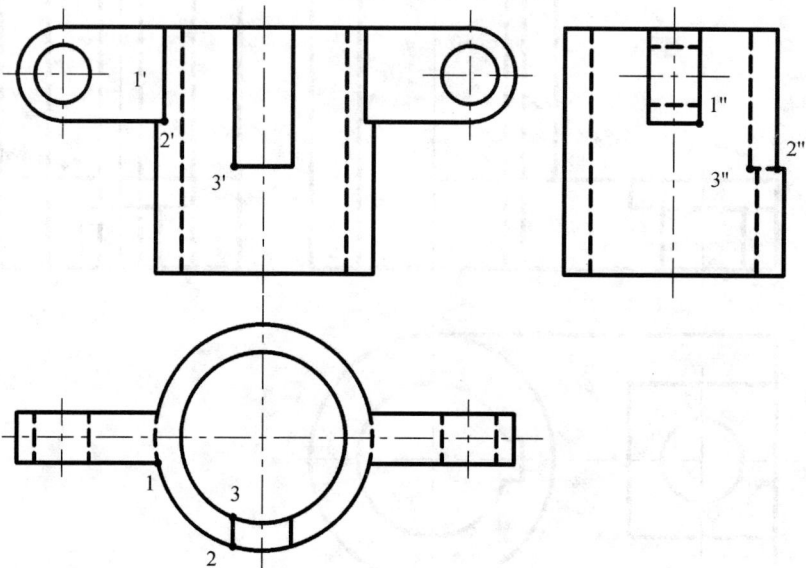

4-38　注意组合体俯视图的变化,补画组合体主视图中所缺的图线。

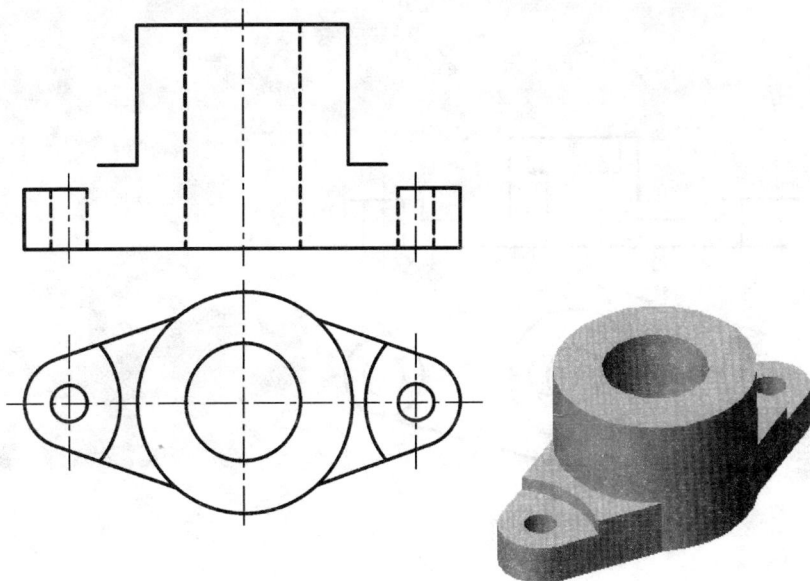

解答:

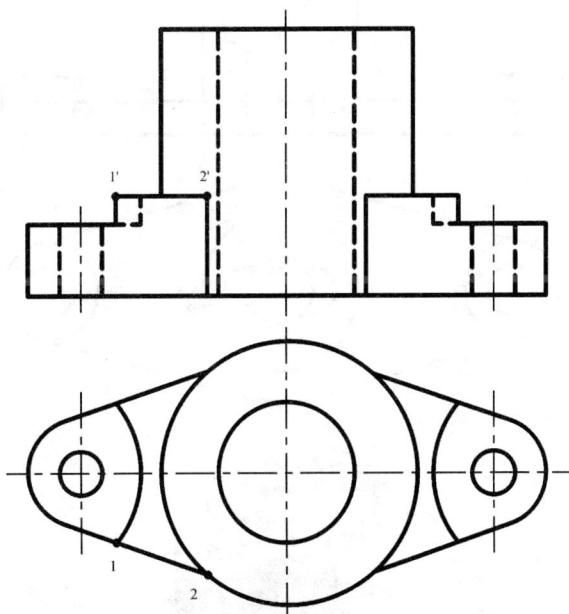

4 - 39　注意组合体俯视图的变化,补画组合体主视图中所缺的图线。

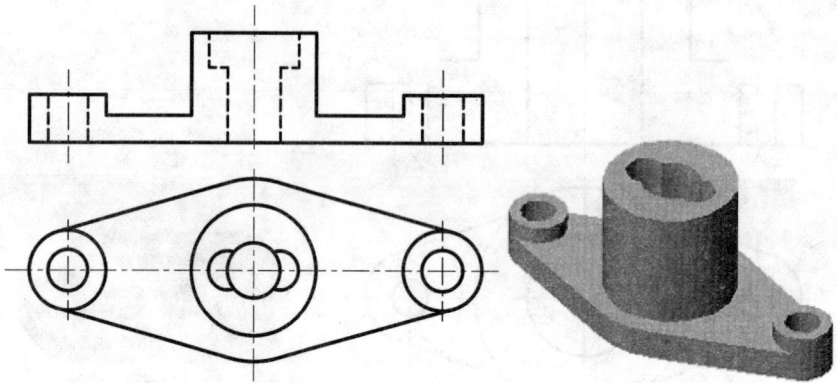

解答:

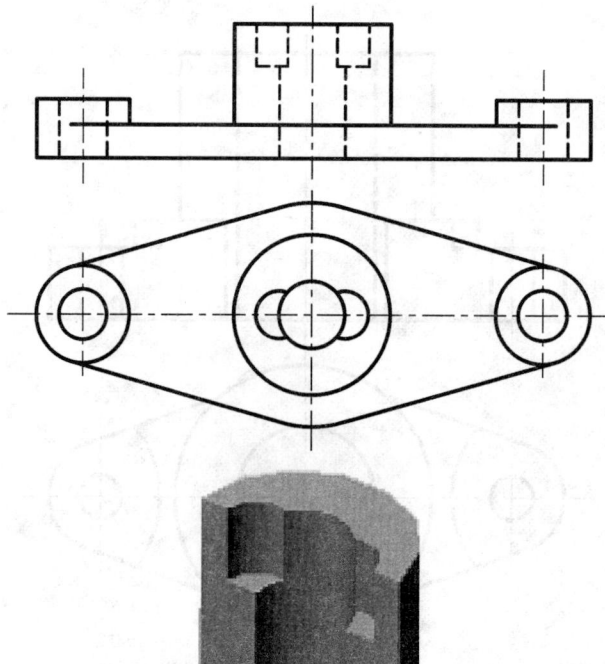

4 - 40 注意组合体俯视图的变化,补画组合体主视图中所缺的图线。

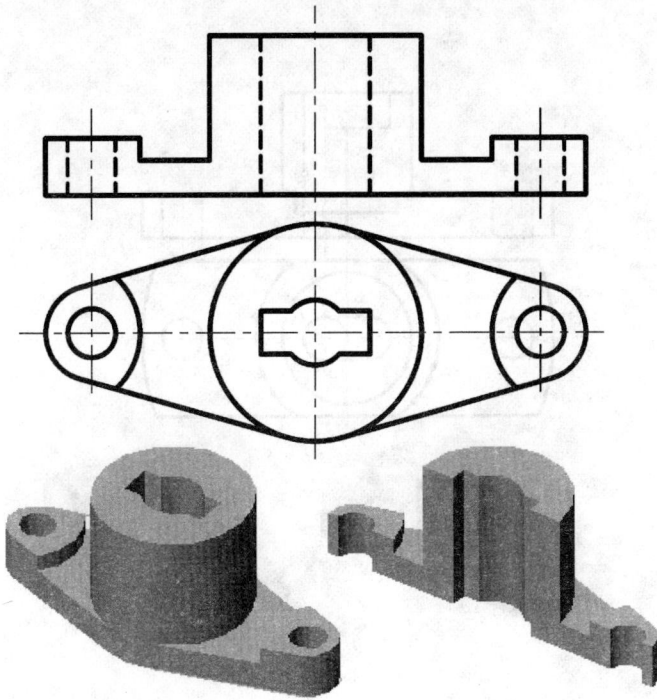

解答:

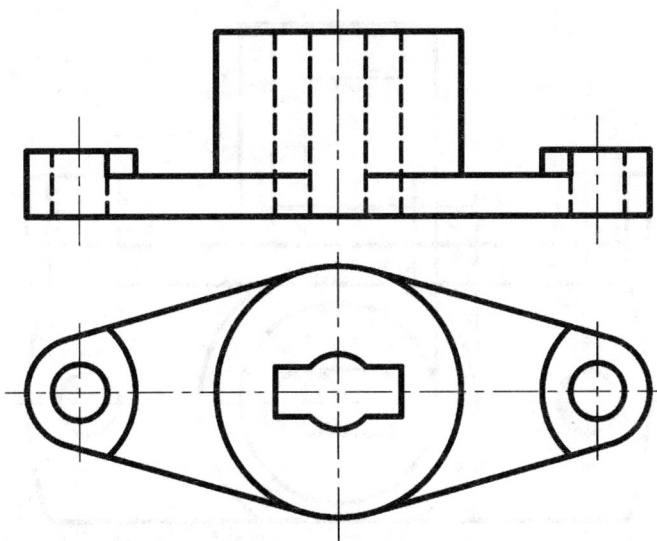

4-41　注意组合体俯视图的变化,补画组合体主视图中所缺的图线。

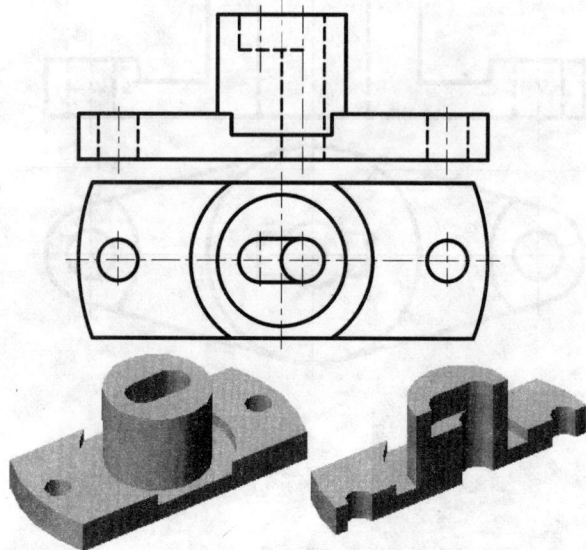

解答:

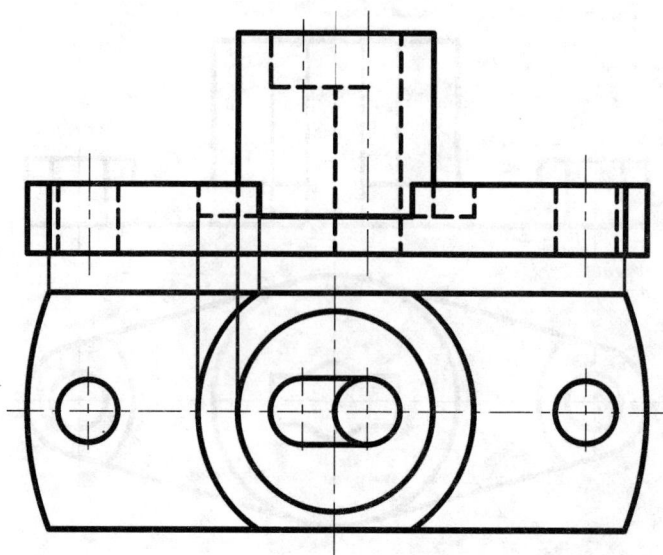

4-42 已知主、俯视图,补画多种结构的左视图。

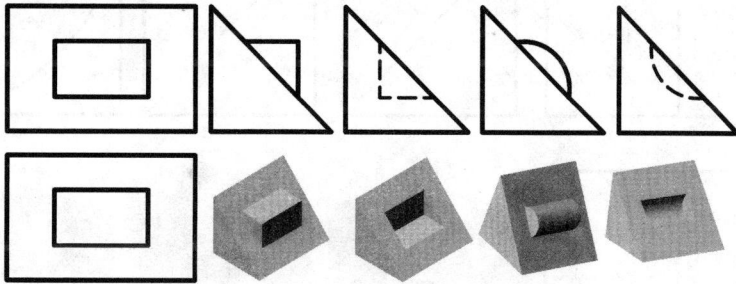

4-43 已知主、俯视图,补画多种结构的左视图。

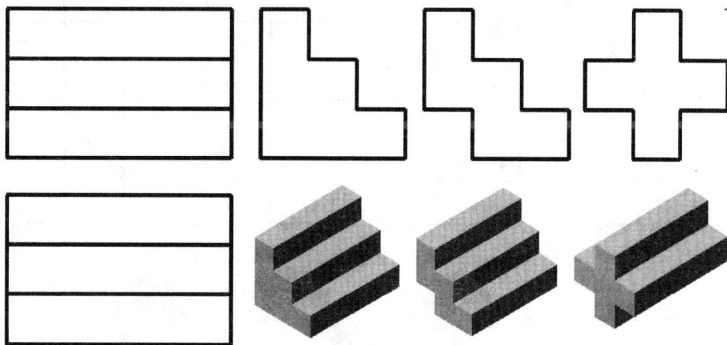

4－44　已知主、俯视图，补画多种结构的左视图。

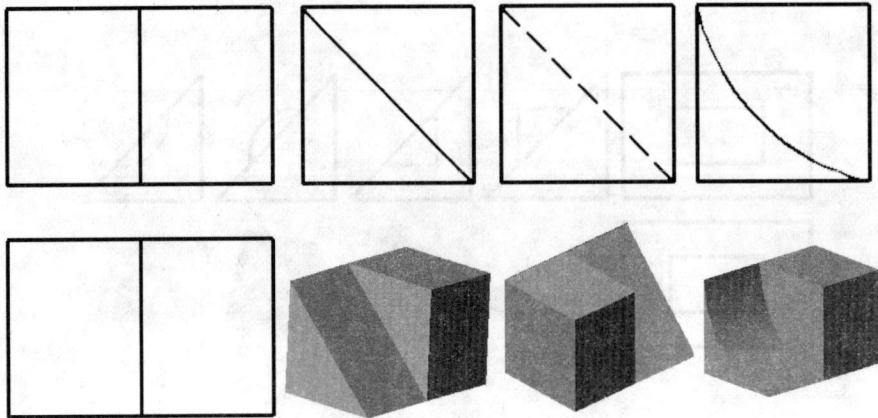

4－45　已知主、俯视图，补画多种结构的左视图。

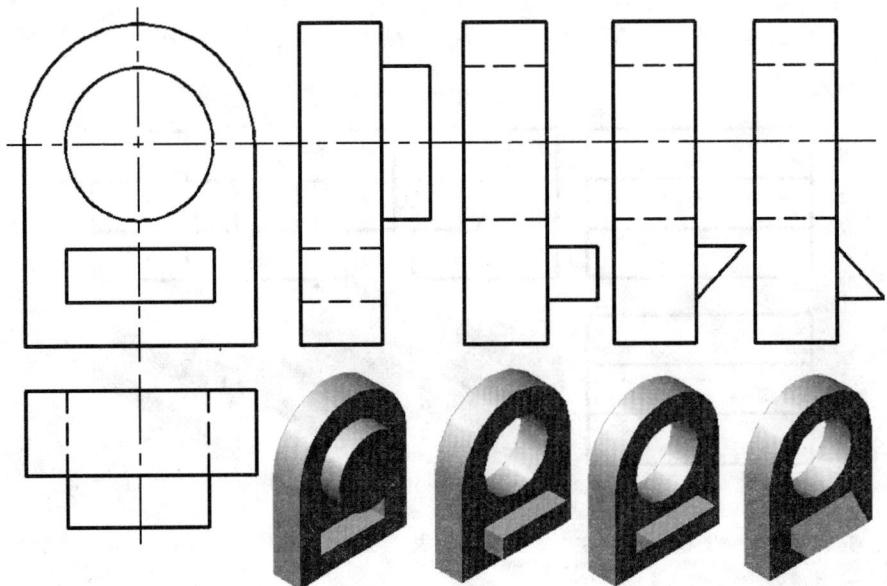

4 - 46　已知主、俯视图,补画正确的左视图。

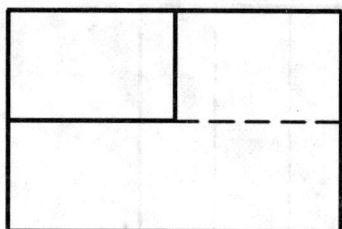

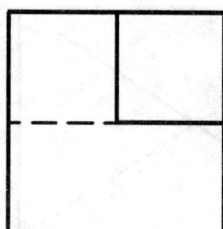

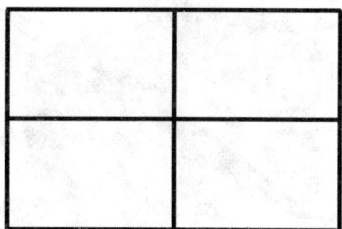

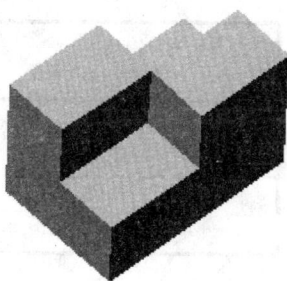

4 - 47　已知主、俯视图,补画正确的左视图。

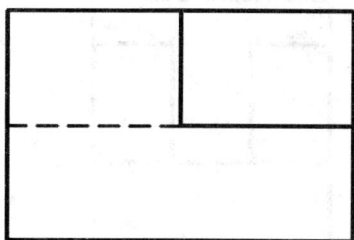

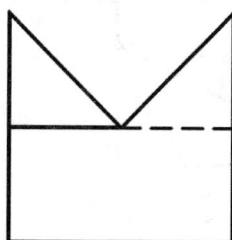

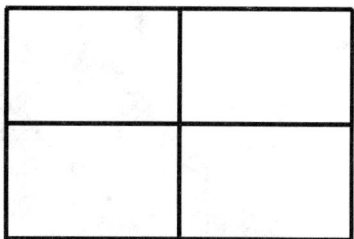

4-48　已知主、俯视图,补画正确的左视图。

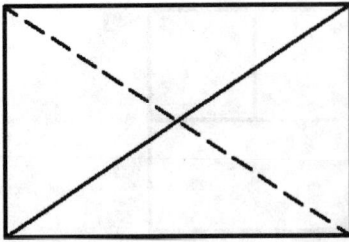

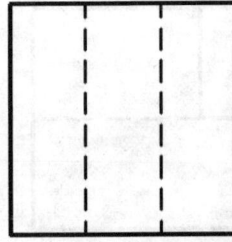

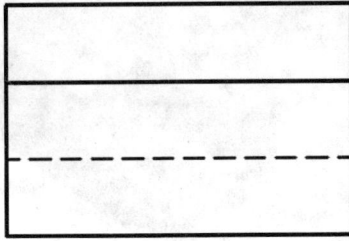

4-49　已知主、俯视图,补画正确的左视图。

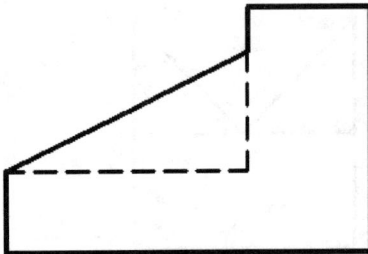

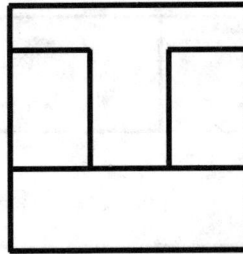

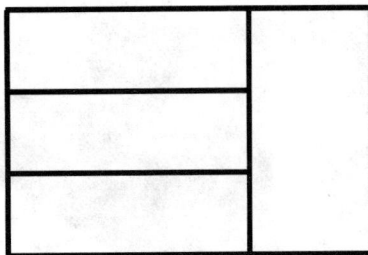

4－50　已知主、俯视图，补画正确的左视图。

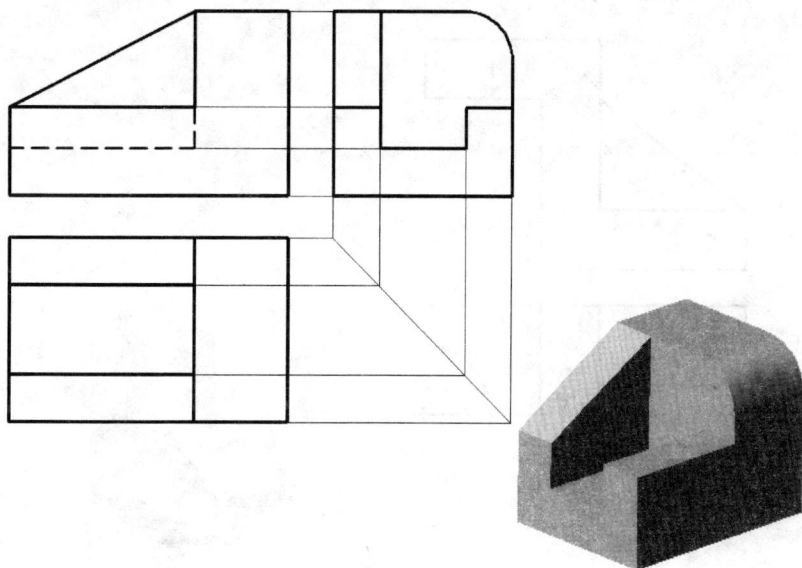

4－51　已知主、俯视图，补画正确的左视图。

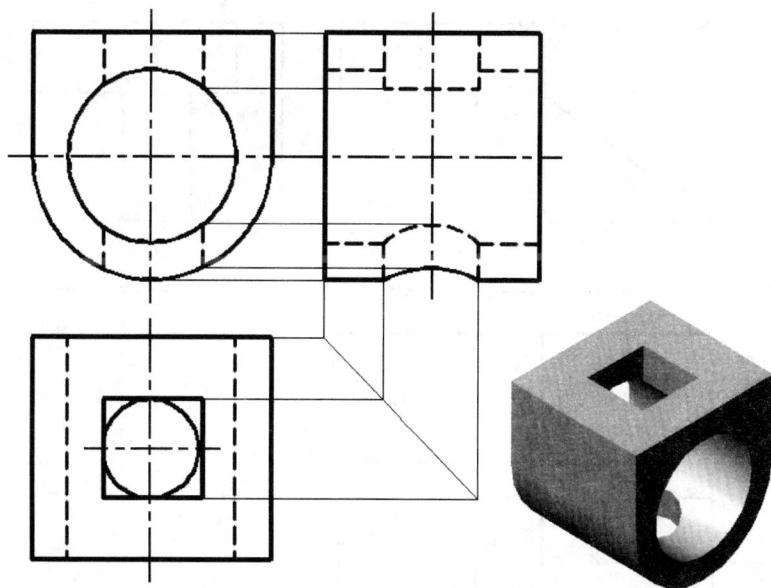

4 - 52　读懂两视图后,补画第三视图。

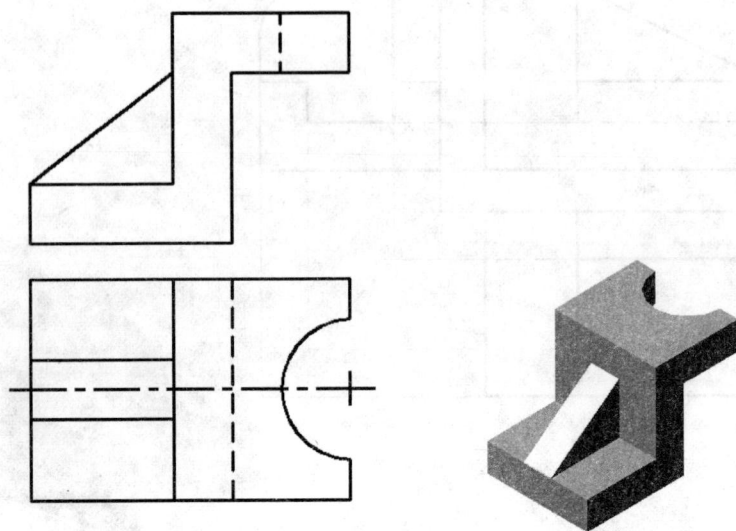

解答:

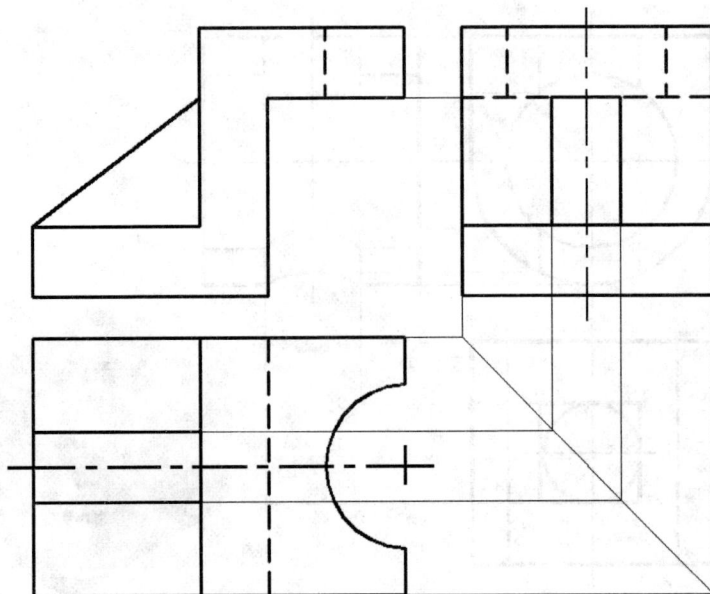

4－53　读懂两视图后，补画第三视图。

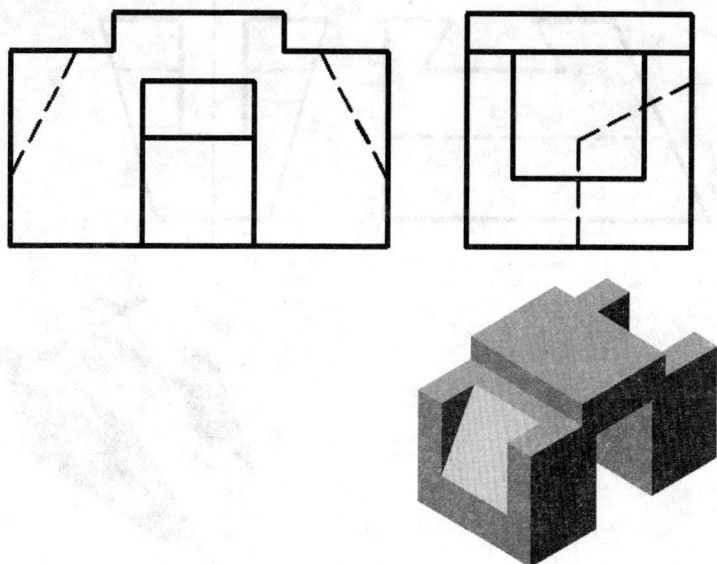

解答：

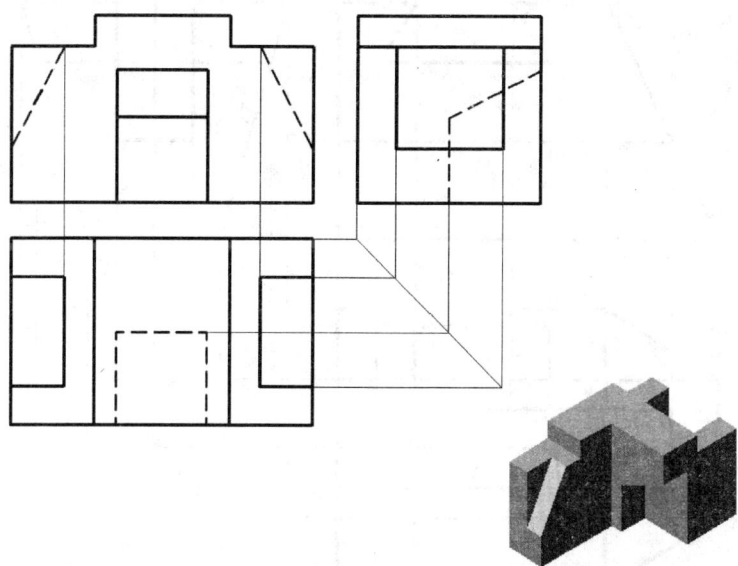

4 – 54　读懂两视图后,补画第三视图。

解答:

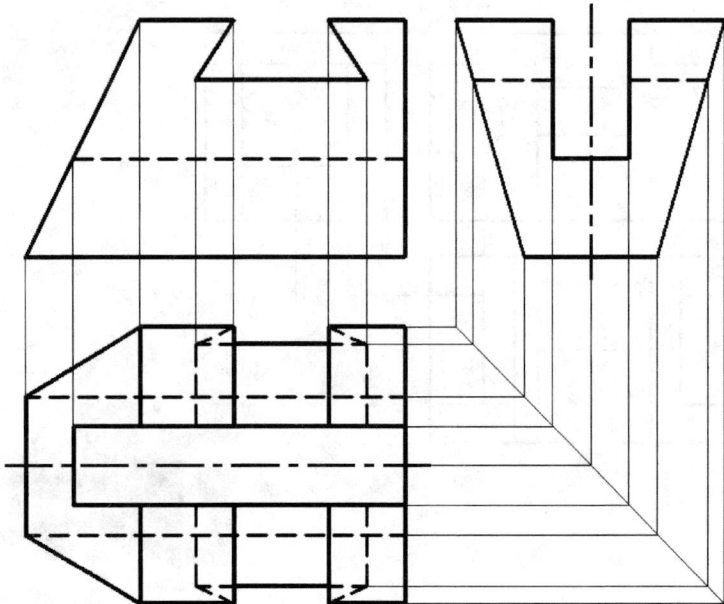

4 – 55　读懂两视图后,补画第三视图。

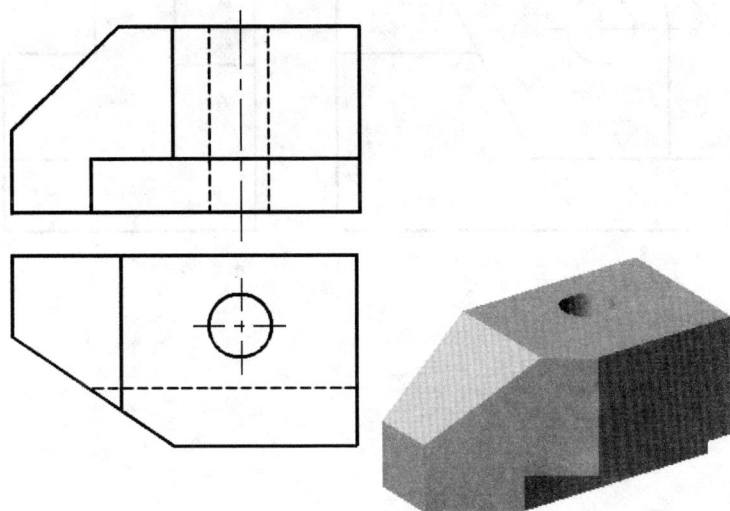

解答:

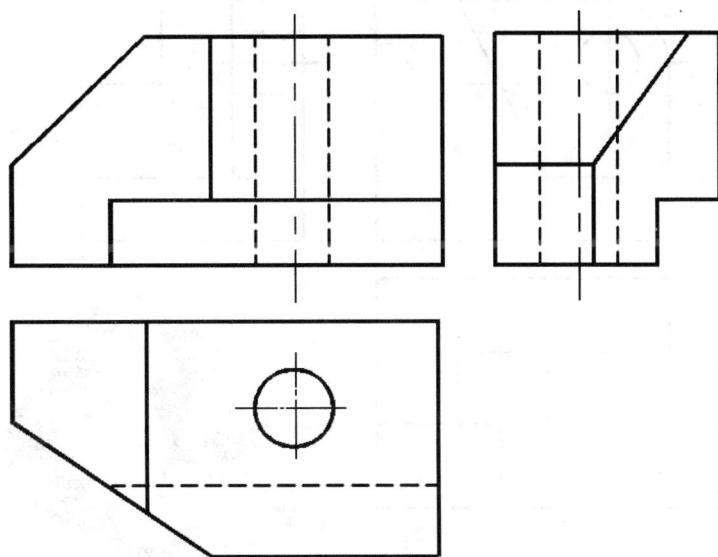

4 - 56　读懂两视图后,补画第三视图。

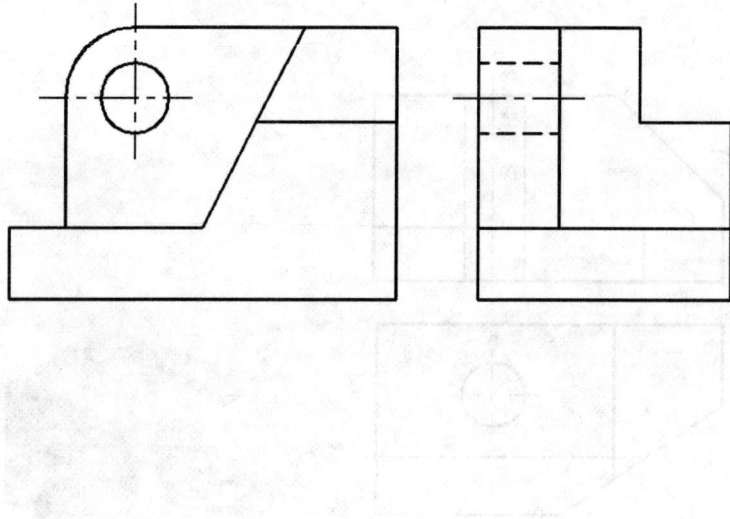

解答:

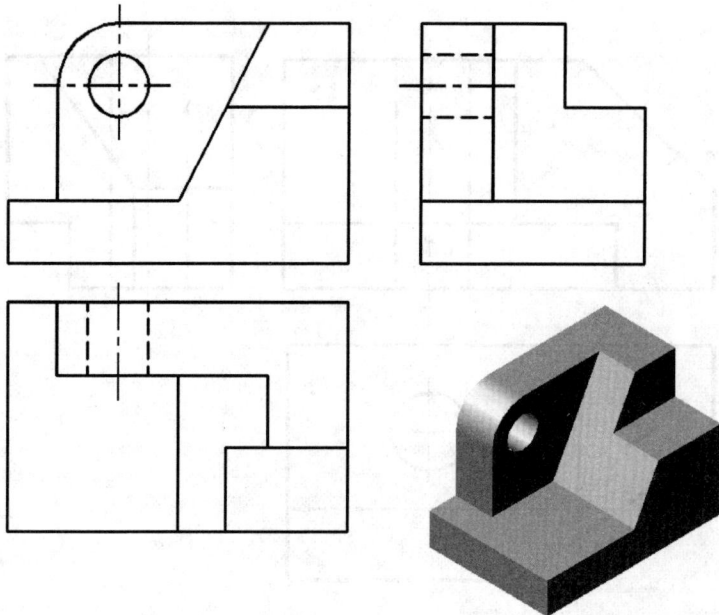

4-57 读懂两视图后,补画第三视图。

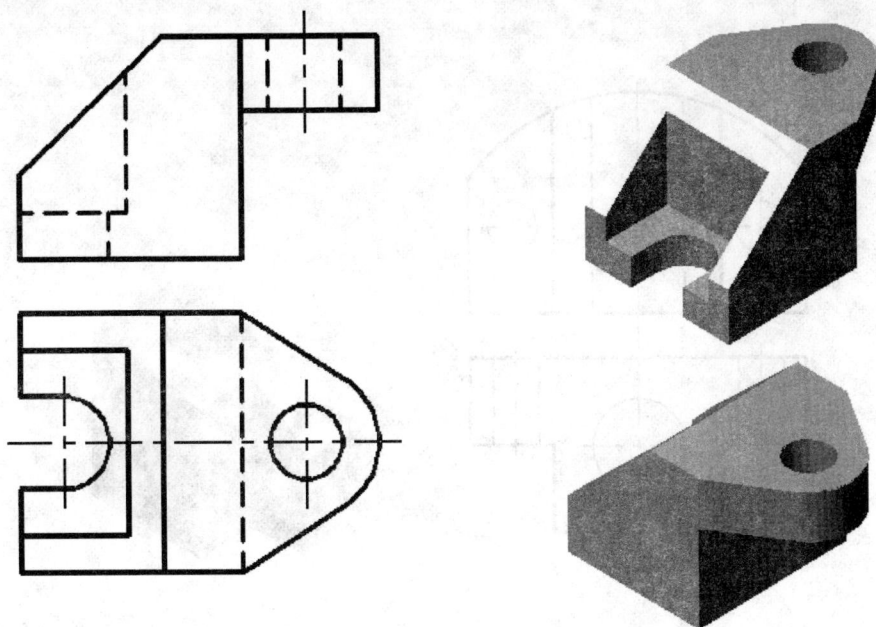

解答:

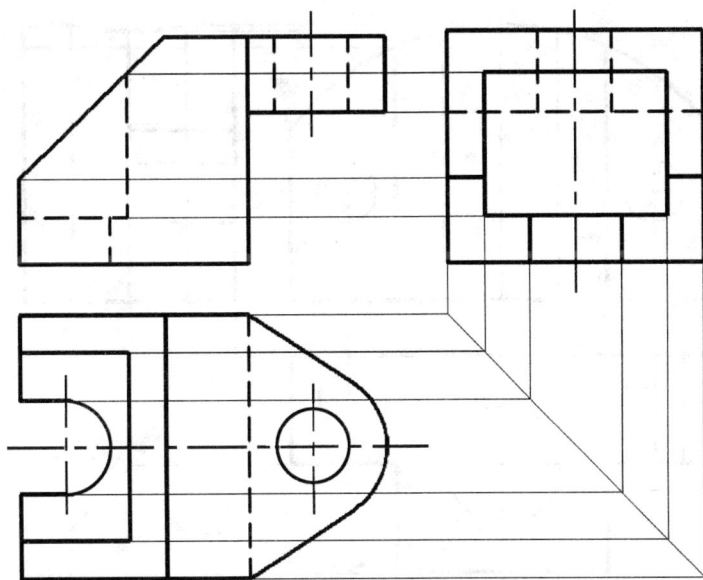

4 – 58　读懂两视图后，补画第三视图。

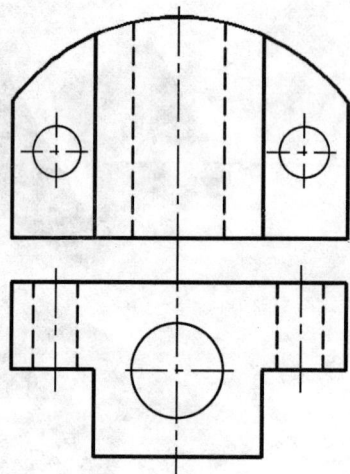

解答：

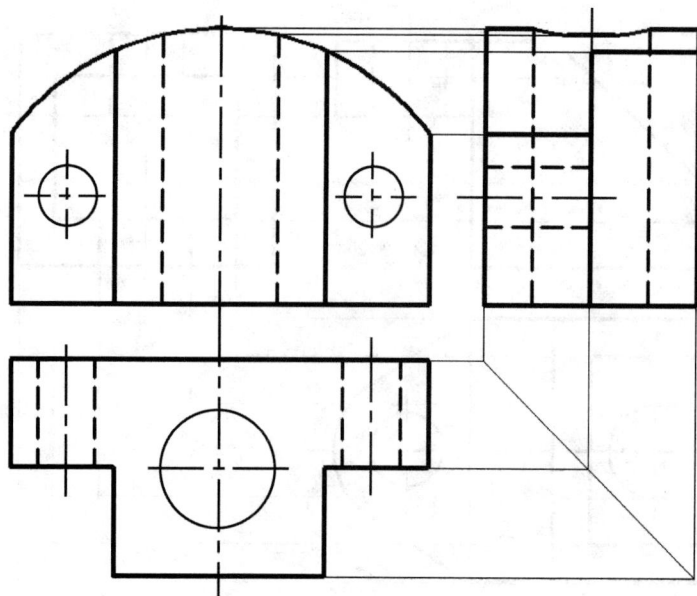

4 - 59　读懂两视图后,补画第三视图。

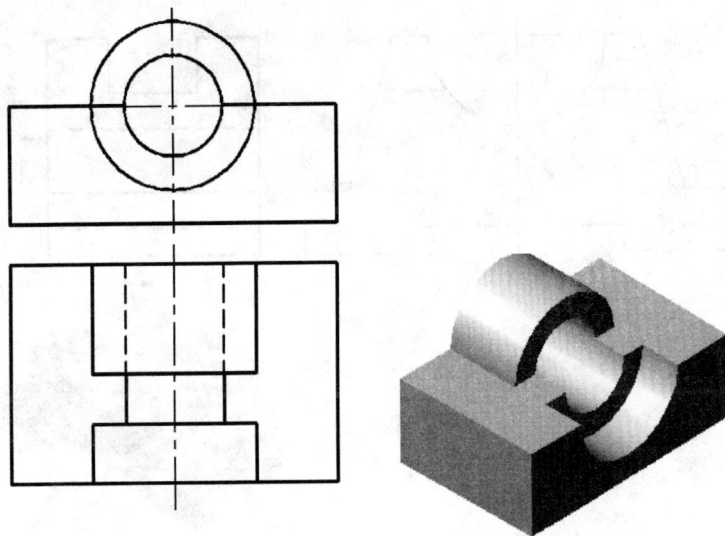

解答:

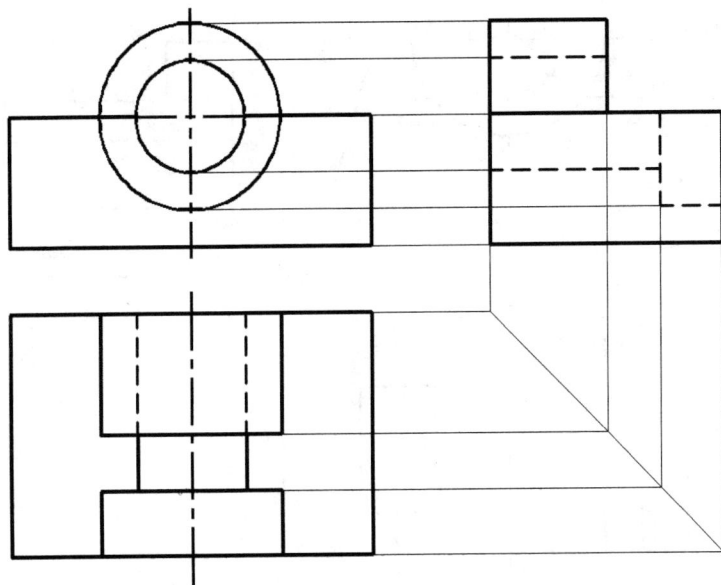

4 - 60　读懂两视图后,补画第三视图。

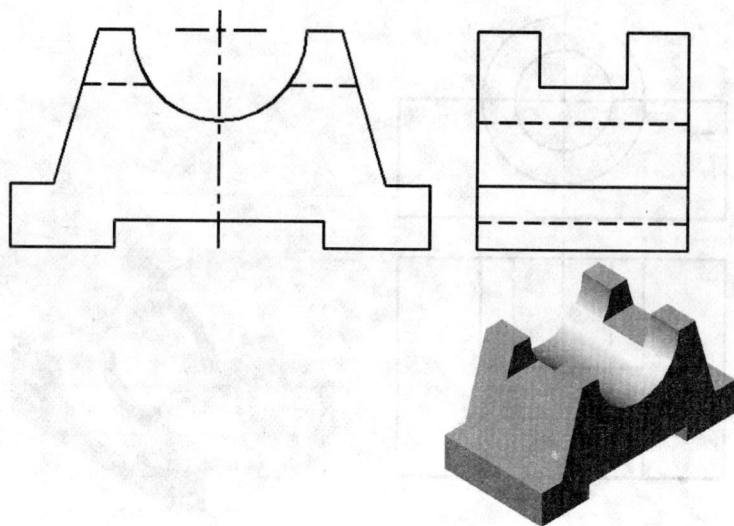

解答:

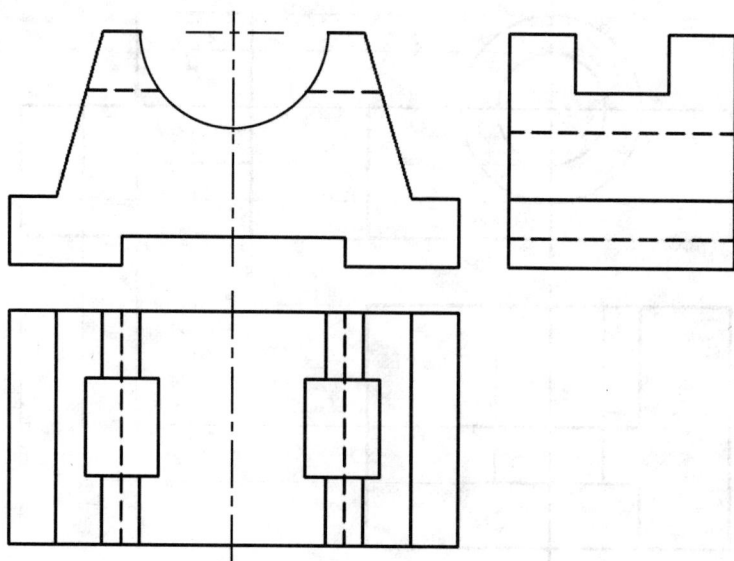

4 – 61　读懂两视图后,补画第三视图。

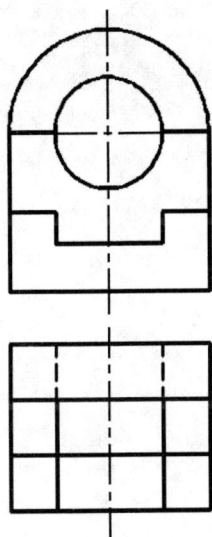

解答:

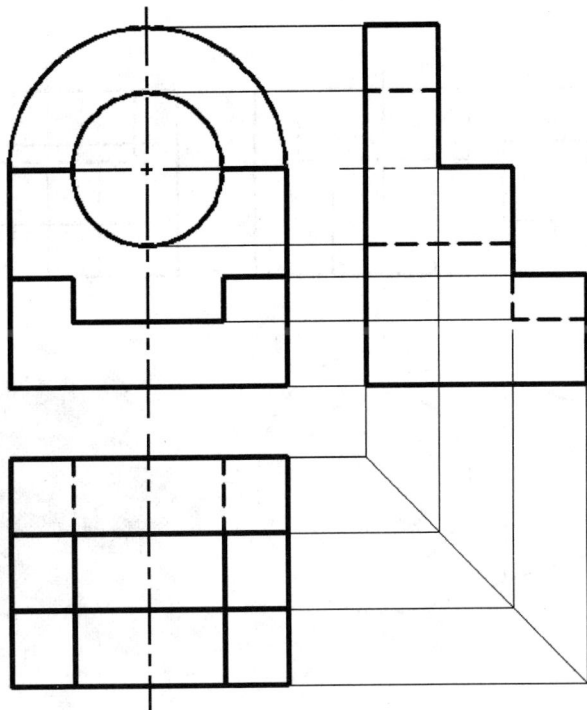

4 - 62　读懂两视图后,补画第三视图。

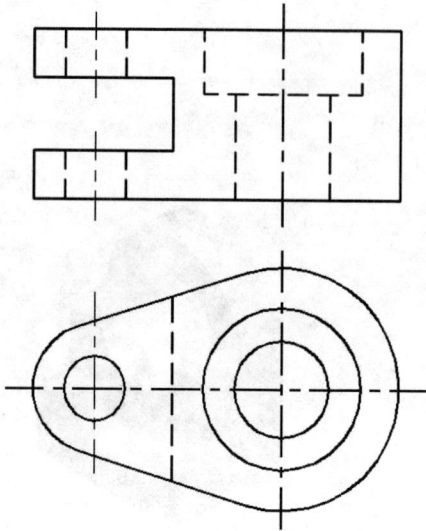

解答:

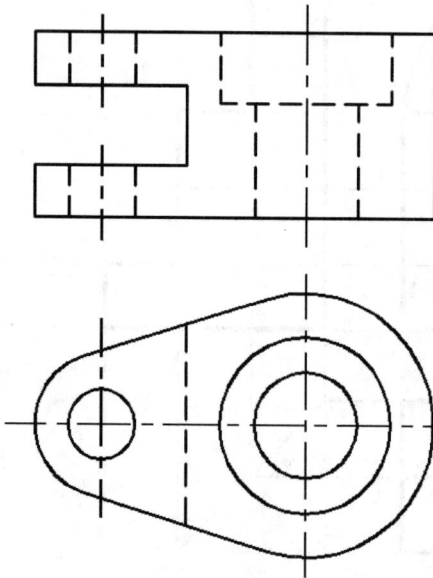
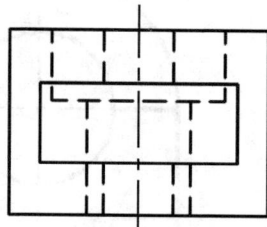

4-63　读懂两视图后,补画第三视图。

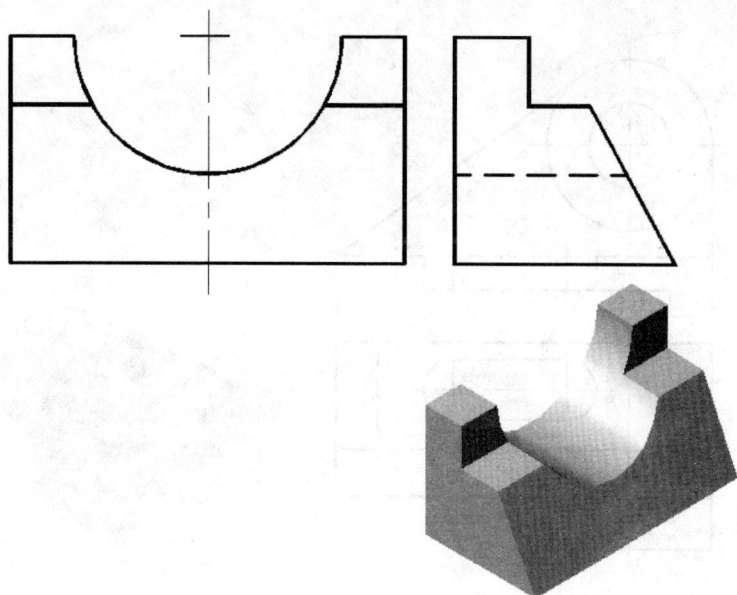

解答:

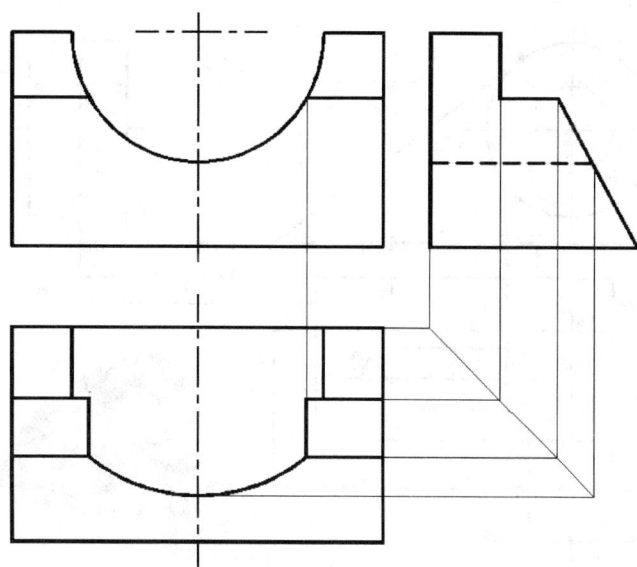

4 – 64　读懂两视图后,补画第三视图。

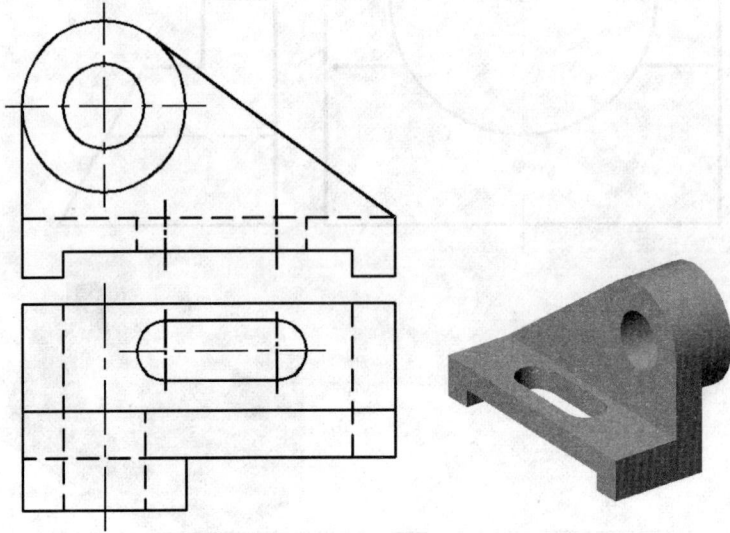

解答:

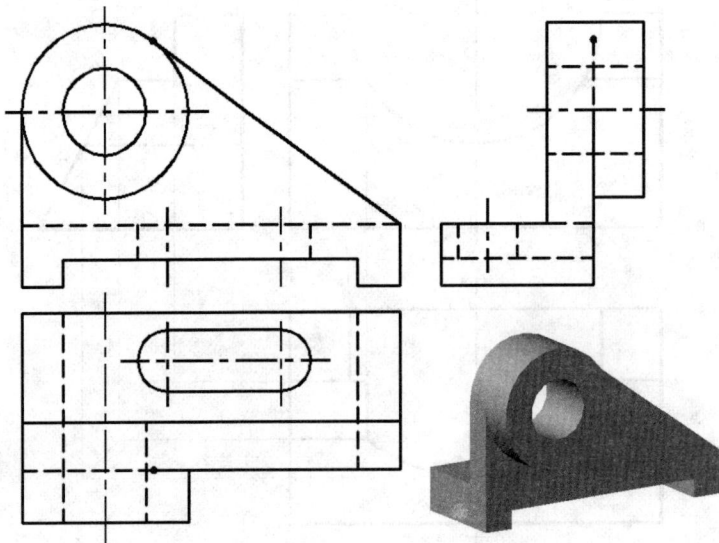

4 - 65　读懂两视图后,补画第三视图。

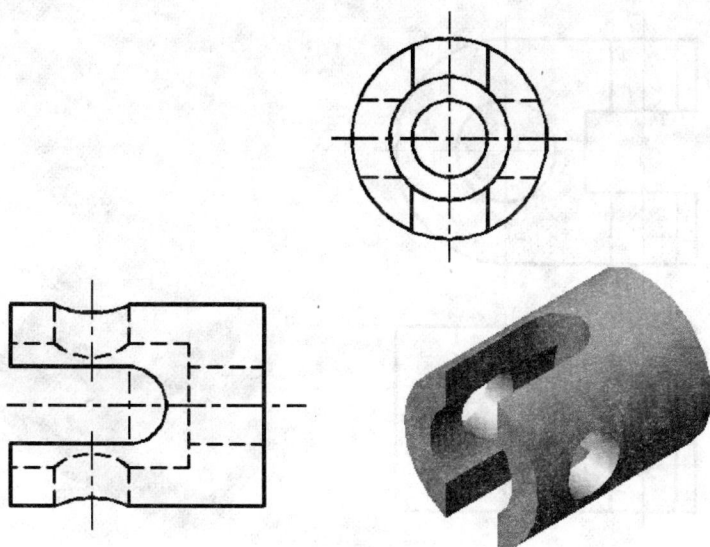

解答:

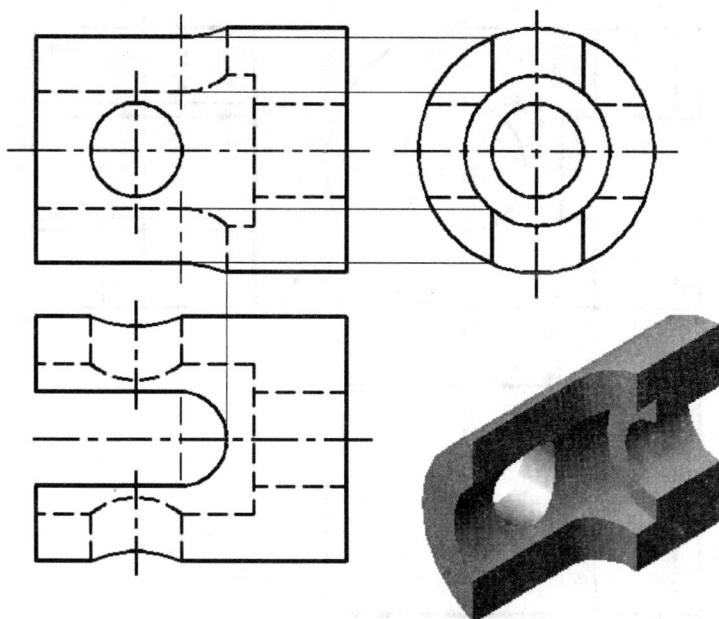

4 - 66　　读懂两视图后,补画第三视图。

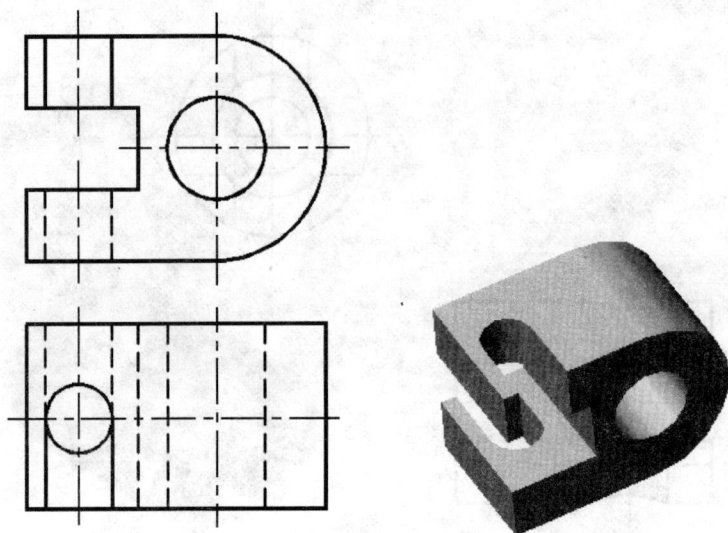

解答:

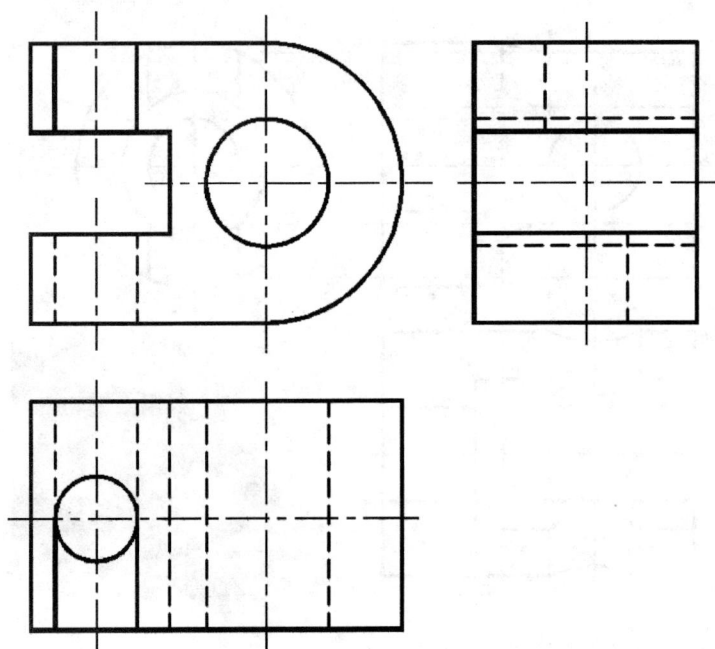

4-67 读懂两视图后,补画第三视图。

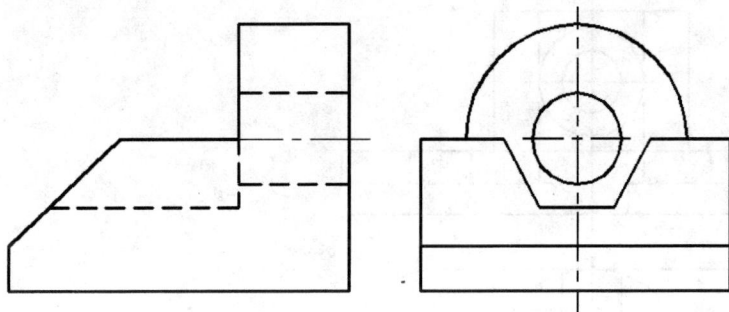

解答:

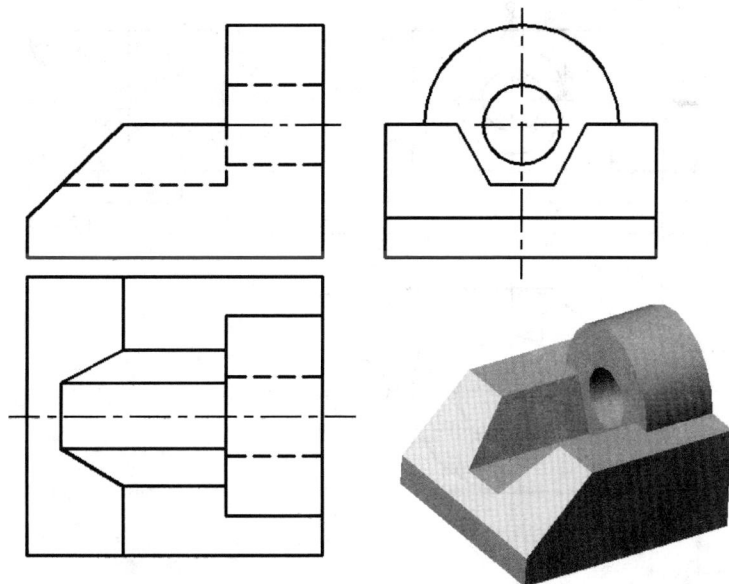

4 - 68　读懂两视图后,补画第三视图。

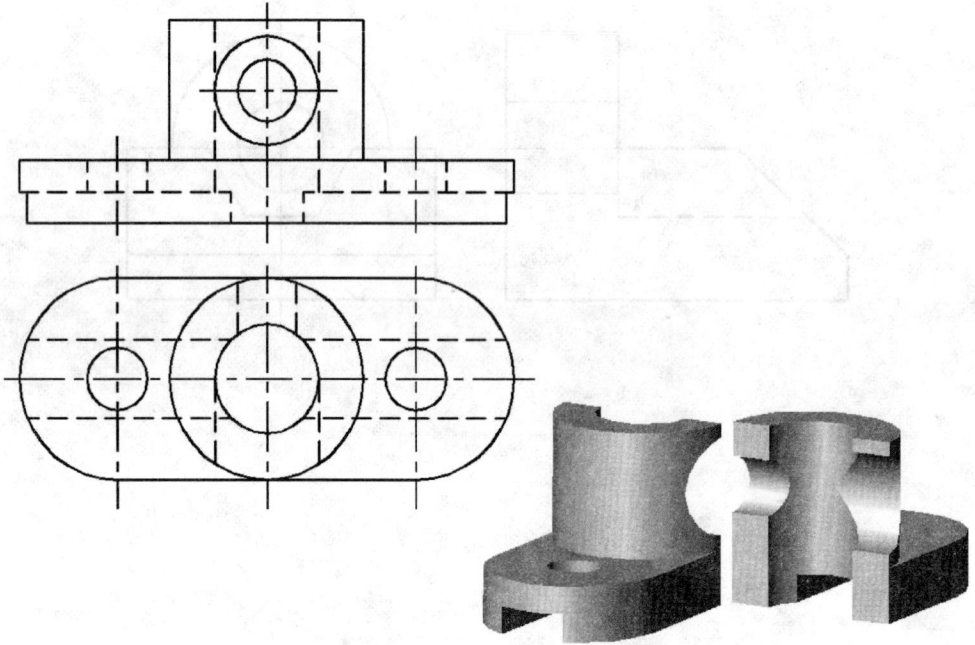

解答:

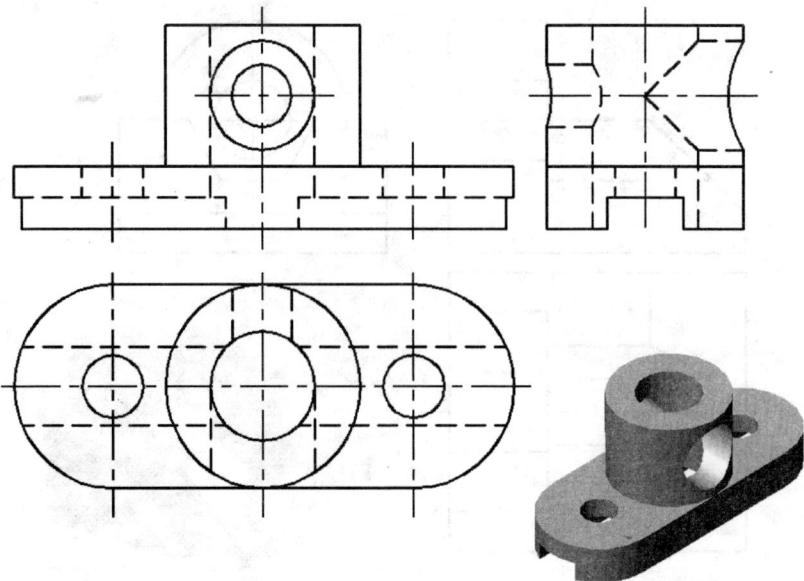

4 - 69　读懂两视图后,补画第三视图。

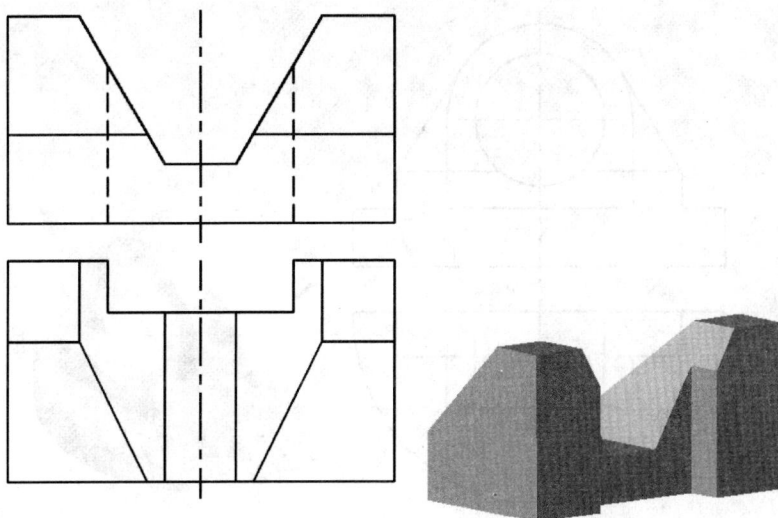

解答:

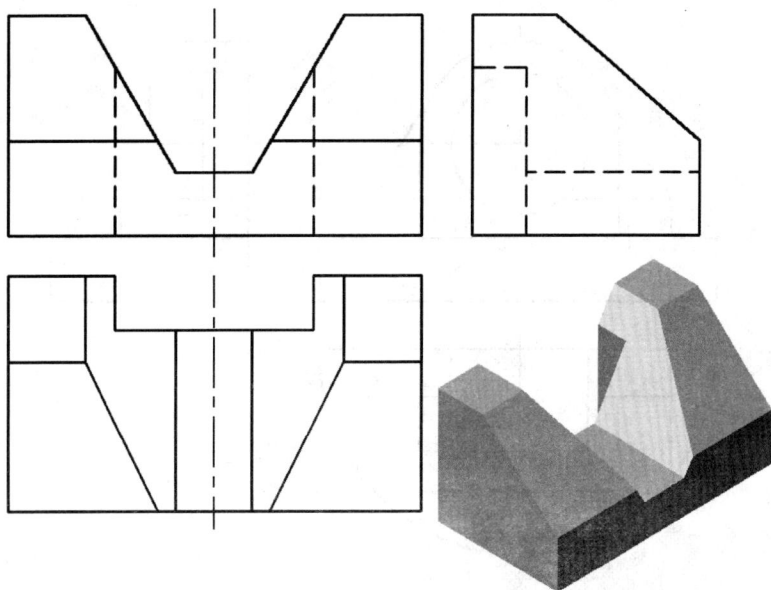

4－70　读懂两视图后，补画第三视图。

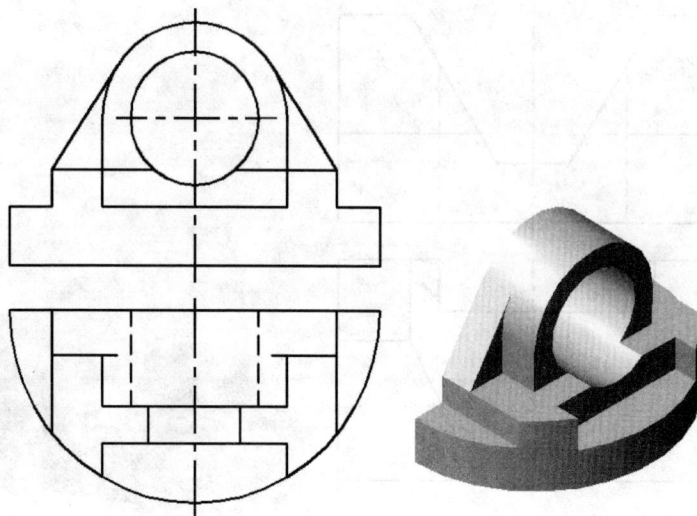

解答：

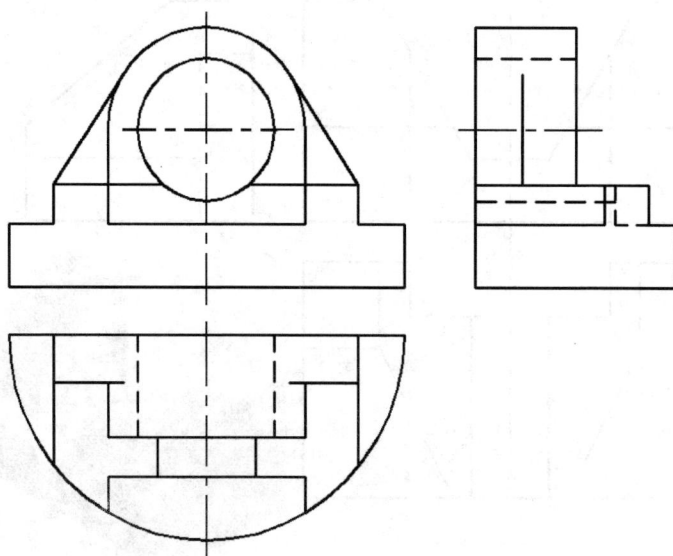

4 - 71　根据两视图,补画左视图,并标注尺寸。

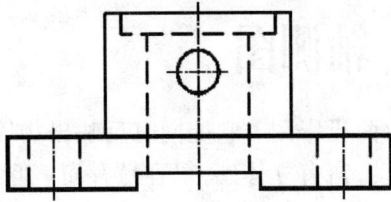

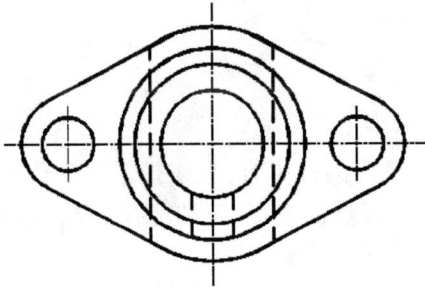

解答:

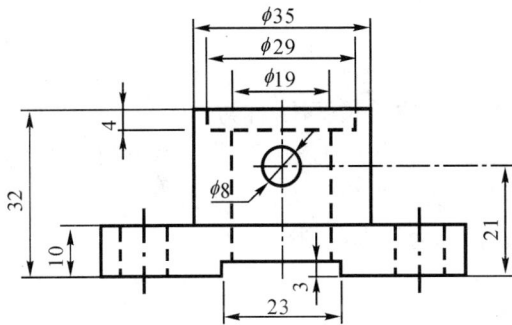

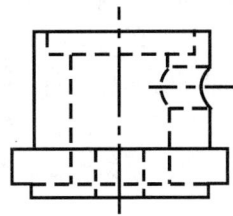

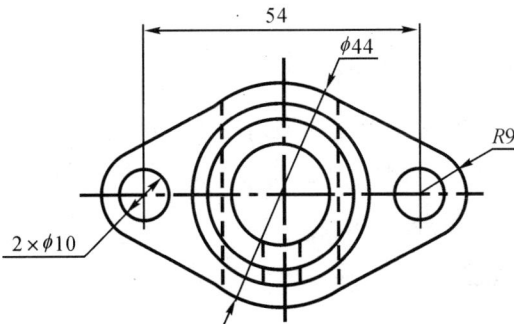

第5章 轴测图

轴测图是物体在平行投影下形成的一种单面投影图。它能同时反映出物体的正面、侧面和水平面的形状,它比多面正投影图形象生动,富有立体感,很容易看懂。但它不能真实地反映各个面的形状,度量性差,对于比较复杂的立体不容易表达清楚,作图过程比较麻烦,因此在生产中常常作为帮助看图的辅助性图样。

5.1 轴测图的基本知识

5.1.1 轴测图的形成

在适当的位置设置一个投影面 P,并选取适当的投影方向,在投影面上作出立体的投影,就得到一个能同时反映立体的长、宽、高三个尺度的投影,并且富有立体感,这种投影图称为轴测图,P 平面则称为轴测投影面。

由于轴测图是用平行投影法得到的,因此,具有以下投影特征。

(1)立体上的平行线段,在轴测图上仍然平行。

(2)立体上平行于坐标轴的直线,在轴测图上仍平行于相应的轴测轴。

5.1.2 轴测图的轴间角和轴向变形系数

轴测轴之间的夹角称为轴间角。

轴测轴上的线段与空间坐标轴上对应线段的长度比,称为轴向变形系数。

在画轴测图时,只能沿着轴测轴的方向,按相应的轴向变形系数画出有关线段的长度。

轴测图分为正轴测图和斜轴测图两大类。当投影方向垂直于轴测投影面时,称为正轴测图。当投影方向倾斜于轴测投影面时,称为斜轴测图。

5.2 正等轴测图的画法

5.2.1 正等轴测图的形成、轴间角和轴向变形系数

正等轴测图是在物体的三坐标轴与轴测投影面的夹角相等的情况下,形成的轴测图。正等轴测图的三个轴间角相等,各为120°。它的三个变形系数也相等,约为0.82。为了简化作图,通常可用整数1作为简化的变形系数。

5.2.2 平面立体正等轴测图的画法

画平面立体轴测图时,首先要对组成立体的各几何元素的相对位置进行分析,并从画图

方便考虑,确定空间直角坐标系,先画出轴测轴,再画出立体上各顶点或线段的端点,最后分别连线即可。应注意充分利用轴测图的投影特性,即物体上互相平行的直线,它们在轴测图中也互相平行,另外根据物体的结构特点选择合理的画图方向(从前向后画、从左向右画、从上向下画)。

5.2.3　曲面立体正等轴测图的画法

1. 平行于坐标面的圆的正等轴测图的画法

由于各坐标面对轴测投影面都是倾斜的,因此,平行于坐标面的圆的正等轴测图是椭圆,一般用四段圆弧代替,其画法称为四心法。

三个椭圆长短轴的方向总结如下:

(1) 平行于 XOY 坐标面的圆,在轴测图中,椭圆的长轴垂直于 OZ 轴,短轴平行于 OZ 轴。

(2) 平行于 XOZ 坐标面的圆,在轴测图中,椭圆的长轴垂直于 OY 轴,短轴平行于 OY 轴。

(3) 平行于 YOZ 坐标面的圆,在轴测图中,椭圆的长轴垂直于 OX 轴,短轴平行于 OX 轴。

2. 圆柱体的正等轴测图的画法

(1) 先定坐标原点 O 和坐标轴 OX、OY、OZ。

(2) 作出顶圆的轴测图,根据圆柱高度,用移心法作出底圆的轴测图。

(3) 作出两个椭圆的公切线。

(4) 擦去多余的作图线,加深图线。

3. 圆角的正等轴测图的画法

平行于坐标面的圆角,实质上是平行于坐标面的圆的一部分,因此,其轴测图是椭圆的一部分。特别是常用的 1/4 圆周的圆角,其正等轴测图恰好是近似椭圆的四段圆弧中的一段。

5.3　习题

5 – 1　画组合体的正等轴测图。

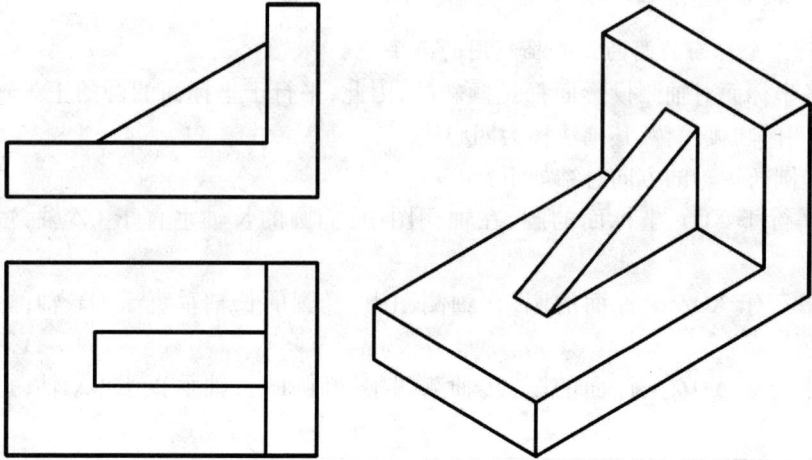

5 – 2　画组合体的正等轴测图。

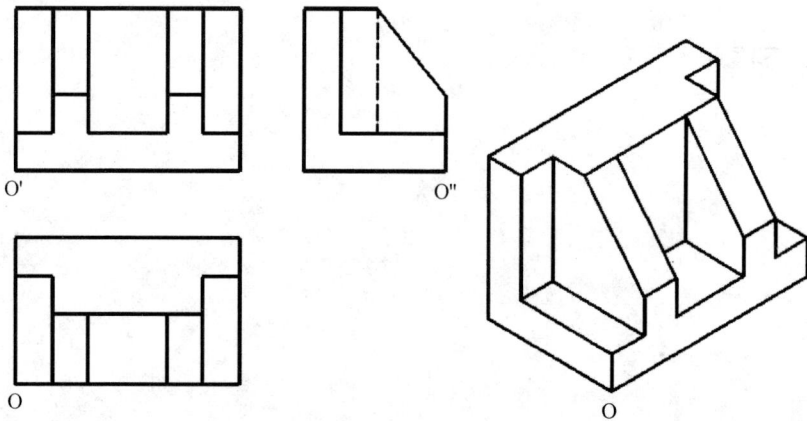

5 - 3　画组合体的正等轴测图。

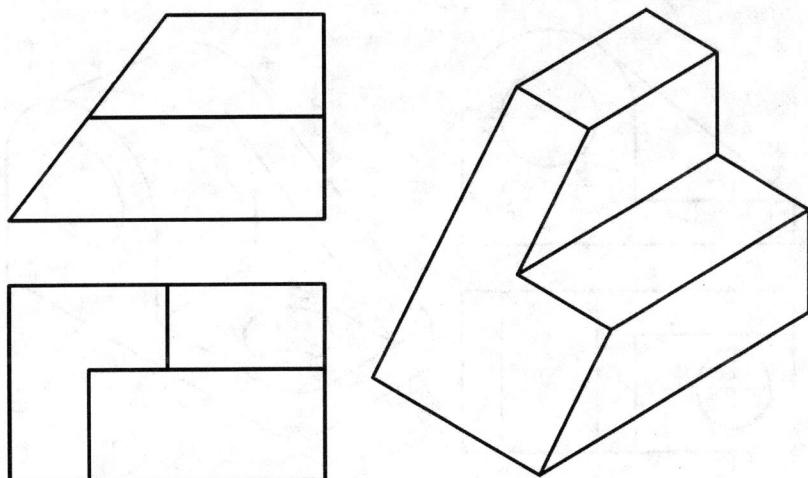

5 - 4　画组合体的正等轴测图。

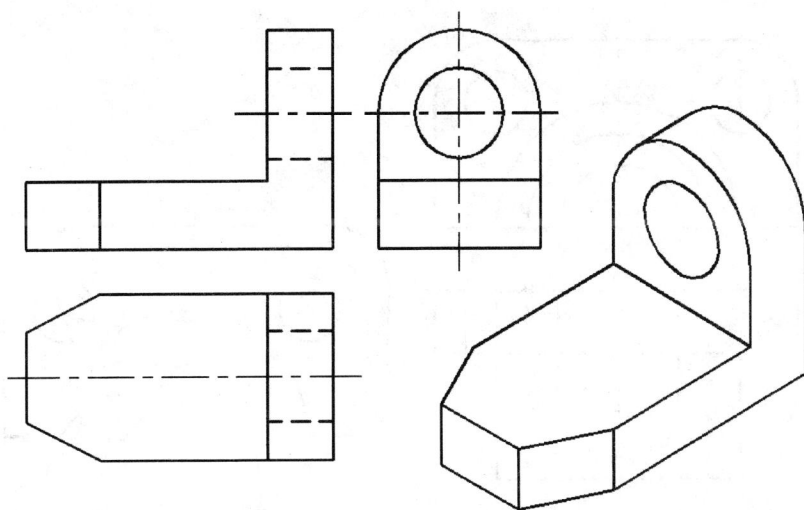

5-5　画组合体的正等轴测图。

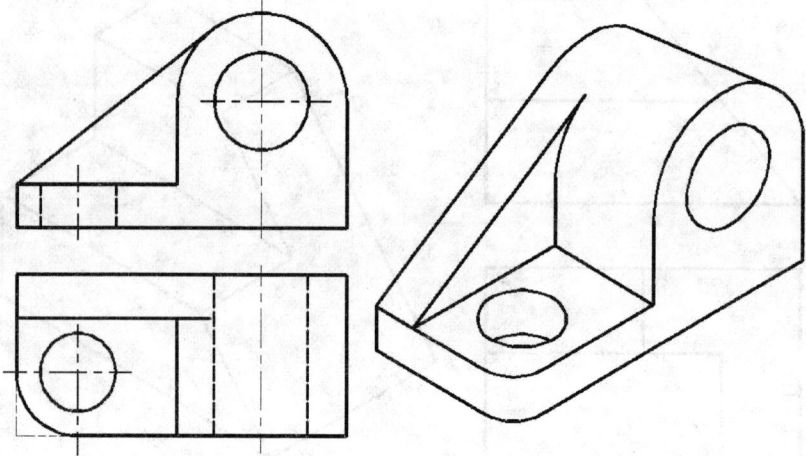

5-6　画组合体的斜二轴测图(取 q = 1/2)。

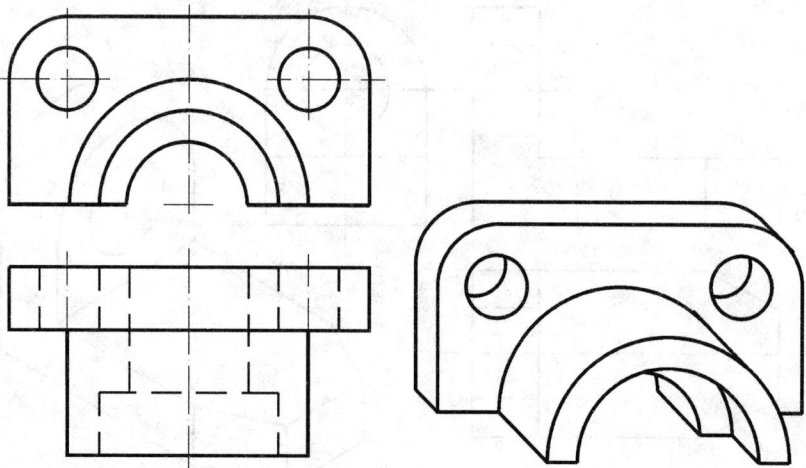

5-7　画组合体的斜二轴测图(取 q = 1/2)。

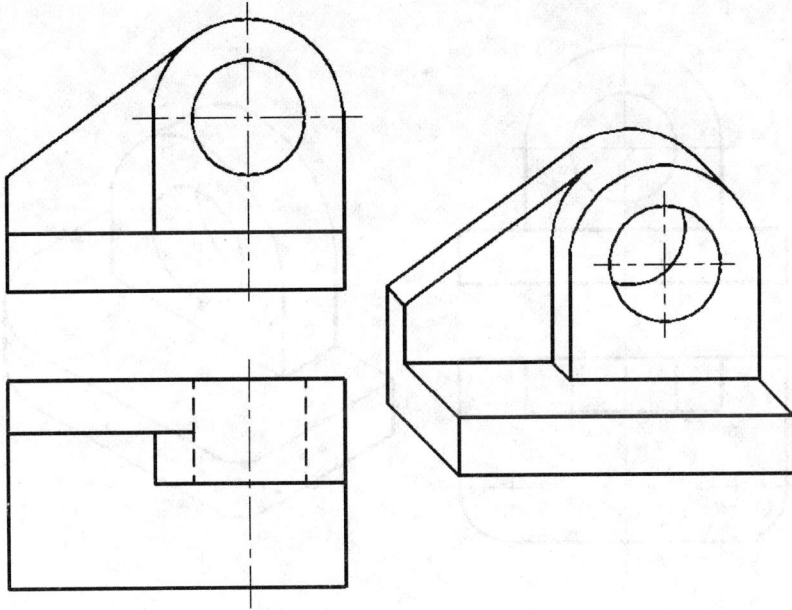

5-8　画组合体的斜二轴测图(取 q = 1/2)。

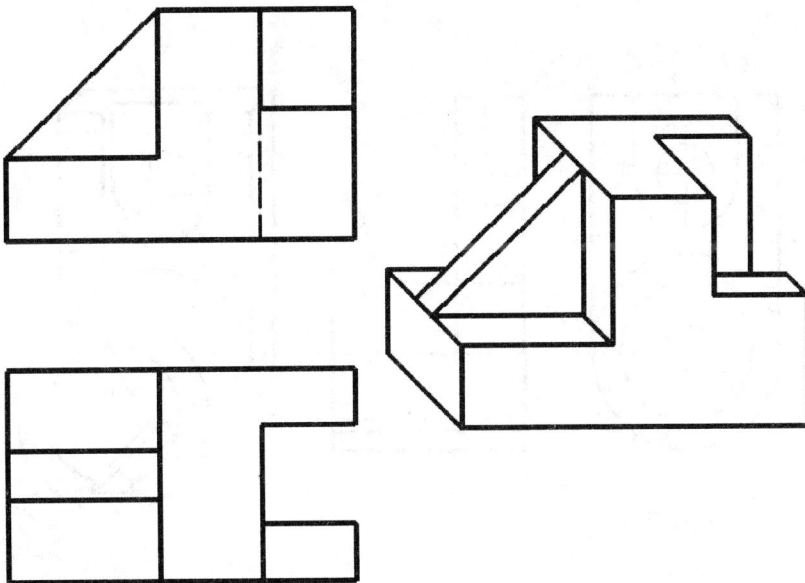

5 - 9　画组合体的正等轴测图。

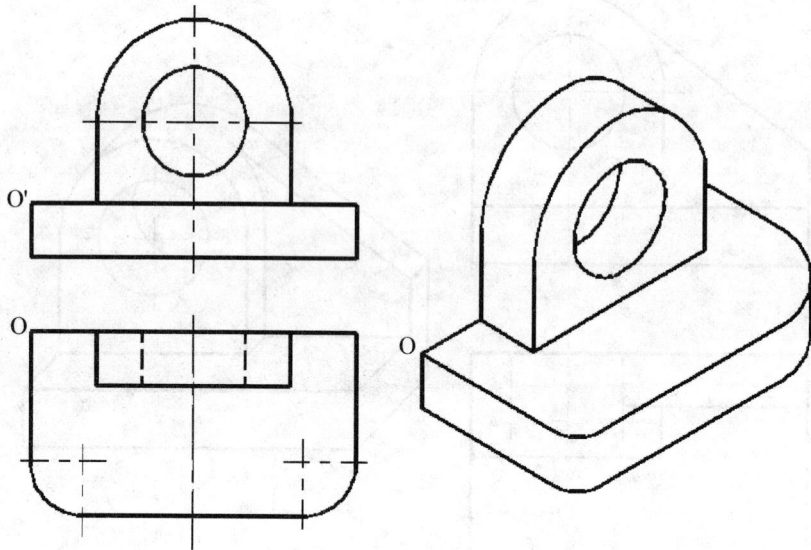

5 - 10　画组合体的斜二轴测图。

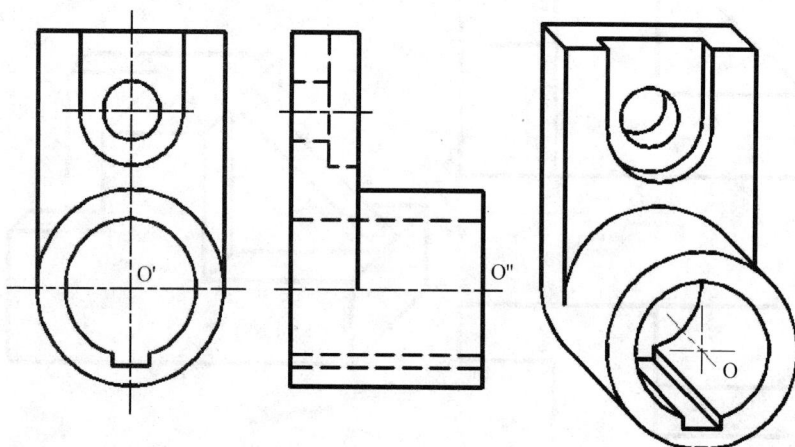

第6章 机件形状常用的表达方法

在生产实际中,当机件的形状和结构比较复杂时,为了能够把机件的内部形状准确、完整、清晰地表达出来,国家标准《机械制图》中的"图样画法"规定了一系列表达机件的方法。

6.1 视图

常用的视图有:基本视图、局部视图、斜视图和旋转视图等。

6.1.1 基本视图

将机件分别向六个基本投影面进行投影,可得到六个视图,除已学过的主视图、俯视图和左视图外,还有从右向左投影得到的右视图,从下向上投影得到的仰视图,从后向前投影得到的后视图,这六个视图称为基本视图。

6.1.2 局部视图

将机件的某一部分向基本投影面投影所得的视图,称为局部视图。

画局部视图时,应注意以下三点:

(1)在局部视图的上方标出视图的名称"X 向",在相应的视图附近用箭头指明投影方向,并注上同样的字母。

当局部视图按投影关系配置,与基本视图之间又没有其它图形隔开时,可以省略标注。

(2)局部视图最好画在有关视图的附近,并与基本视图直接保持投影关系。

(3)局部视图的断裂边界线,用波浪线来表示。画波浪线时,注意它不应超过轮廓也不应画在中空处。

6.1.3 斜视图

将机件向不平行于任何基本投影面的平面投影所得的视图,称为斜视图。

斜视图适用于表达机件上的不平行于任何基本投影面的斜表面的实形。

画斜视图时,应注意以下三点:

(1)必须用带字母的箭头指明投影部位和方向,同时在斜视图的上方用同样的字母标注"X 向"。

(2)斜视图应尽可能配置在与基本视图直接保持投影联系的位置,也可以平移到图纸的其它地方。在不致引起误解时,允许将图形转正,但须在斜视图的上方标注"X 向旋转"。

(3)斜视图一般表示机件倾斜部分的真实形状,所以其它部分不必全部画出而以波浪线来断开,相当于画成了局部的斜视图,如果所表示的倾斜结构是完整的,且外轮廓线又封闭时,那么波浪线可以省略不画。

6.1.4　旋转视图

当机件上的倾斜部分具有明显的回转轴线时,可假想将该倾斜部分绕回转轴线旋转到与某一选定的基本投影面平行后,再向该投影面作投影所得到的视图,称为旋转视图。由于旋转视图的投影关系比较明显,所以不加任何标注。

6.2　剖视图

当机件的内部结构比较复杂时,视图中就会出现很多虚线,而这些虚线往往会与表示外形轮廓的粗实线交错重叠在一起,影响图形的清晰,既不便于看图又不利于标注尺寸。因此,为了清楚地表达零件的内部形状,在机械制图中常常采用剖视图。

6.2.1　剖视图的概念

假想用剖切面剖开机件,然后将处在观察者和剖切面之间的部分移去,而将其余部分向投影面投影所得的图形,称为剖视图(简称剖视)。

6.2.2　剖视图的画法

1. 确定剖切面的位置

为了表达机件内部的真实形状,应使剖切面的位置尽量与机件的对称面重合,或通过被剖切部分的基本对称面或轴线,且使剖切面平行于某一投影面,画剖视图。

机件被剖开后,在剖视图中用粗实线画出机件被剖切后的断面的轮廓线和剖切面后面的可见轮廓线。必须注意,为了保持图形简明清晰,在剖视图和其它视图中,看不见的轮廓线—虚线,只要不影响机件结构形状的完整表达,可以省略不画。

2. 剖面符号的画法

在剖切的断面图形内,金属材料的剖面符号用与水平方向成45°。间隔均匀的细实线画出,向左或向右倾斜均可,通常称为剖面线。在同一张图纸上,同一机件的所有剖面线的方向和间隔必须一致。

剖面符号画在机件被剖切到的实体部分上,而未画剖面符号的部分,则是机件的空腔或孔洞。

3. 剖切位置、投影方向和剖视图的标注

剖切位置——在相应的视图上用剖切符号(线宽为 1~1.56,断开的粗实线)表示剖切位置,剖切符号最好画在与剖视图有明显联系的视图上。尽可能不与图形的轮廓线相交。

投影方向——在剖切符号的起、迄处用箭头画出投影方向,并标注出相同的字母。

剖视图的标注——在剖视图的上方,用与标注剖切符号旁相同的字母标出剖视图的名称,其形式为"X—X"。

剖视图的标注在以下情况下可以简化或省略:

(1) 当单一剖切平面通过机件的对称平面或基本对称的平面,且剖视图按投影关系配置,中间又没有其它图形隔开时,可以省略标注,即不作任何标注。

(2) 当剖视图按投影关系配置,中间又没有其它的图形隔开时,可以省略箭头。

4．画剖视图应当注意的问题

（1）画剖视图时，由于是假想地剖切开机件，而实际的机件并没有缺少那一部分，所以当机件的一个视图画成剖视图后，其它视图必须按照机件原来的整体形状画出。

（2）画剖视图时，机件在剖切平面后方的可见部分应全部画出，不能遗漏。

（3）剖视图上一般不画虚线。

（4）根据表达机件结构形状的需要，可以在某一视图上采用剖视，也可以同时在几个视图上作剖视，它们之间互相独立，不受影响。

（5）剖视图的配置与基本视图的配置规定相同，必要时允许配置在其它适当位置。

6.2.3　剖视图的种类

根据剖切面剖开机件的程度的不同，可以将剖视图分为全剖视图、半剖视图和局部剖视图。

1．全剖视图

用剖切平面完全地剖开机件，所得到的剖视图称为全剖视图。

全剖视图主要用于表达外形简单而内部形状比较复杂的机件，它的缺点是不能完整地表达机件的外部形状。如果机件的内、外形状都比较复杂而需要全面表达，可以在同一投影方向上采用视图和全剖视图来分别表达机件的内、外形状。

2．半剖视图

当机件具有对称平面时，在垂直于对称平面的投影面上进行投影所得的图形，以对称中心线为分界线，一半画成视图，另一半画成剖视图，这种合成的图形称为半剖视图。

画半剖视图时，应注意以下几点：

（1）在半剖视图中，半个外形视图和半个剖视图的分界线规定用点划线画出，不得画成粗实线。

（2）半剖视图适用于内、外形状都需要表达的对称机件。

（3）由于图形对称，零件的内部形状已在半个剖视图中表示清楚，所以在表达外部形状的半个视图中，虚线应省略不画。标注内部结构对称方向的尺寸时，尺寸线应略超过对称中心线，并在一端画出箭头。

（4）半剖视图的标注方法与全剖视图相同。

3．局部剖视图

用剖切平面局部地剖开机件所得的剖视图，称为局部剖视图。

局部剖视图用波浪线分界，波浪线不应和图样的其它图线重合，也不能画在其它图线的延长线上。当机件具有孔和空洞等结构时，波浪线应该在这些结构处截止，不要穿空而过，更不要超过视图轮廓之外，画在空气中。

局部剖视图常用于同时表达不对称机件的内、外结构以及机件上的槽和小孔等结构。

6.2.4　剖切平面的种类和剖切方法

1．单一剖切平面及其剖视图

用一个平行于某一基本投影面的剖切平面剖开机件，这样获得剖视图的方法称为单一剖。全剖视图、半剖视图和局部剖视图，均是由单一剖的方法来获得的。

2. 不平行于任何基本投影面的剖切平面和斜剖

用不平行于任何基本投影面的剖切平面剖开机件,这样获得剖视图的方法,称为斜剖。用斜剖的方法画出的剖视图。一般应按照投影关系配置在箭头所指的方向,在不会引起误解时,允许将图形旋转摆正画出。

采用斜剖这种方法画剖视图时,要用带字母的剖切符号注明剖切位置,并用箭头指明投影方向,同时,在剖视图的上方标出视图名称"X—X",对于旋转后的剖视图,必须再加注"旋转"两字。

3. 两相交的剖切平面和旋转剖

用两相交且交线垂直于某一基本投影面的剖切平面剖开机件,这样获得剖视图的方法称为旋转剖。

采用旋转剖画剖视图时,必须在剖切平面的起点、终点和转折处用相同的字母标出剖切位置,同时在两端画出箭头表示投影方向,并在剖视图上方标出剖视图的名称"X—X",如按投影关系配置,中间又无其它图形隔开时,允许省略箭头。当转折处地方有限,又不致引起误解时,可以省略标注字母。

4. 几个平行的剖切平面和阶梯剖

用几个平行的剖切平面剖开机件,这样获得剖视图的方法称为阶梯剖。

在用阶梯剖画剖视图时,必须在剖切平面的起点、转折和终点处,用剖切符号表示剖切位置,并注写相同的字母,当转折处地方有限又不致引起误解时,允许省略字母,在起终两端,画出箭头表示投影方向,同时在剖视图的上方用相同的字母标出剖视图的名称"X—X"。

6.3　剖面图

6.3.1　基本概念

假想用剖切平面将机件的某处切断,仅画出断面的图形,称为剖面图,简称剖面。

剖面图与剖视图的区别是:剖面图只画出机件的断面形状,而剖视图除画出断面形状之外还必须画出机件上位于剖切平面后面的所有能够看到的结构的形状。

6.3.2　剖面的种类和画法

剖面分为移出剖面和重合剖面两种。

1. 移出剖面

画在视图轮廓外面的剖面,称为移出剖面。

(1)移出剖面的画法。移出剖面的轮廓线用粗实线绘制。为了便于看图,移出剖面应尽量画在剖切位置线的延长线上,有时为了合理布置图面,也可以配置在其它适当的位置。

当剖面图形对称时,还可以将移出剖面画在视图的中断处。

当剖切平面通过回转面形成的孔或凹坑的轴线时这些结构按剖视绘制,即画成封闭图形。

(2)移出剖面的标注。未画在剖切位置延长线上的剖面,当剖面图形不对称时,要用字母和剖切符号标明剖切位置,用箭头表示投影方向;如果剖面图形是对称的,可以省略箭头。

画在剖切位置延长线上的剖面,当剖面图形不对称时,需画出剖切符号和箭头,允许省略字母;如果图形对称,可用细点划线表示剖切平面的位置,并省略字母和箭头。

配置在视图中断处的移出剖面,可以省略全部标注。

2. 重合剖面

画在视图轮廓之内的剖面,称为重合剖面。

(1)重合剖面的画法。重合剖面的轮廓线用细实线绘制,当视图中的轮廓线与重合剖面的图形重叠时,视图中的轮廓线仍应连续画出,不可间断。

(2)重合剖面的标注。对称的重合剖面不必标注剖切平面的位置和剖面图的名称。配置在剖切符号上的不对称重合剖面,不必标注字母,但仍要在剖切符号处画上箭头。

6.4　局部放大图

将机件的部分结构,用大于原图形所采用的比例画出的图形,称为局部放大图。当机件中的某些细小结构在原图中表达得不清晰,或不便于标注尺寸时,就可以采用局部放大图。应用细实线圆或长圆圈出被放大的部位,并应尽量将局部放大图配置在被放大部位的附近,以便于对照阅读。当同一机件上同时有几个被放大的部分时,必须用罗马数字依次标明被放大的部位,并在局部放大图的上方标注出相应的大写罗马数字和采用的比例。当机件上被放大的部位只有一个时,在局部放大图的上方只需注明所采用的比例。

6.5　习题

6－1　在指定位置作仰视图。

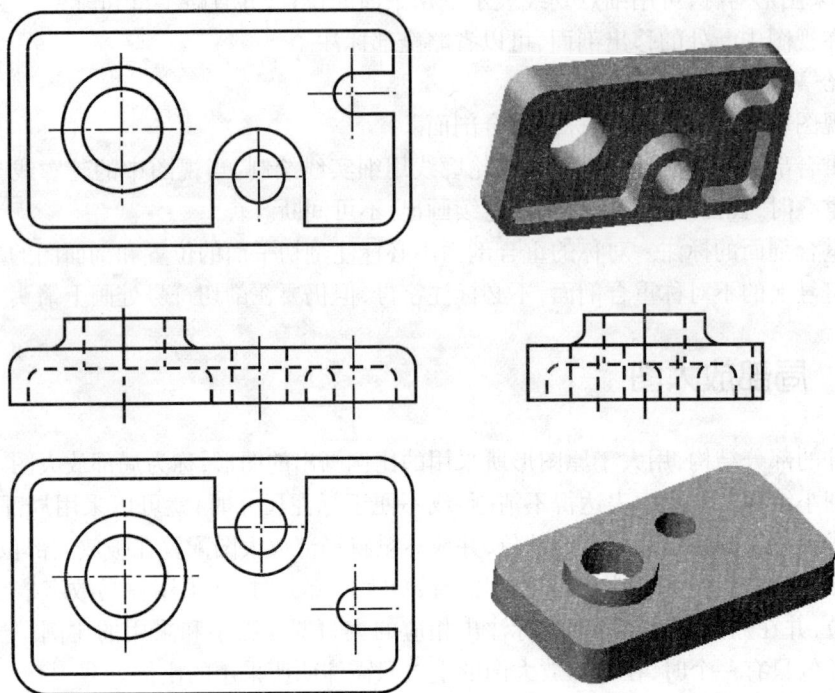

6－2　把主视图改画成局部视图，并在指定位置画出 A 向斜视图。

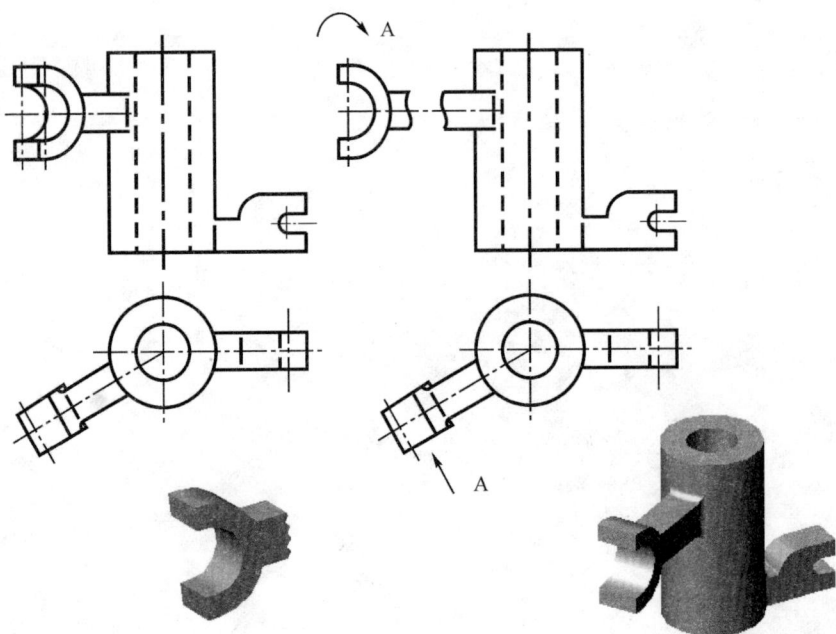

6-3 作 A 向斜视图。

（局部视图和斜视图属于辅助视图，一般仅表达当前表面（如凸台、法兰盘等）的实形，而不需绘制其后面的可见结构和遮挡的不可见结构。）

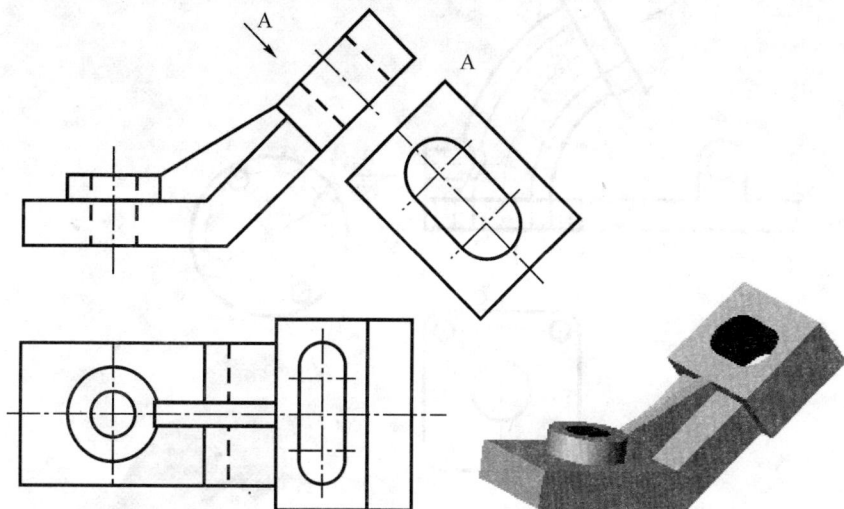

6-4 作 A 向斜视图（右端安装板圆角半径为 3 mm）。

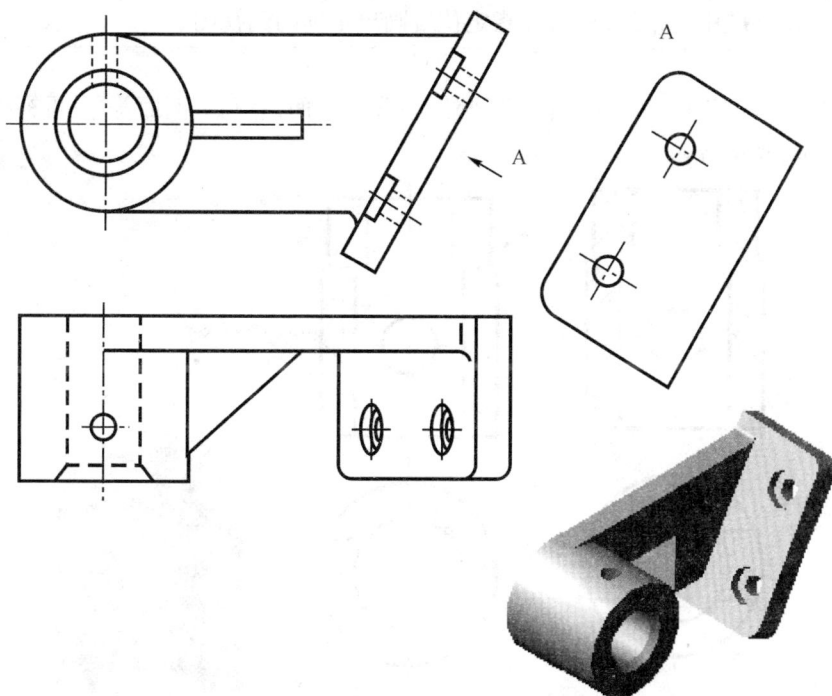

6 – 5　在指定位置作局部视图和斜视图。

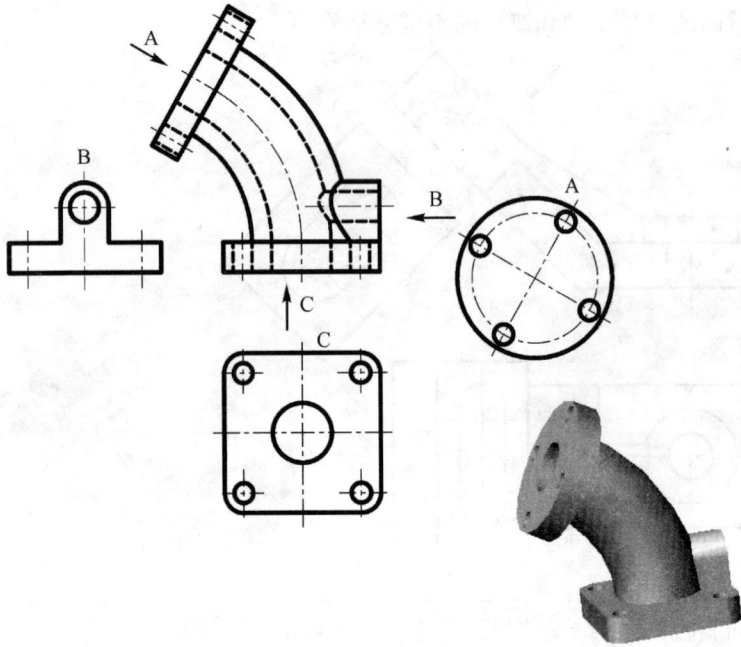

6 – 6　分析剖视图中的错误画法,在指定位置画出正确的剖视图。

剖视图绘制的是剖切后的后半立体,其画法是:先画断面,并画上剖面符号;再补画出剖切平面后面的可见部分。

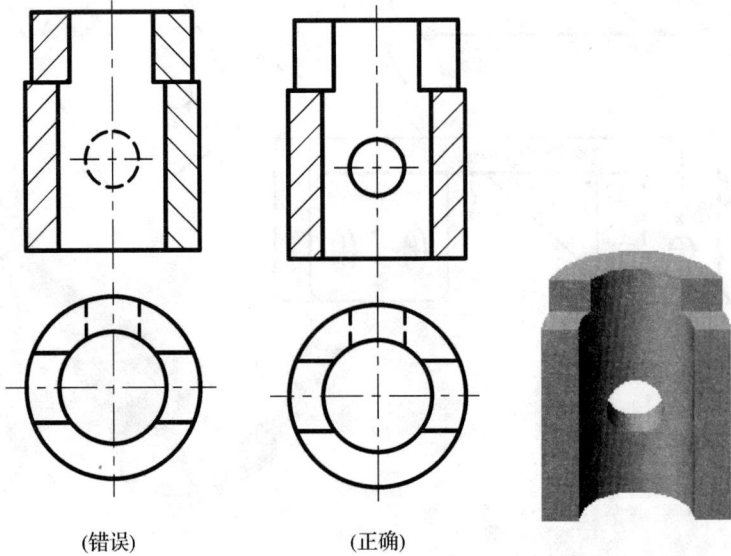

　　　　　(错误)　　　　　　　　(正确)

6-7　分析剖视图中的错误,在指定位置画出正确的剖视图。

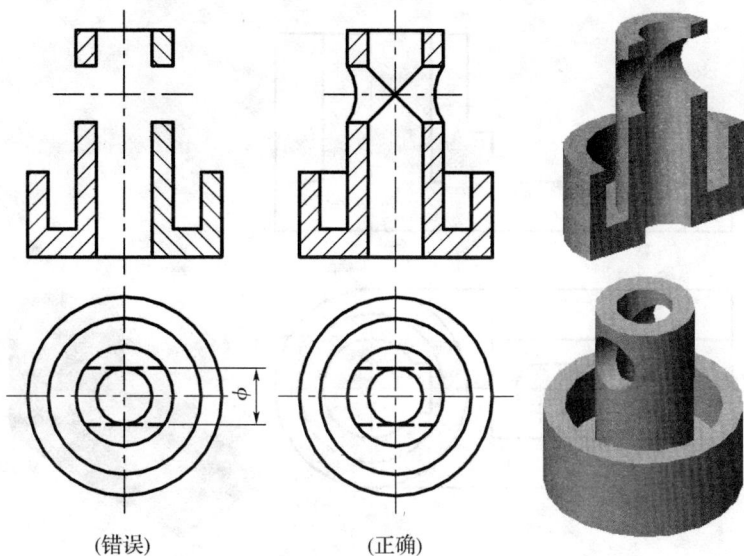

6-8　补画剖视图中所缺的图线。

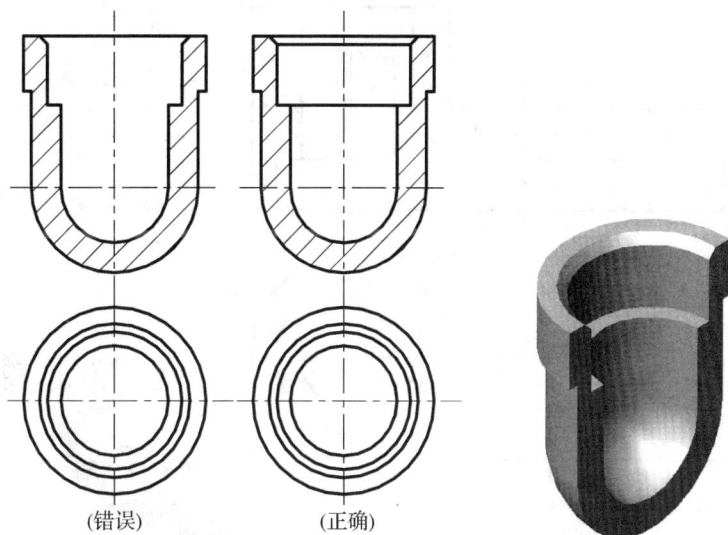

6 – 9　补画剖视图中所缺的图线。

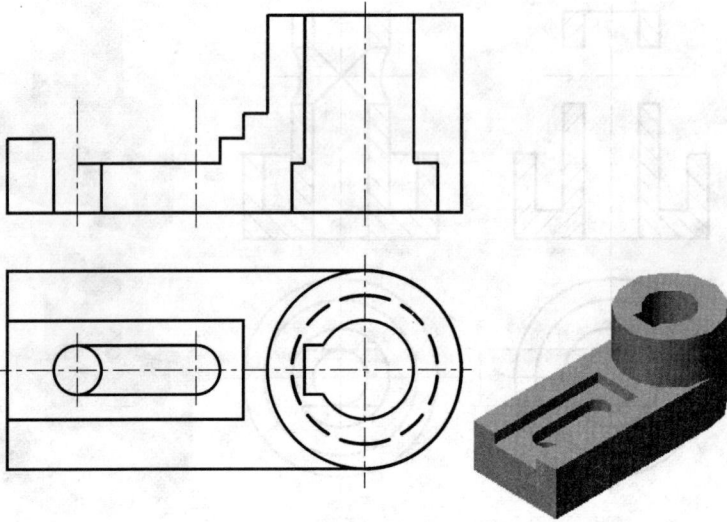

解答：

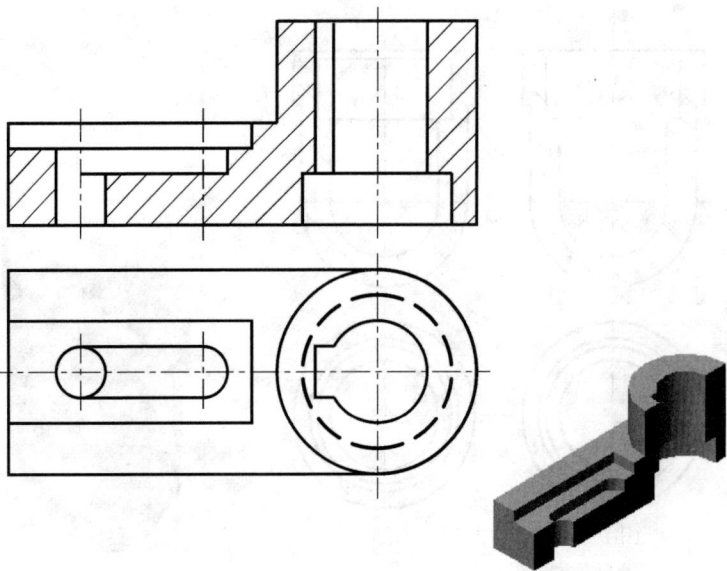

6-10　补画已知剖视图中所缺的图线,并在指定位置补画全剖视的左视图。

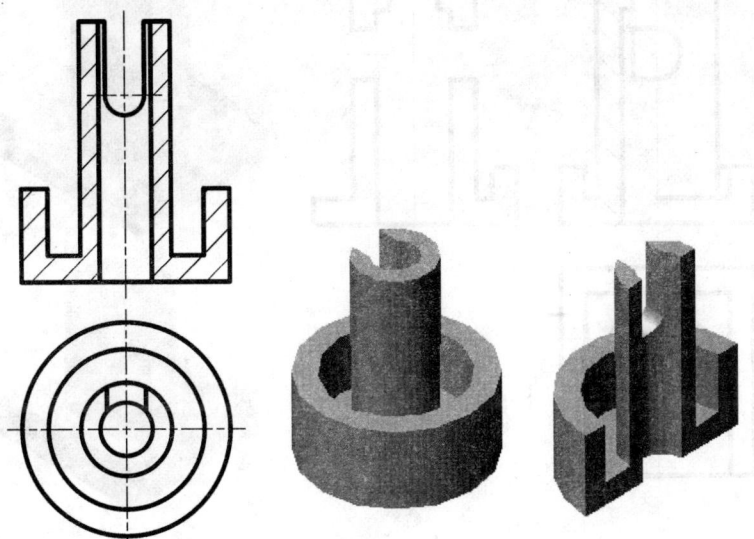

解答:管壁后侧为一 U 形槽,其上部平面段会出现截交线,下部半圆孔段会出现相贯线。

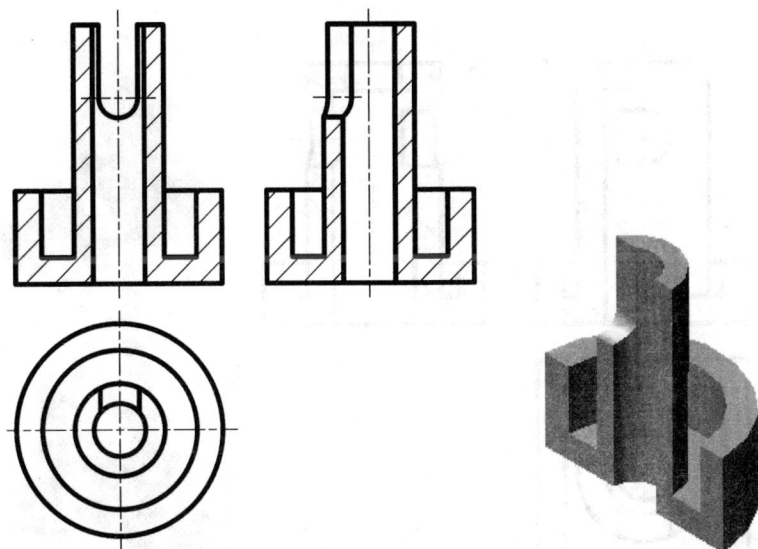

6-11　补画主、左视图中所缺的图线(主视图为半剖视图方案,左视图为全剖视图方案)。

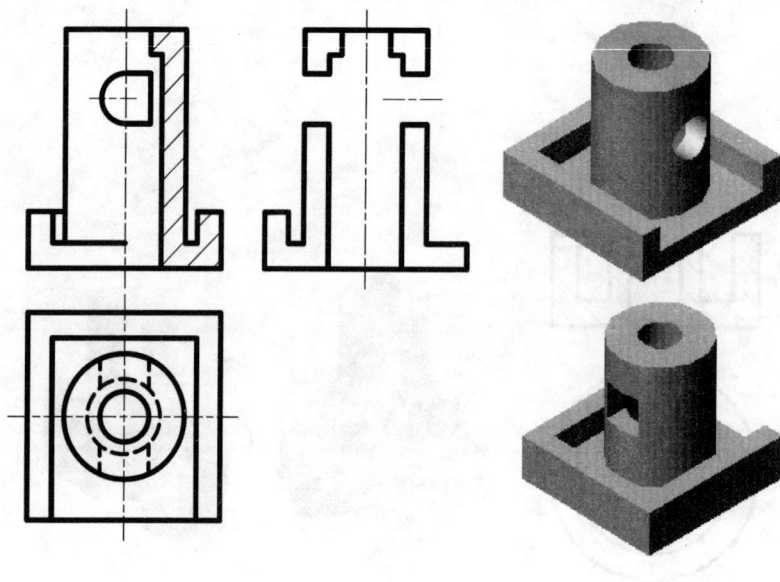

解答:管壁前侧为一圆孔,会出现相贯线;管壁后侧为一方孔,会出现截交线。

6–12 补画各剖视图中所缺的图线(主、俯视图均为半剖视图方案,左视图为全剖视图方案)。

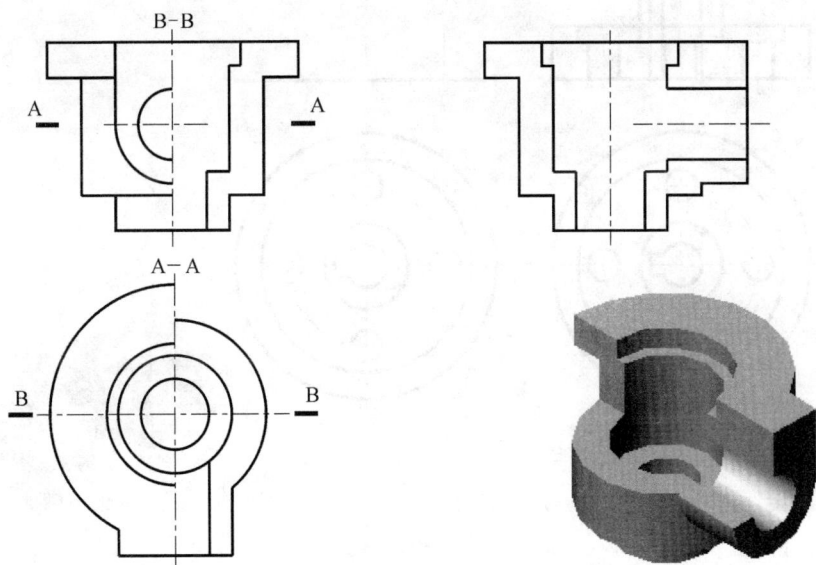

解答:

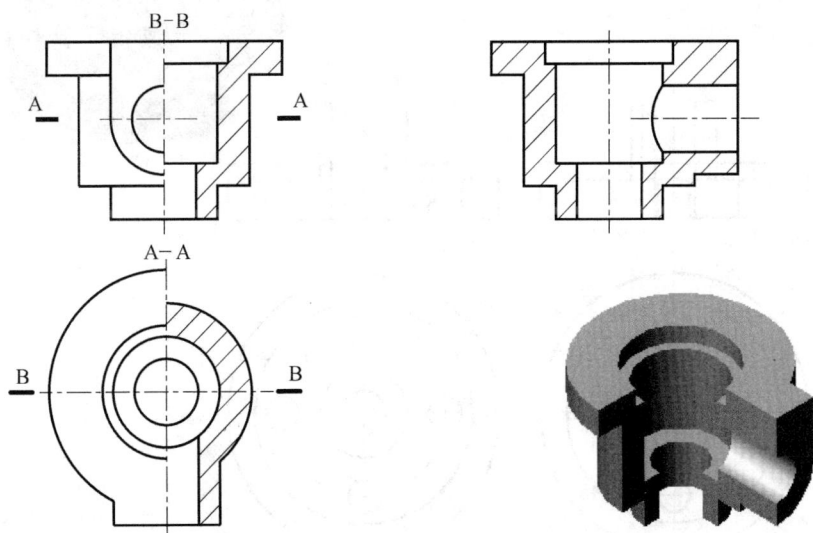

6 – 13　把主视图改画成全部视图。

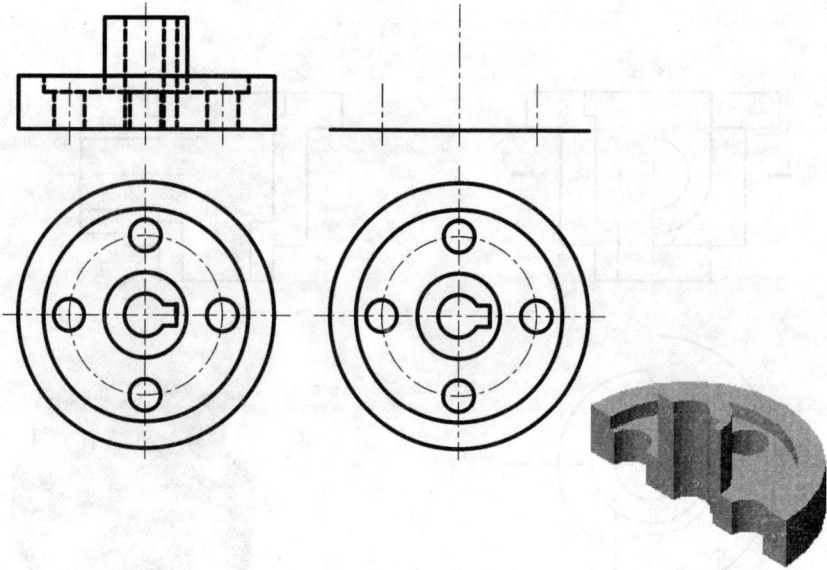

解答：

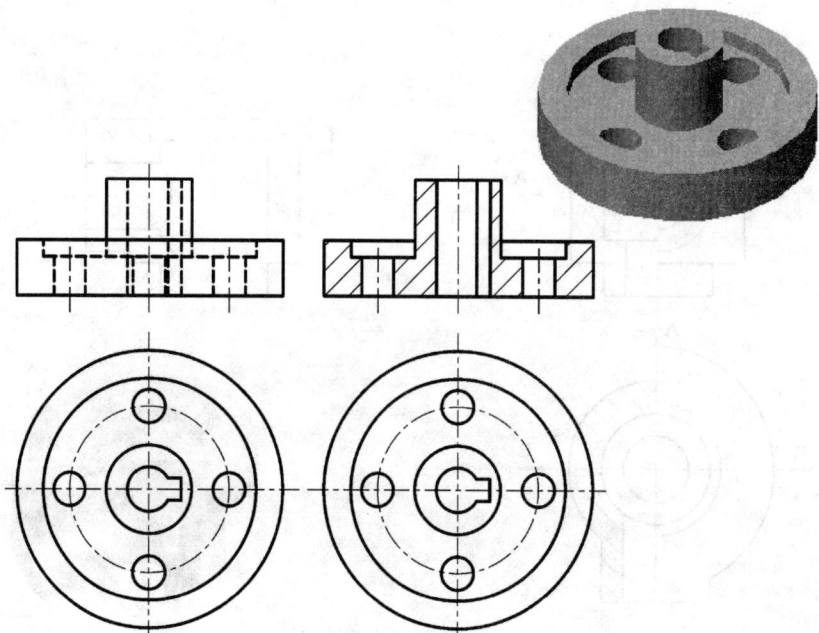

6-14 把主视图改画成全剖视图。

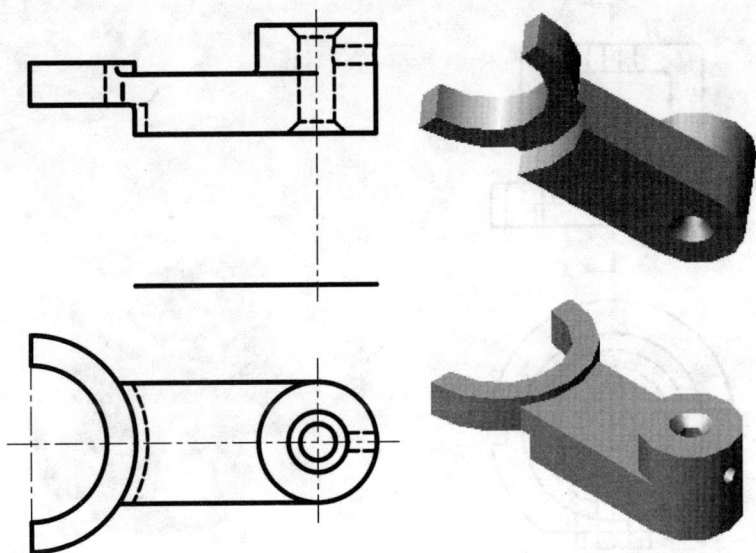

解答:

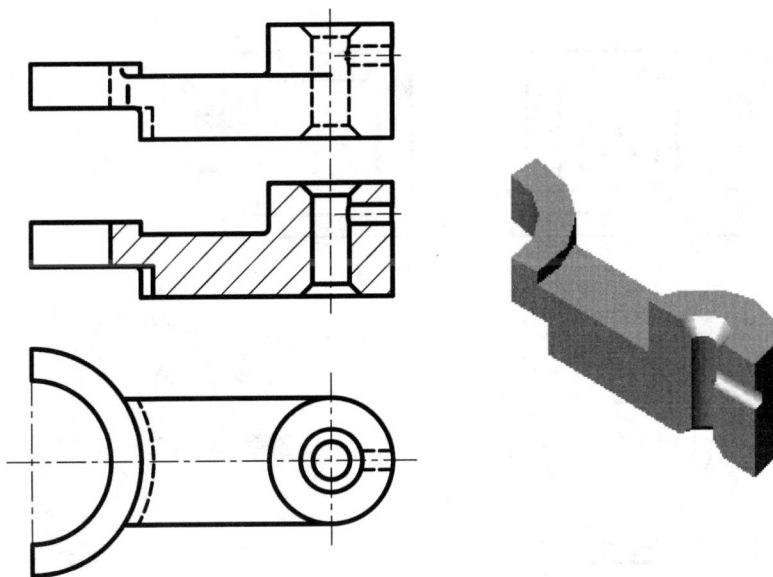

6 – 15　作 A – A 剖视图。

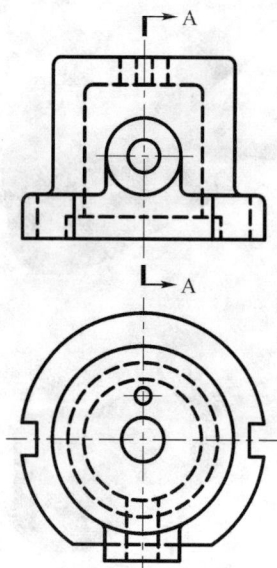

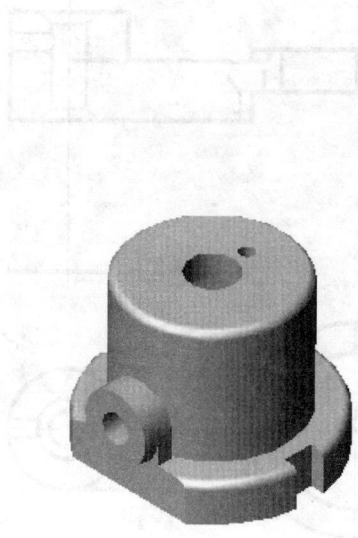

解答：

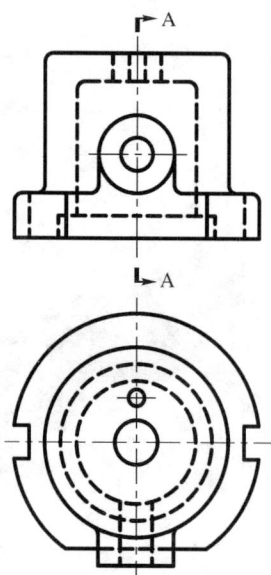

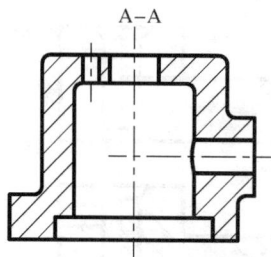

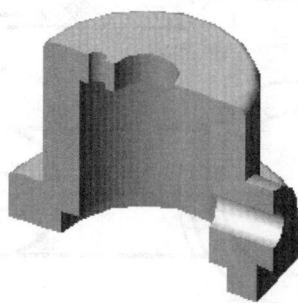

6 – 16 作 C – C 剖视图。

C–C

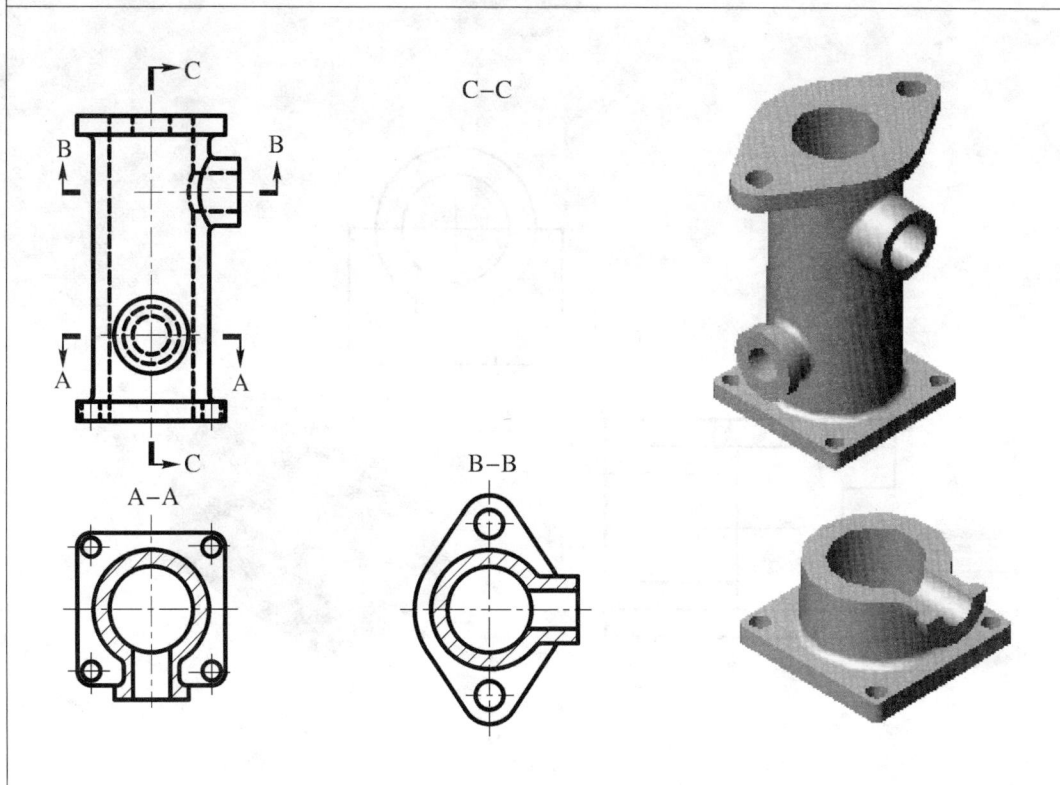

A–A

B–B

解答:

C–C

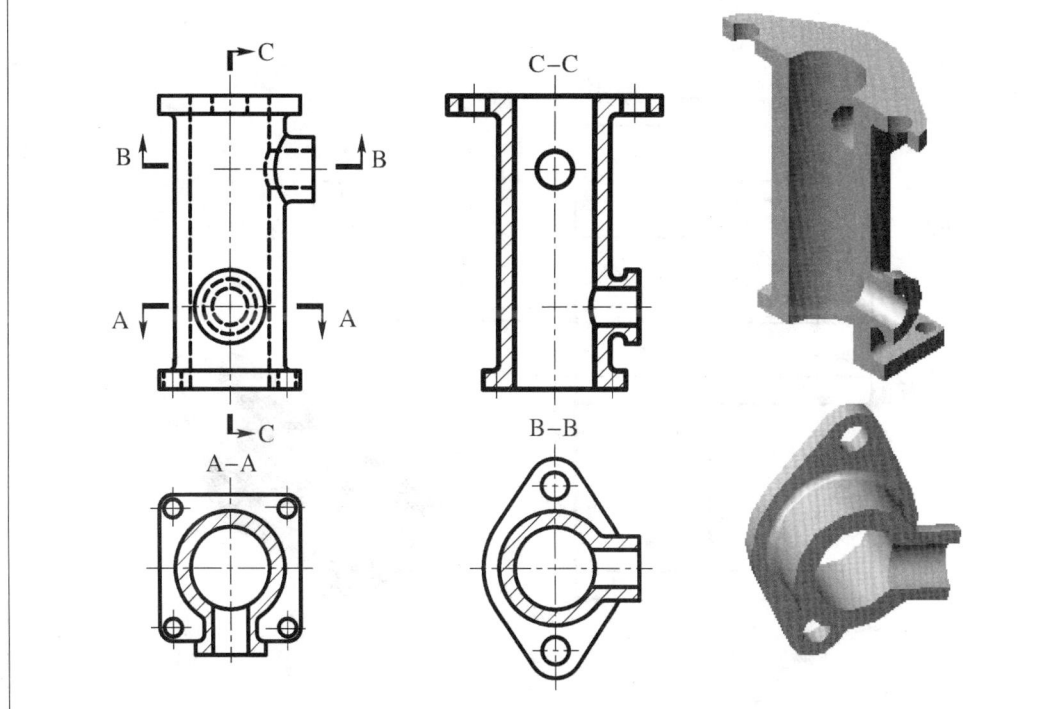

A–A

B–B

6 – 17　作全剖视的主视图。

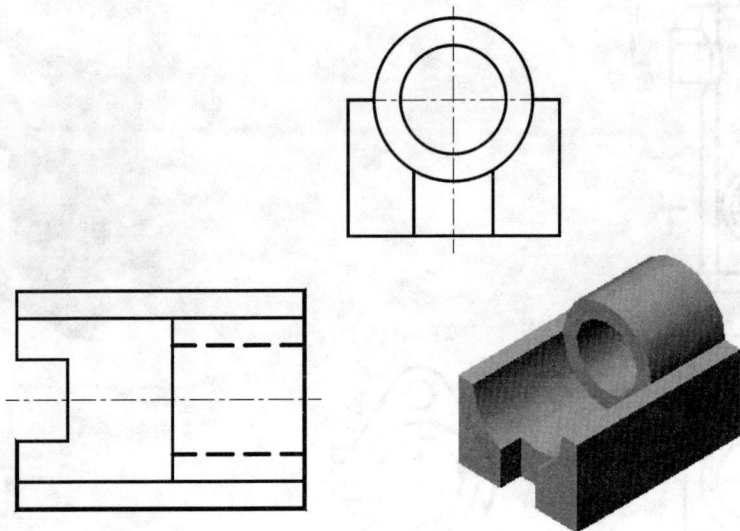

解答:

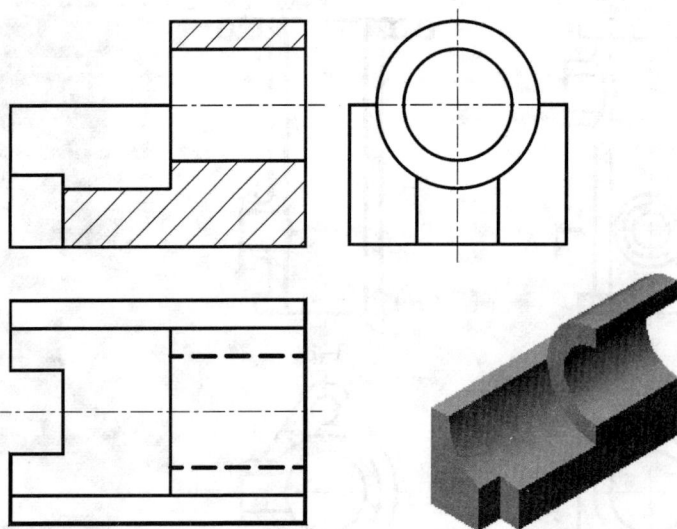

6-18　作 A-A 剖视的左视图。

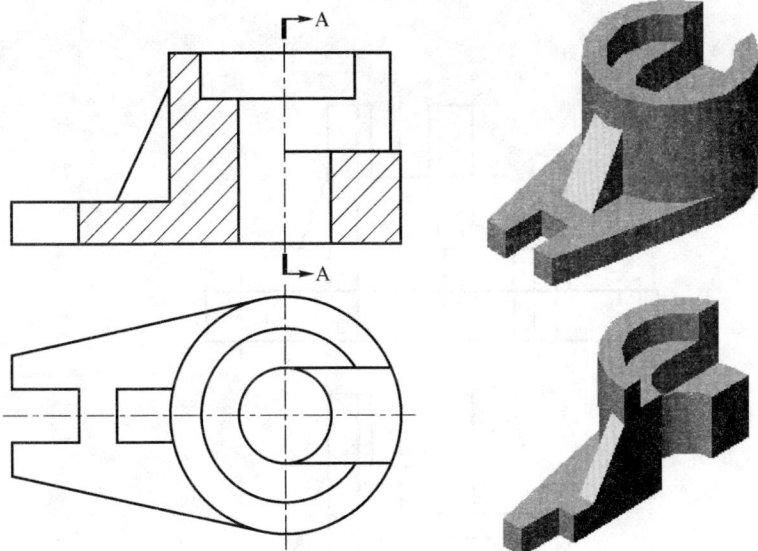

解答:制图标准规定:肋板、轮辐和薄壁结构按纵向剖切时,其剖面内不画剖面符号。

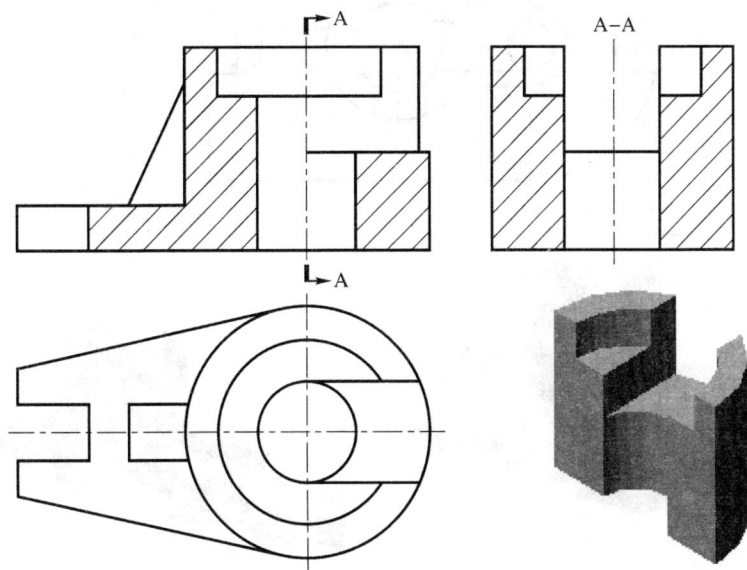

6-19　在指定位置把主视图改画成全剖视图。

制图标标准规定:肋板、轮辐和薄壁结构按纵向剖切时,其剖面内不画剖面符号。

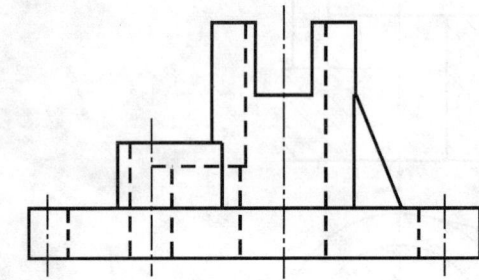

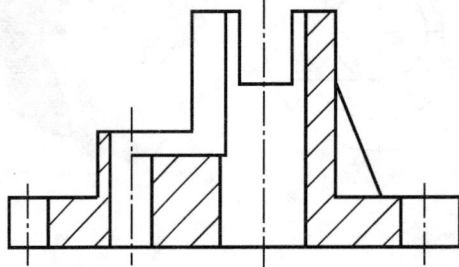

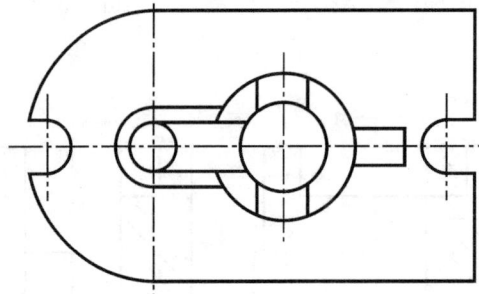

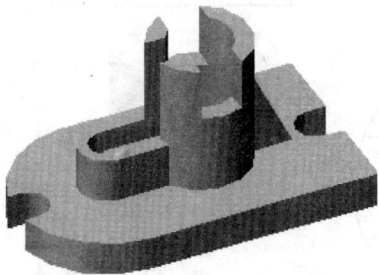

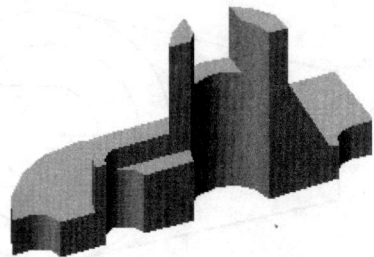

6－20　把主视图改画成半剖视图。

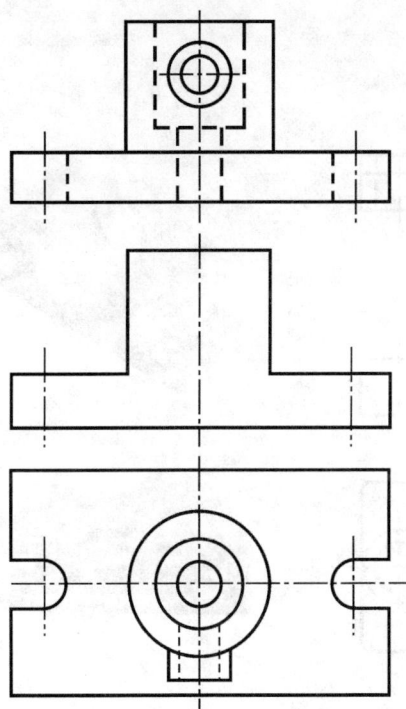

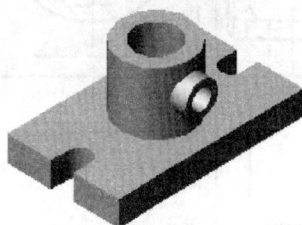

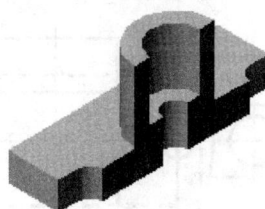

解答：

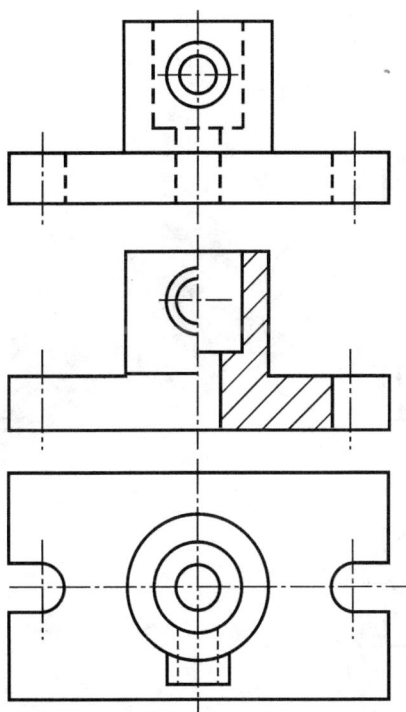

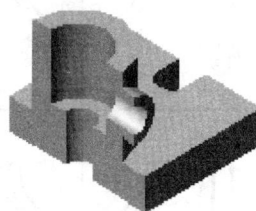

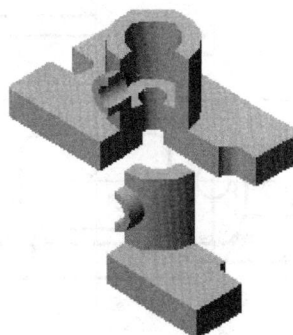

6 – 21　把主视图改画成半剖视图。

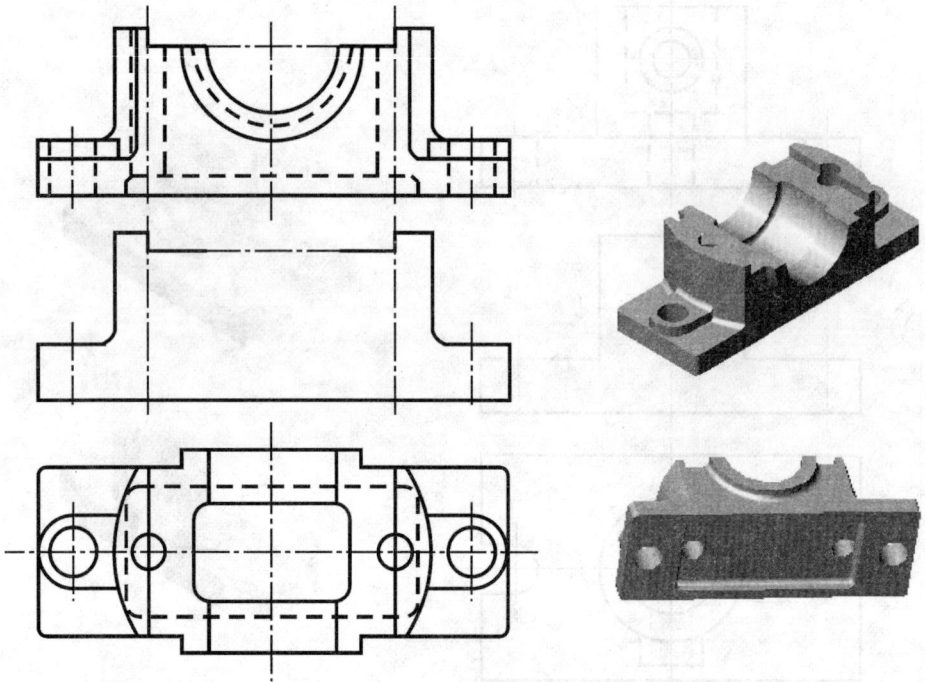

解答:

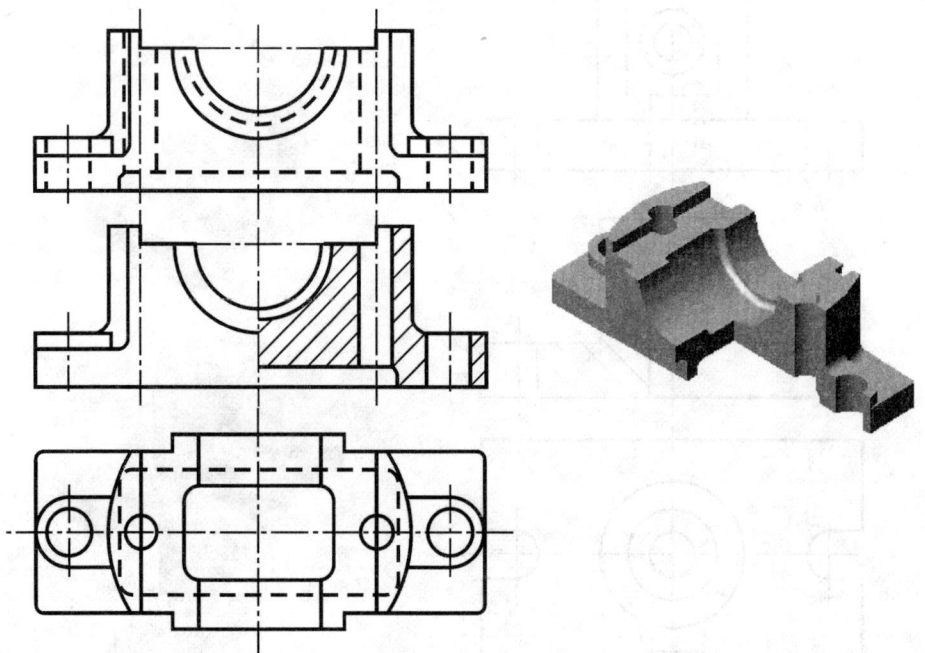

6-22　把主、俯视图均改画成半剖视图。

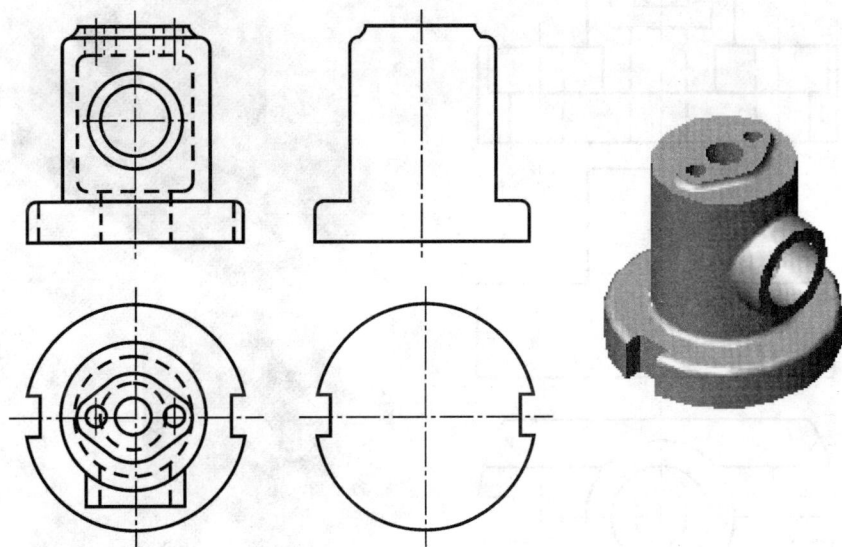

解答:剖切位置线两侧不对称,故剖切位置线不能省略。

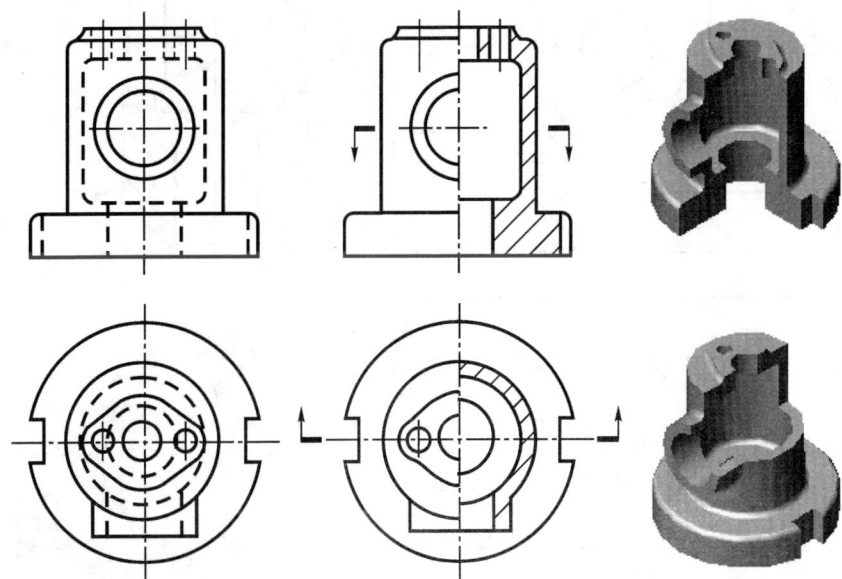

6－23　把主视图改画成半剖视图,左视图改画成全剖视图。

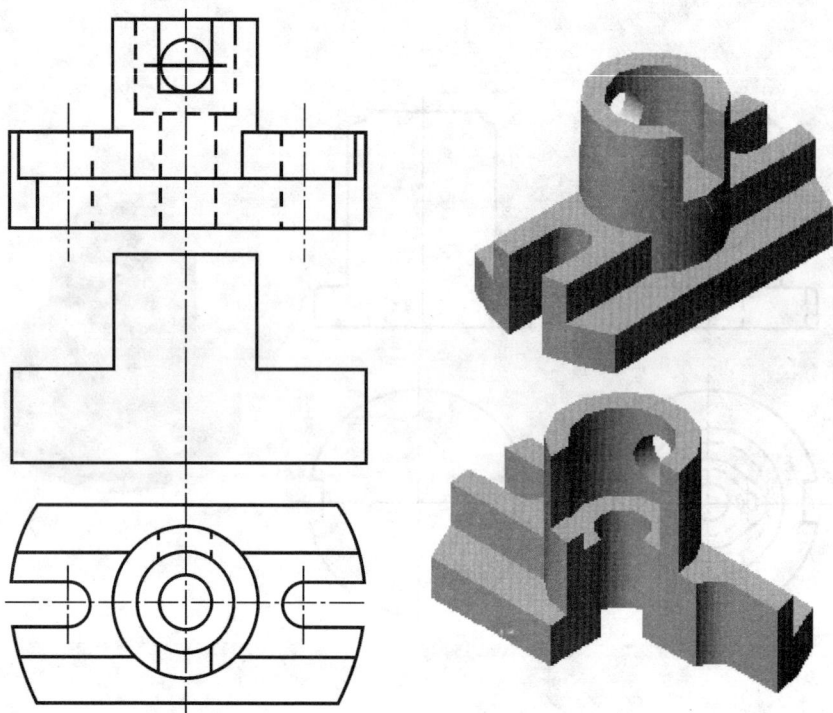

解答:

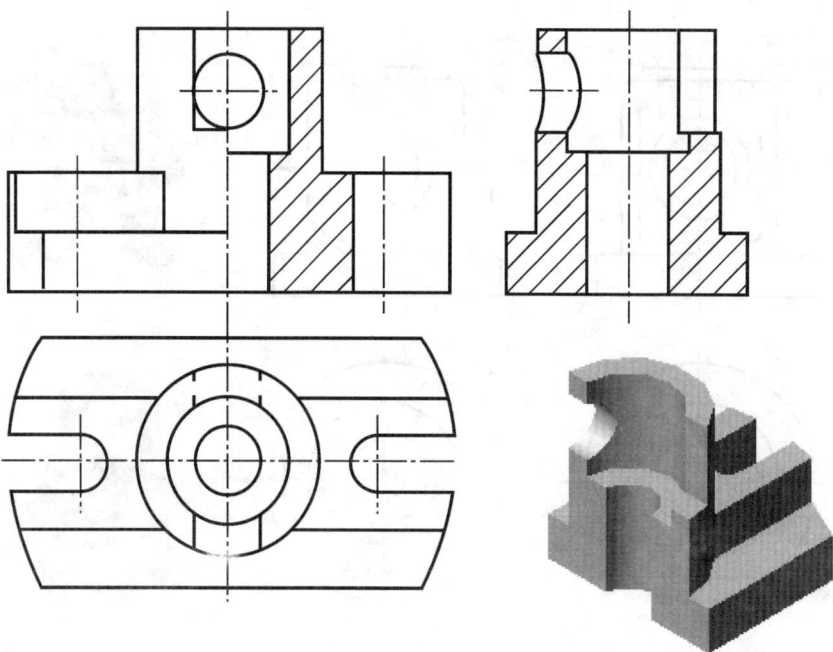

6-24　把主视图改画成局部剖视图。

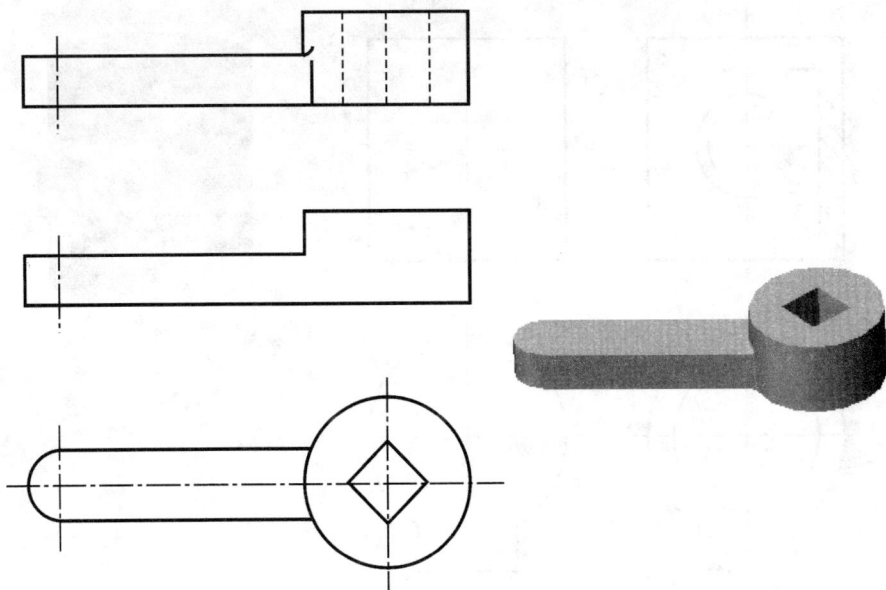

解答：

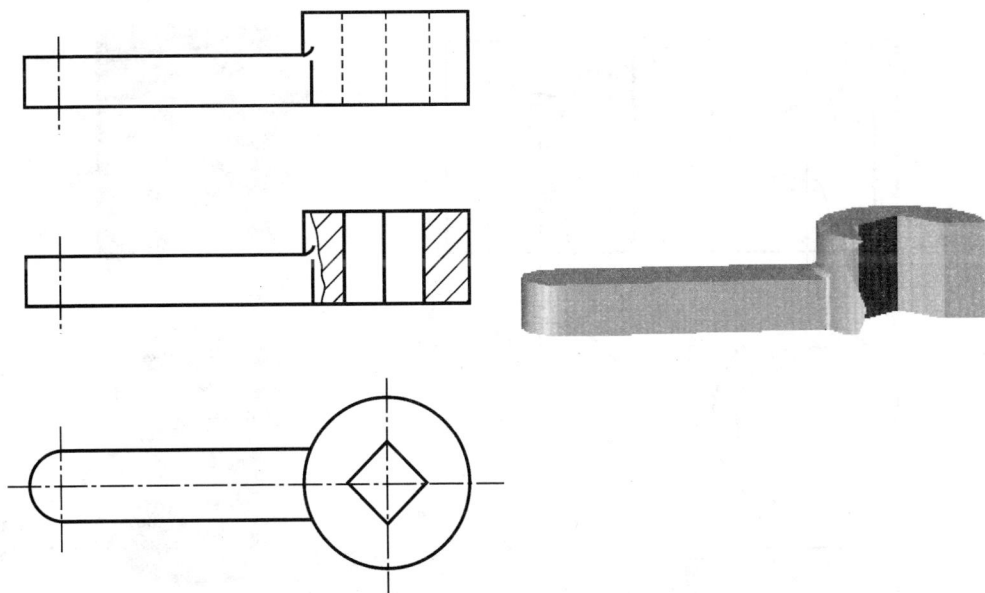

6 – 25　分析局部剖视图中的错误画法,画出正确的局部剖视图。

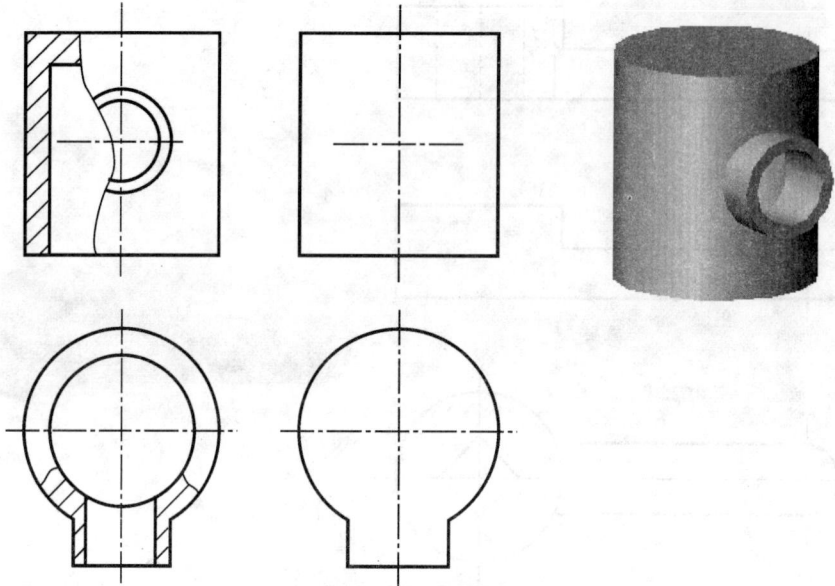

解答:

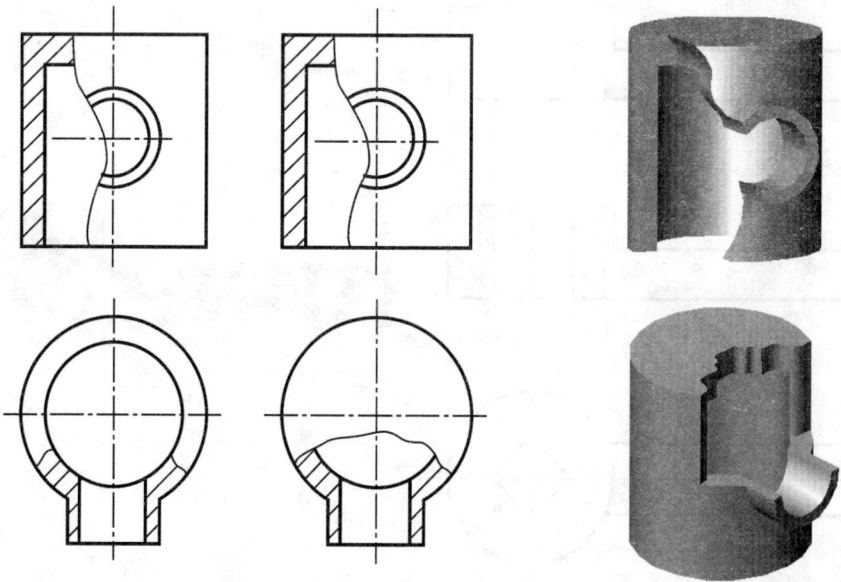

6－26　在指定位置把主视图、俯视图均改画成局部剖视图。

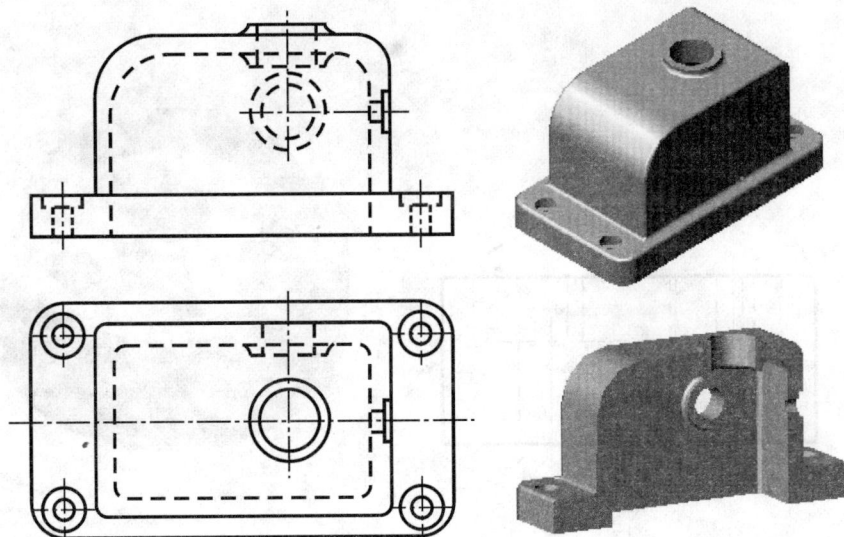

解答：

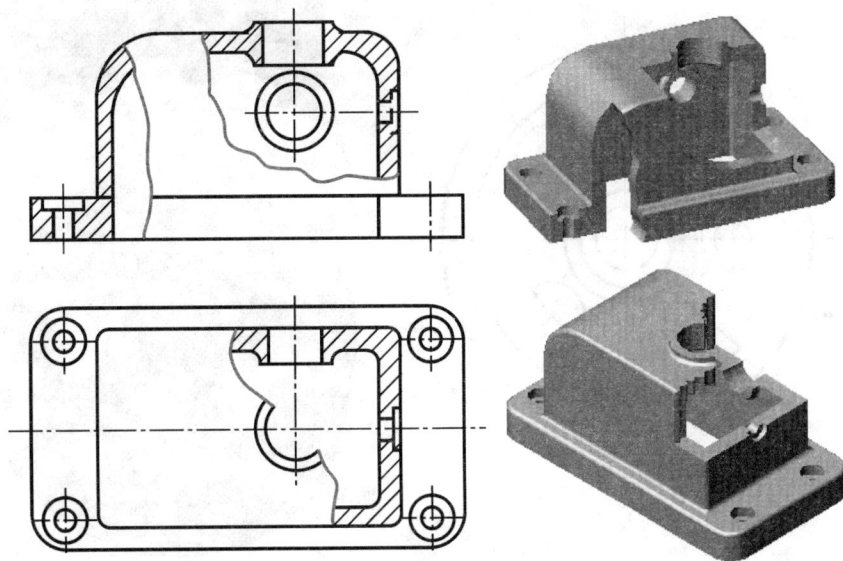

6-27　用两个相交的剖切平面剖开物体后,把主视图改画成旋转剖视图。

阶梯剖视图和旋转剖视图的剖切位置线一般不能省略。

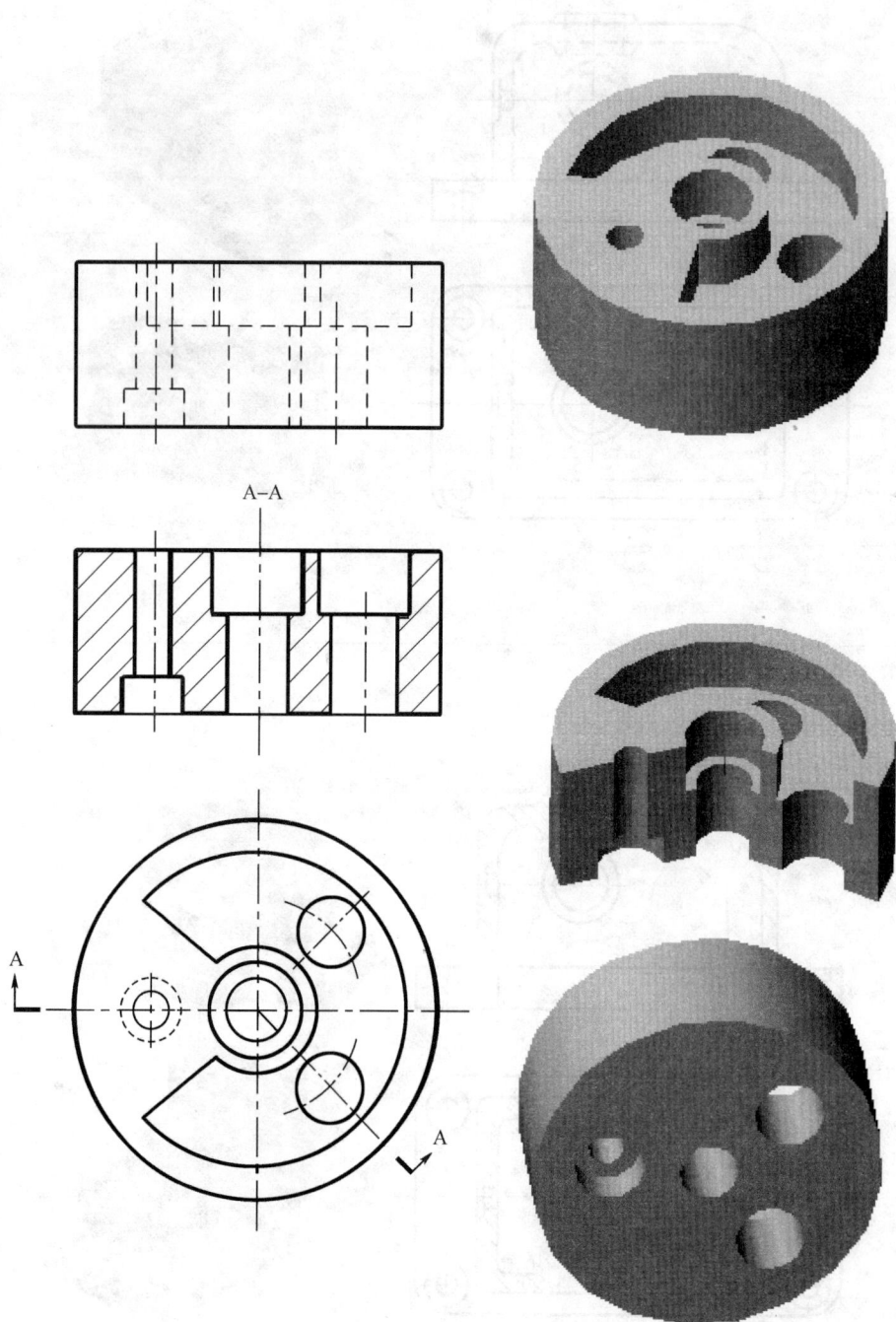

A–A

6－28　用两个平行的剖切平面剖开物体后,把主视图改画成阶梯剖视图。

阶梯剖视图和旋转剖视图的剖切位置线一般不能省略;
两组内孔要素分散位置剖切较清晰;下部凹槽须完整剖切。

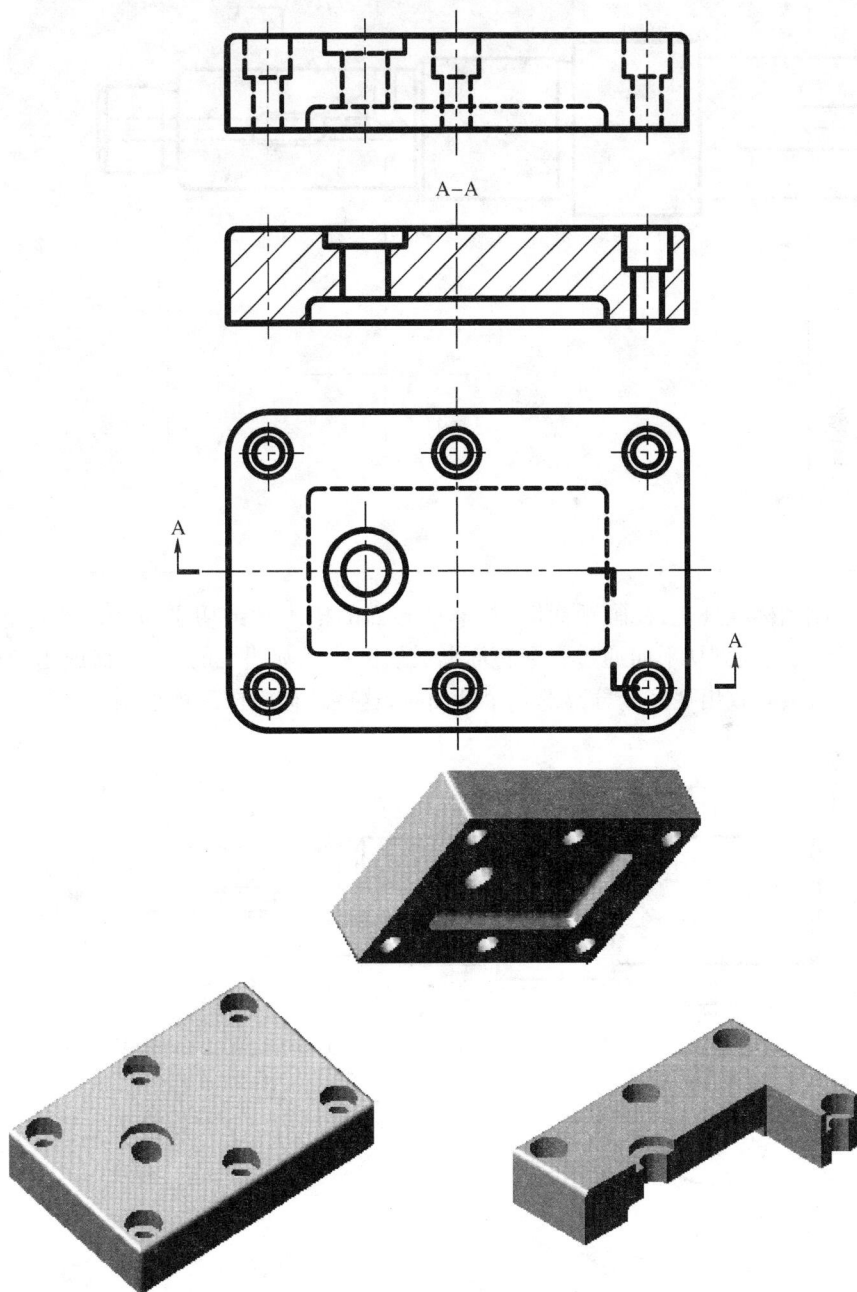

6-29　画出指定位置的断面图(左面键槽深 4 mm,右面键槽深 3.5 mm)。

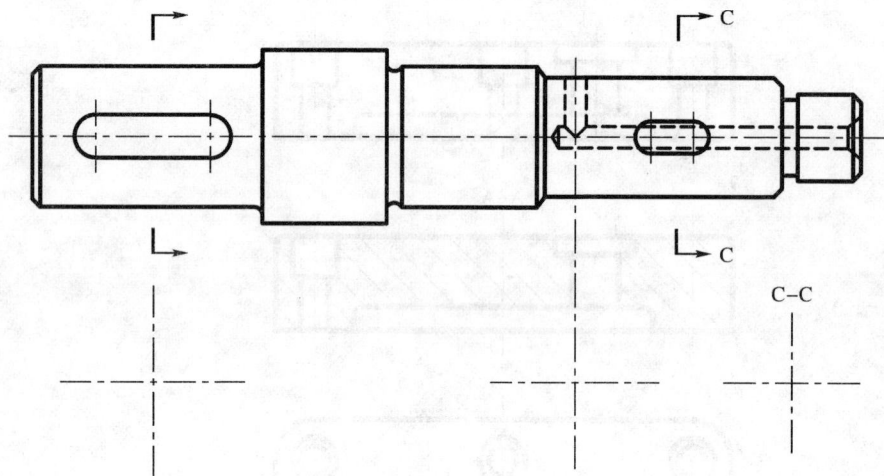

解答:国家制图标准规定,在画断面图时,非回转面的槽不画剖切平面后面的轮廓(如键槽的断面图);而当剖切平面通过由回转面形成的圆孔或圆凹坑的轴线时,或当剖切平面通过非圆孔,会导致出现完全分离的几个断面时,这些结构应按剖视绘制。

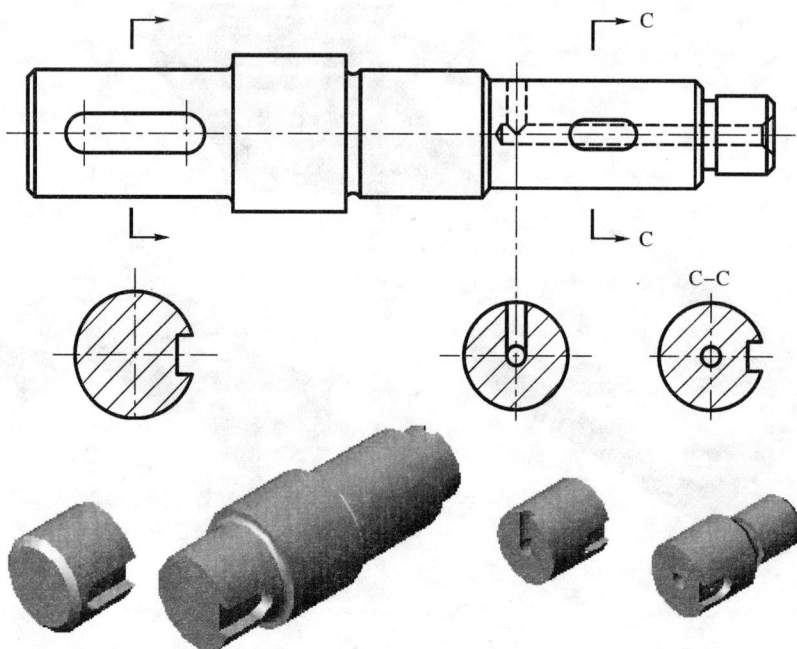

6 – 30　根据所给视图,画出机件所需的剖视图、断面图和其它视图,并标注尺寸。

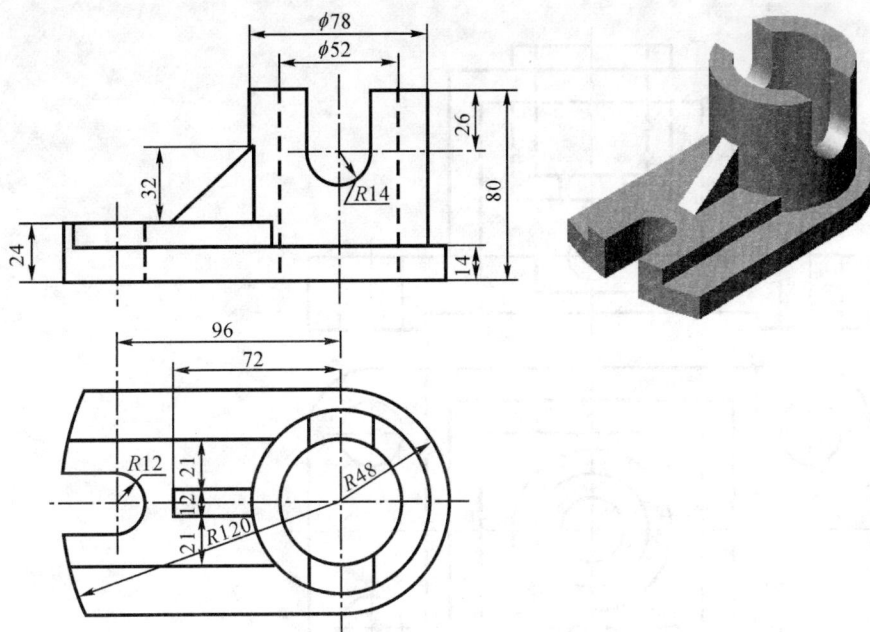

解答:制图标准规定:肋板、轮辐和薄壁结构按纵向剖切时,其剖面内不画剖面符号。

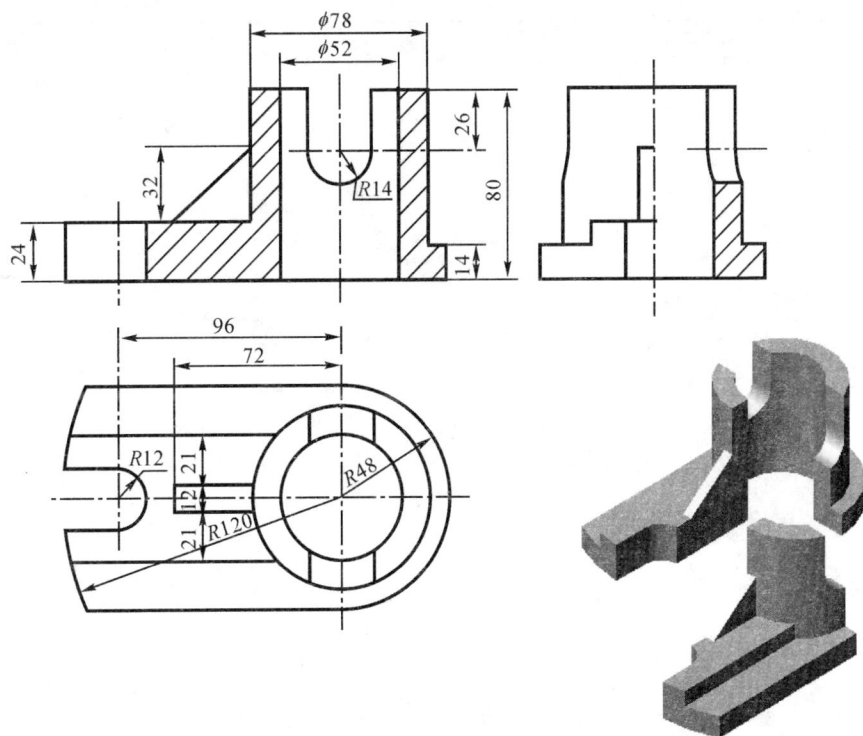

6 - 31 将形体的主视图画成半剖视,侧视图画成全剖视。

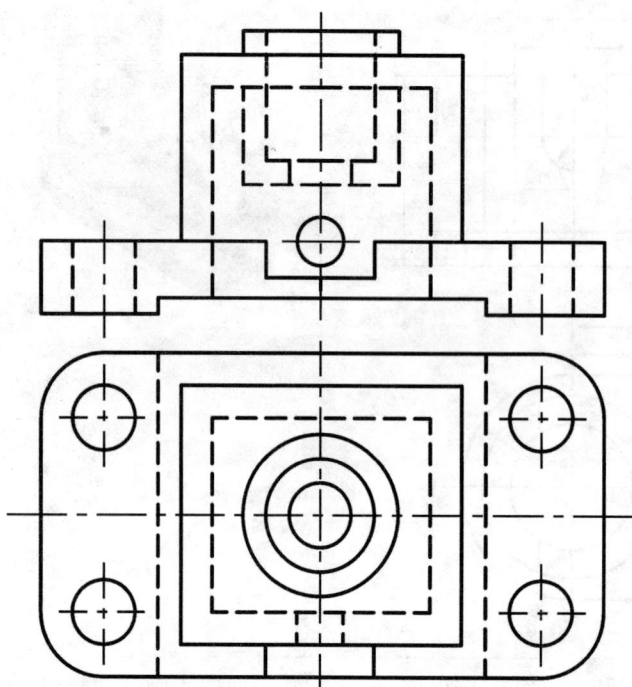

6-32　将形体的主视图画成全剖视,侧视图画成半剖视。

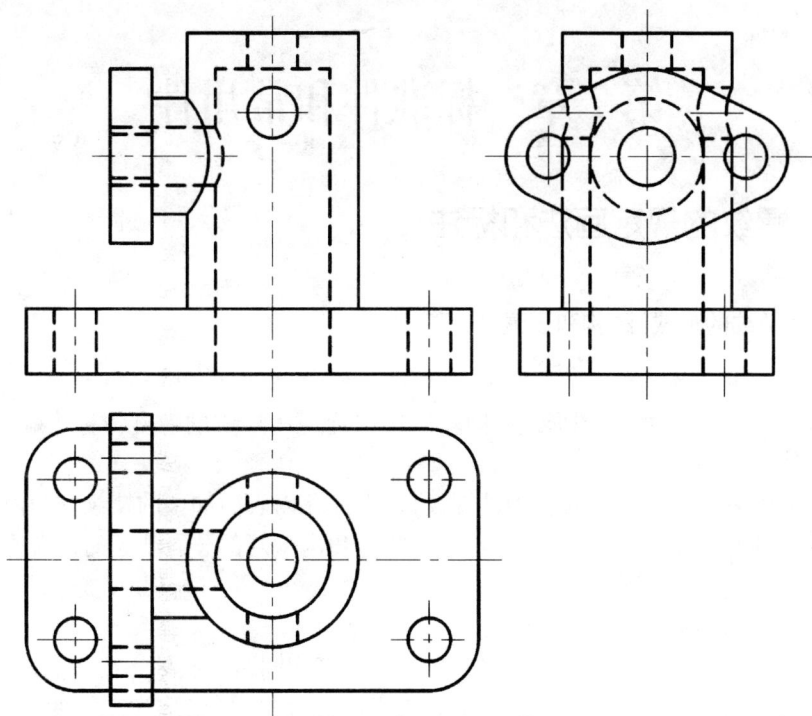

第7章 标准件和常用件

7.1 螺纹的规定画法和标注

7.1.1 螺纹的形成、结构和要素

1. 螺纹的形成和结构

（1）螺纹的形成：一平面图形绕一回转体作螺旋运动形成的螺旋体称为螺纹。常用回转体为圆柱体。

在圆柱体外表面加工的螺纹称为外螺纹，在零件孔内表面加工的螺纹称为内螺纹。

（2）螺纹的基本结构：螺纹的表面可分为凸起和沟槽两部分。凸起的顶端称为牙顶，沟槽的底部称为牙底。

2. 螺纹的要素

内、外螺纹总是成对地使用，只有当下述五个要素相同时，内、外螺纹才能旋合在一起。

（1）螺纹牙型。在通过螺纹轴线的剖面上，螺纹的轮廓形状称为螺纹牙型。常见的螺纹牙型有三角形和梯形等。

（2）大径、小径。与外螺纹牙顶或内螺纹牙底相重合的假想圆柱面的直径称为大径。

内、外螺纹的大径分别以 D 和"表示。大径是普通螺纹和梯形螺纹的公称直径。与外螺纹牙底或内螺纹牙顶相重合的假想圆柱面的直径称为小径。

（3）螺纹线数。螺纹有单线和多线之分。当圆柱面上只有一条螺纹时叫做单线螺纹。有两条螺纹时叫做双线螺纹。

（4）螺距和导程。螺纹上相邻两牙对应点之间的轴向距离称为螺距。同一条螺纹上相邻两牙对应点间的轴间距离称为导程。螺距与导程的关系为：螺距 = 导程/线数。

（5）螺纹旋向。螺纹有右旋和左旋之分，顺时针旋转时旋入的螺纹，称为右旋转螺纹；逆时针旋转时旋入的螺纹，称为左旋转纹。其中以右旋为最常用。

在螺纹的诸要素中，螺纹牙型，大径和螺距是决定螺纹的基本要素，称为螺纹三要素。凡这三个要素都符合标准的称为标准螺纹。

7.1.2 螺纹的种类

螺纹按用途可分为两大类，即连接螺纹和传动螺纹。常见的连接螺纹有三种：粗牙普通螺纹，细牙普通螺纹和管螺纹。传动螺纹是用来传递动力和运动的，常用的是梯形螺纹，有时也用锯齿形螺纹。

7.1.3 螺纹的规定画法

（1）外螺纹的大径和内螺纹的小径用粗实线表示，外螺纹的小径和内螺纹的大径用细

实线表示。在倒角或倒圆部分也应画出这些细实线。在投影为圆的视图中,这些细实线只画约 3/4 圈,轴或孔上的倒角投影省略不画。

（2）完整螺纹的终止线用粗实线表示。

（3）无论是外螺纹或内螺纹,在剖视或剖面图中的剖面线都必须画到粗实线处。

（4）不可见螺纹的所有图线按虚线绘制。

（5）螺纹连接的画法:用剖视图表示内、外螺纹的连接时,其旋合部分应按外螺纹的画法绘制,其余部分仍按各自的画法表示。

7.1.4　螺纹的标注

1. 普通螺纹的标注

标注普通螺纹的一般格式是:

螺纹代号—螺纹公差带代号—旋合长度代号

2. 管螺纹的标注

管螺纹应标注牙型符号和管子公称直径。

7.2　螺纹紧固件的画法和标记

7.2.1　螺纹紧固件及其规定标记

螺纹紧固件就是运用一对内、外螺纹的旋紧作用将两个被连接零件连接和紧固在一起的零件。常用的螺纹紧固件有螺栓、双头螺柱、螺钉、螺母、垫圈等。这些零件都已标准化了,在产品设计时,一般只须注出其规定标记,根据规定标记,便可在相应的标准中查出其全部尺寸及有关资料。

7.2.2　螺纹紧固件连接的画法

1. 螺栓连接的画法

螺栓连接由螺栓、螺母、垫圈组成。螺栓连接用于厚度不大可以钻成通孔的两零件。

画螺栓连接图时应注意下列几点:

（1）两零件的接触表面画一条线,不接触表面画两条线。

（2）当剖切平面通过螺杆的轴线时,螺栓、螺母、垫圈等均按不剖绘制。

（3）在剖视图上,相邻两个零件的剖面线的方向和间隔应不同;同一零件在各个视图上的剖面线的方向和间隔必须一致。

2. 双头螺柱连接的画法

双头螺柱连接由双头螺柱、螺母、垫圈组成。连接时,一端直接拧入被连接零件的螺孔中,另一端用螺母拧紧。双头螺柱连接多用于被连接件之一太厚,不适宜钻成通孔或不能钻成通孔时。在拆卸时只须拧出螺母,取下垫圈,而不必拧出螺柱,因此不会损坏被连接件的螺孔。

3. 螺钉连接的画法

螺钉连接不用螺母,而是将螺钉直接拧入机件的螺孔里。螺钉连接多用于受力不大,而被连接件之一较厚的情况下。

为了使螺钉头能压紧被连接的零件,螺钉的螺纹终止线应高出螺孔的端面,或在螺杆的全长上都作有螺纹。

当螺钉较小,头部的一字槽和十字槽可用涂黑表示。在俯视图上,这些槽按习惯应画成与中心线成45°。

7.3　键、销、齿轮、弹簧和滚动轴承

7.3.1　键

键是用来连接轴和轮的一种连接件,它起着传递扭矩的作用。常用的键有普通平键,半圆键和钩头楔键三种。

7.3.2　销

销用于零件之间的连接和定位,常用的有圆柱销和圆锥销。

7.3.3　齿轮

齿轮在机械传动中应用很广,主要用来传送动力和速度。齿轮的种类很多,根据传动轴的相对位置不同可分为三类。

圆柱齿轮——用于两平行轴的传动。

圆锥齿轮——用于两相交轴的传动。

蜗轮蜗杆——用于两交叉轴的传动。

齿轮上的齿称为轮齿,当圆柱齿轮的轮齿方向与圆柱的素线方向一致时,称为直齿圆柱齿轮。

1. 直齿圆柱齿轮的基本参数,轮齿各部分的名称和尺寸关系

(1)轮齿各部分名称。

齿顶圆(直径 da)——齿顶所在的圆。

齿根圆(直径 df)——齿根所在的圆。

分度圆(直径 d)——用于轮齿分度的圆。

齿顶高(ha——分度圆到齿顶圆的径向距离。

齿根高(hf)——分度圆到齿根圆的径向距离。

齿高(h)——齿顶圆与齿根圆之间的径向距离,即 h = ha + hf。

齿距(P)——在分度圆上相邻两齿对应点间的弧长。

齿厚(S)——在分度圆上每一齿的弧长。

(2)基本参数:

齿数(Z)——齿轮的齿数。

模数(m)——若齿轮的齿数是 z,d = mz。

模数 m 是设计、制造齿轮的重要参数。模数大,则齿距 P 也增大,随之齿厚 S 也增大,因而齿轮的承载能力大。不同模数的齿轮,要用不同模数的刀具来加工制造。

模数和压力角都相同的齿轮才能相互啮合。

（3）轮齿各部分尺寸与模数的关系：在设计齿轮时要先确定模数和齿数，其他各部分尺寸都可由模数和齿数计算出来。标准直齿圆柱齿轮的计算公式：

齿顶高 ha = m

齿根高 hf = 1.25 m

齿高 h = ha + hf = 2.25 m

分度圆直径 d = mz

齿顶圆直径 da = m(z + 2)

齿根圆直径 df = m(z – 2.5)

两啮合齿轮中心距 a = m(z1 + z2)/2

2. 直齿圆柱齿轮的画法

（1）在视图中，齿轮的轮齿部分按下列规定绘制：齿顶圆和齿顶线用粗实线表示；分度圆和分度线用细点划线表示；齿根圆和齿根线用细实线表示；齿根圆和齿根线也可以省略不画。

（2）在剖视图中，当剖切平面通过齿轮的轴线时，轮齿一律按不剖处理。这时齿根线用粗实线绘制。

两标准齿轮啮合时，它们的分度圆相切，此时分度圆又称节圆。啮合部分的规定画法如下：

（1）在齿轮的圆形视图上，两齿轮的节圆应该相切。啮合区内的齿顶圆仍用粗实线画出，也可省略不画。

（2）在剖视图中，当剖切平面通过两啮合齿轮的轴线时，在啮合区内，将一个齿轮的齿顶线用粗实线绘制；另一个齿轮的齿顶线用虚线绘制，虚线也可以省略不画。

（3）在平行于圆柱齿轮轴线的投影面的视图上，啮合区内的齿顶线不需画出，节线用粗实线绘制。

7.3.4　弹簧

弹簧是一种常用件，它的作用是减震、测力、储存能量等。其特点是当外力去除后能立即恢复原状。

圆柱螺旋压缩弹簧的画法。

1. 螺旋压缩弹簧各部分名称及尺寸关系

（1）簧丝直径 d——弹簧钢丝的直径。

（2）弹簧外径 D——弹簧的最大直径。

（3）弹簧内径 D1——弹簧的最小直径，D1 = D – 2d。

（4）弹簧中径 D2——弹簧的平均直径，D2 = D – d = D1 + d。

（5）节距 t——除支承圈外，相邻两圈的轴向距离。

（6）支承圈 n0——为使压缩弹簧支承平稳，制造时需将弹簧两端并紧磨平，这部分圈数仅起支承作用，故称支承圈。

（7）有数圈数 n——除支承圈外，保证相等节距的圈数。总圈数：n1 = n + n0。

（8）自由高度 H。——弹簧在不受外力时的高度，H0 = nt + (n0 – 0.5)d。

（9）弹簧展开长度 L——簧丝展直后的长度。

2. 圆柱螺旋压缩弹簧的规定画法

（1）在平行于轴线的视图中,各圈的轮廓线应画成直线。

（2）右旋弹簧以及旋向不作规定的均应画成右旋。左旋弹簧要注出旋向"左"字。

（3）有效圈数在四圈以上,中间各圈可省略,省略后允许适当压缩图形长度。

（4）在装配图中,弹簧被剖切时,簧丝直径在图形上等于或小于 2mm 的剖面可用涂黑表示。

（5）弹簧后面的机件按不可见处理,可见轮廓线只画到弹簧丝的外轮廓线或中心线为止。

7.3.5　滚动轴承

滚动轴承是一种支承转动轴的组件。具有摩擦阻力小,结构紧凑的优点,已被广泛使用在机器中。滚动轴承的结构形式和尺寸已标准化了,设计制图时,只须按规定画法绘制,并按规定加以标记。滚动轴承种类很多,但其结构大体相同。一般由外圈、内圈、滚动体及保持架组成。

7.4　习题

7-1 按规定画法,绘制螺纹的主、左两视图(1:1)。

(1) 外螺纹:大径 M20,螺纹长 30 mm,螺杆长画 40 mm 后断开,螺纹倒角 C2。

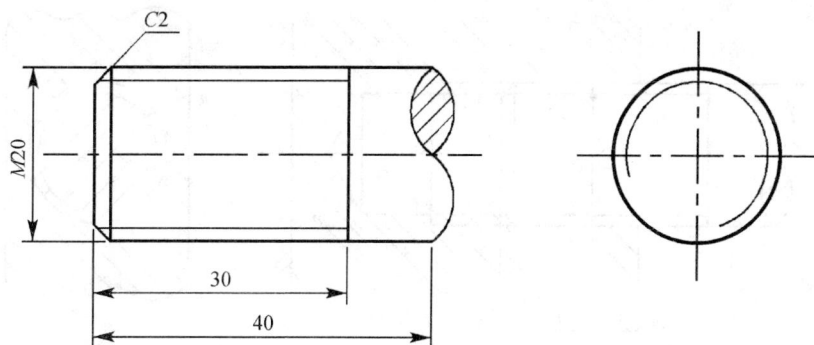

(2) 内螺纹:大径 M20,螺纹长 30 mm,孔深 40 mm,螺纹倒角 C2。

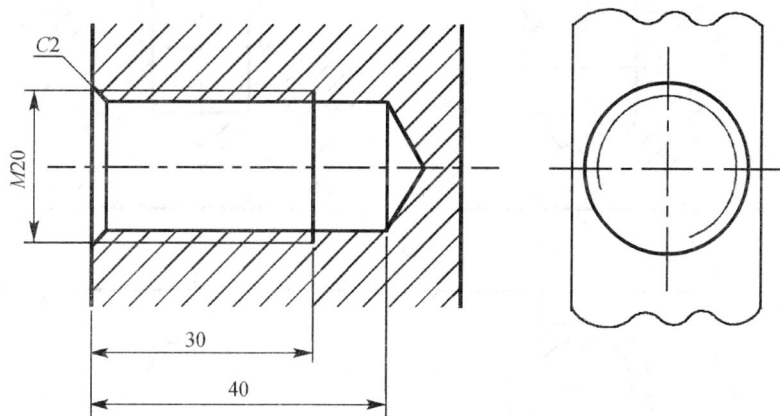

7-2　把 7-1(1)的外螺纹掉头,旋入 7-1(2)的螺孔,旋合长度 20 mm,绘制旋合后的主、左两视图(全部用剖视图)。

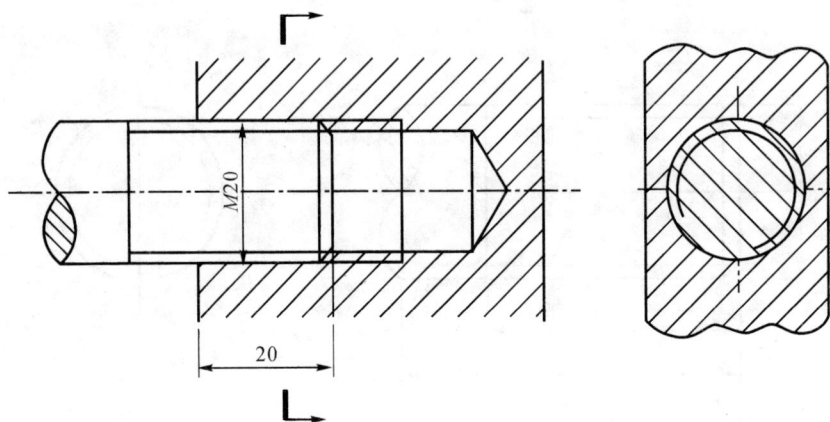

7-3　标出内螺纹图中的错误,画出正确的图形。

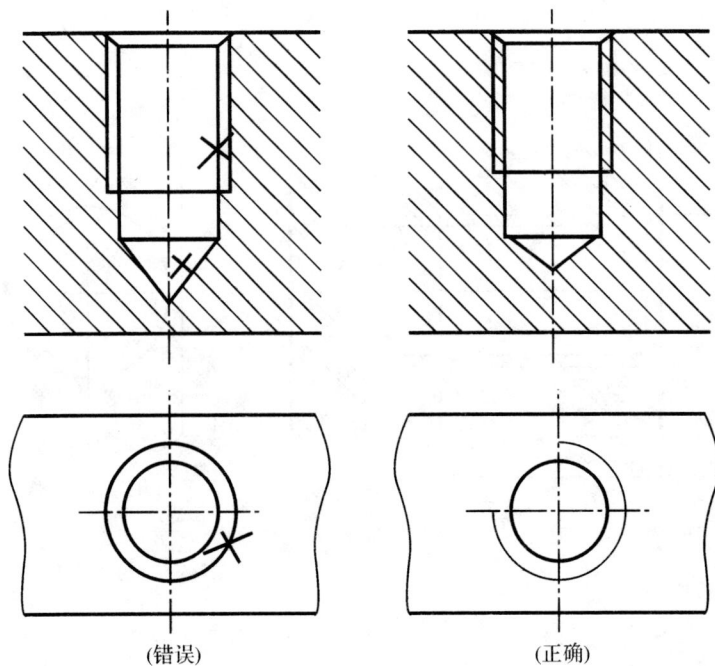

(错误)　　　　　　　　　　　　(正确)

7-4 标出内外螺纹旋合图中的错误,画出正确的图形。

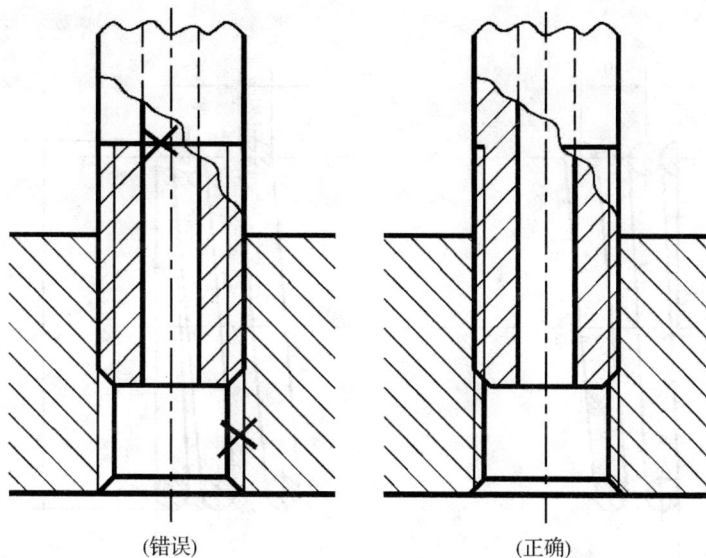

(错误)　　　　　　(正确)

7-5 标出内外螺纹旋合图中的错误,画出正确的图形。

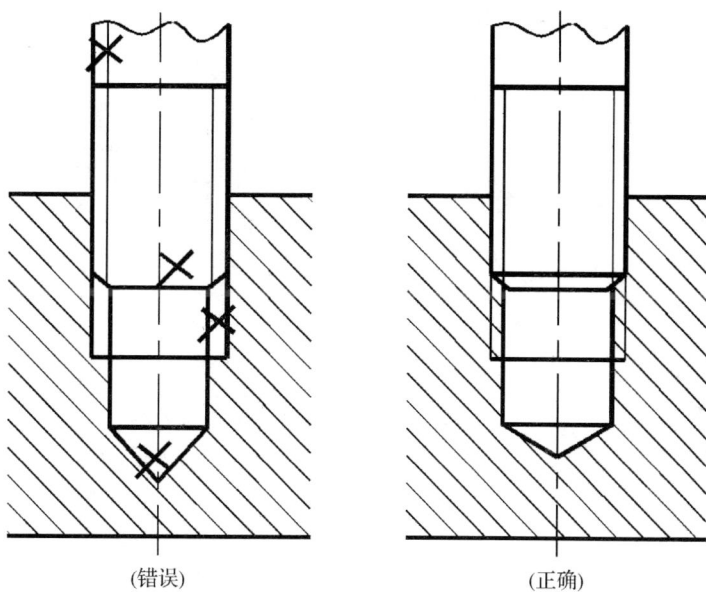

(错误)　　　　　　(正确)

7－6　已知圆柱螺旋压缩弹簧的簧丝直径 d＝5 mm,弹簧外径 D＝55 mm,节距 t＝10 mm,有效圈数 n＝7,支承圈数 n2＝2.5,右旋,用 1:1 画出弹簧的全剖视图(轴线水平放置)。

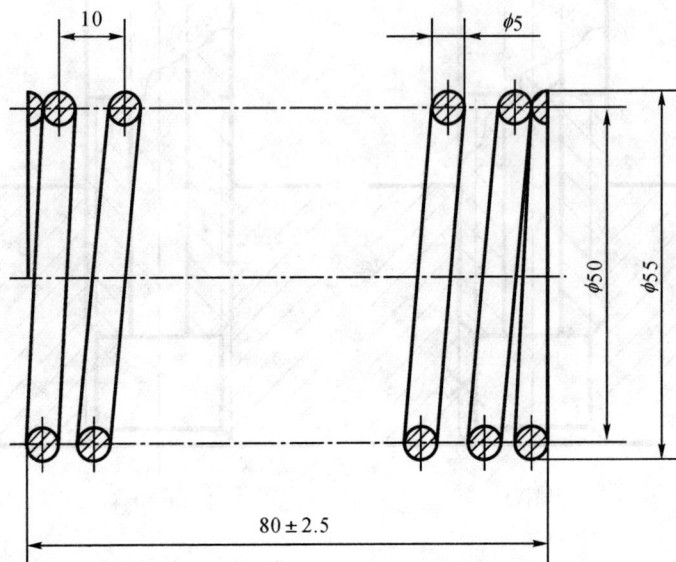

7－7　已知直齿圆柱齿轮模数 m＝8,齿数 z＝24,试计算该齿轮的分度圆、齿顶圆和齿根圆的直径。用 1:2 完成齿轮的两视图,并标注尺寸(轮齿倒角为 C1)。

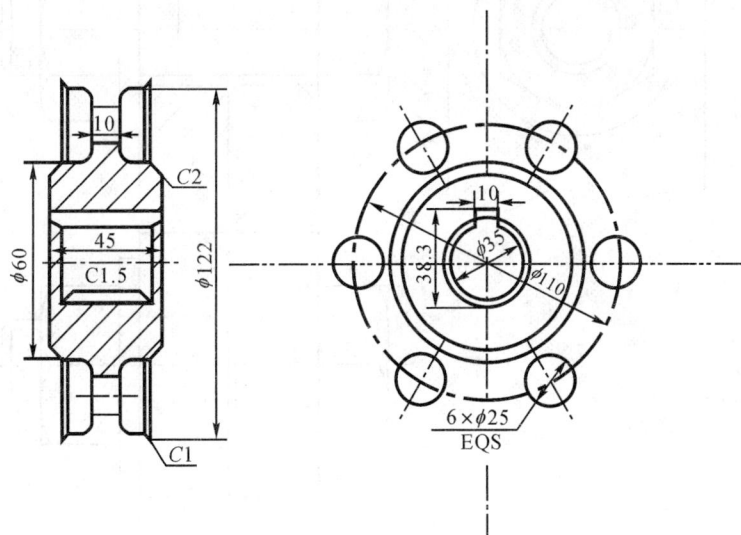

解答:

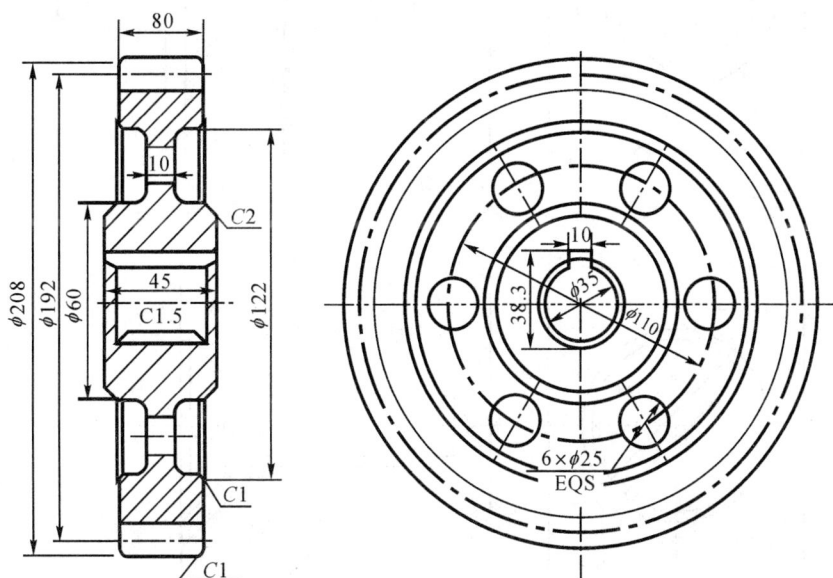

7－8　在 A3 图纸上抄画螺纹连接图。

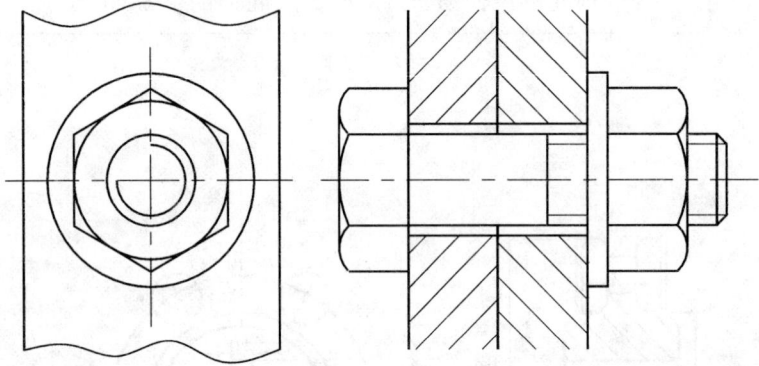

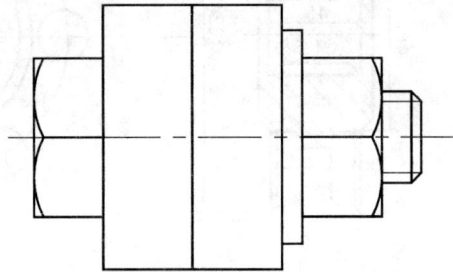

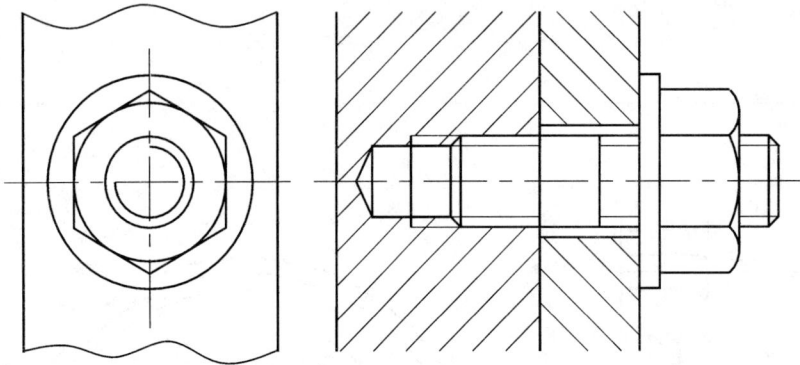

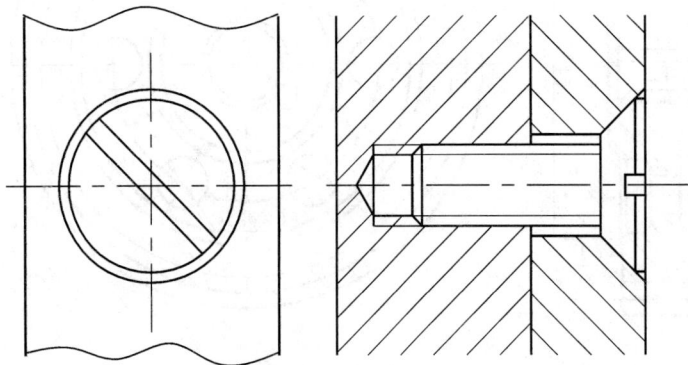

7-9　在 A3 图纸上抄画螺纹连接图(简化画法)。

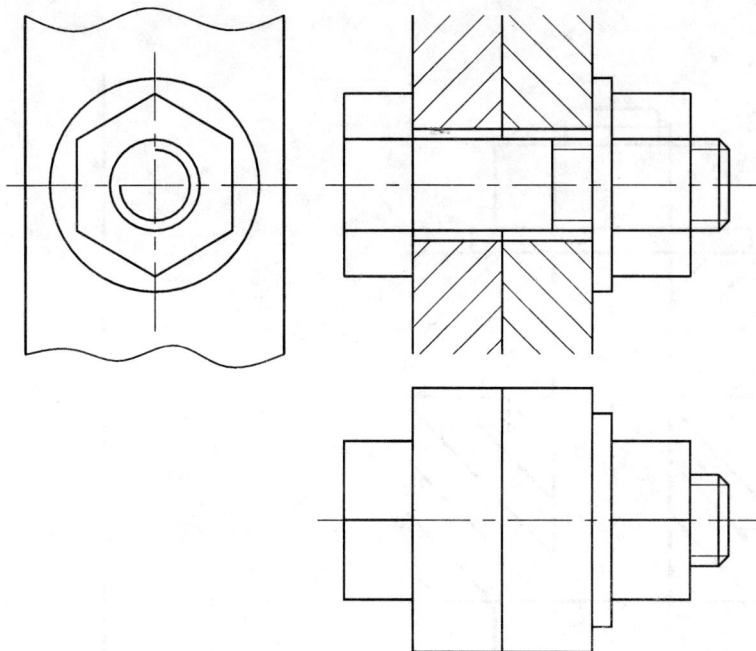

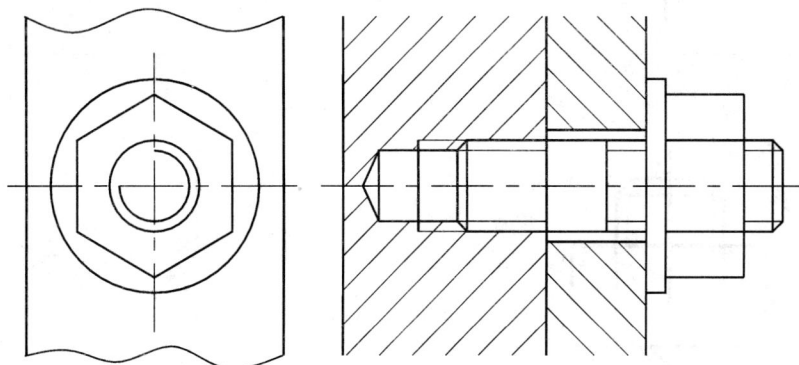

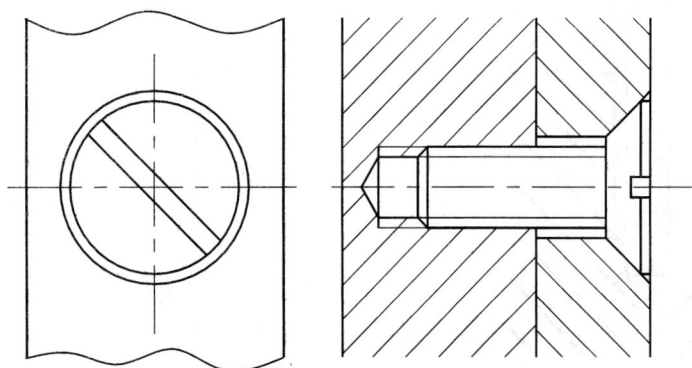

7 - 10　指出下列图中的错误,将正确的图画在指定位置。

（1）

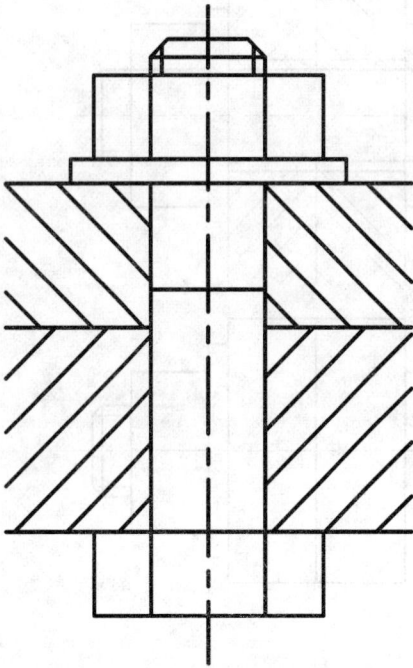 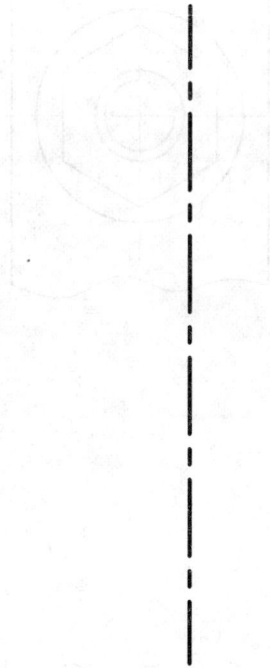

（2）

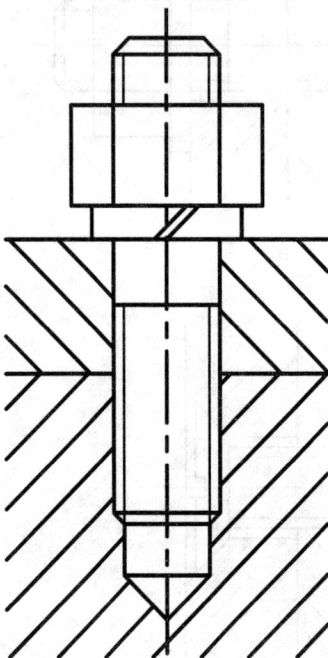

7－11 指出下列图中的错误,将正确的图画在指定位置。

(1)

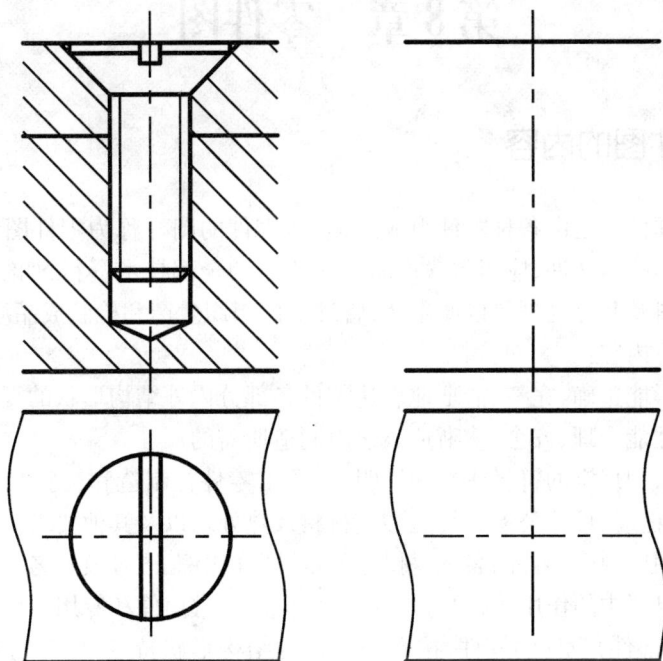

(2)

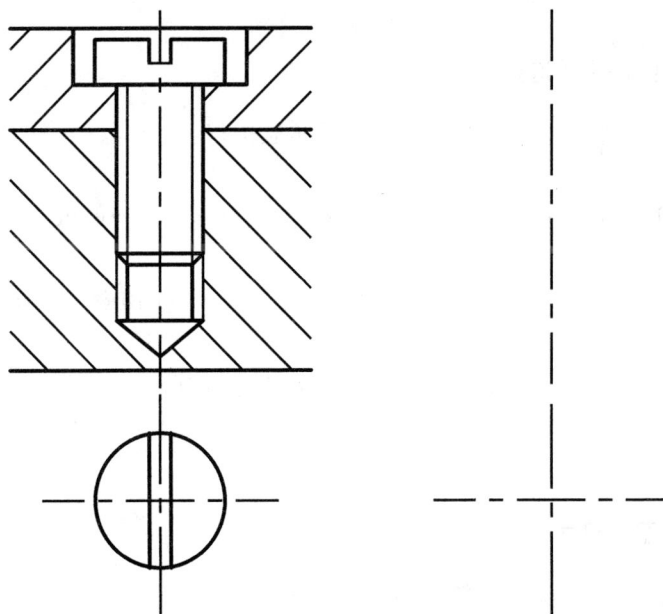

第8章 零件图

8.1 零件图的内容

任何机器或部件都是由各种零件组成的,表达零件的图样称为零件图。零件图是生产加工过程中的基本技术文件,应当包含产品生产所需的全部技术资料,如结构形状、尺寸大小、质量要求、材料及其热处理等以便生产,管理部门组织生产和检验成品质量。因此,一张零件图应具备以下内容:

(1)一组图形能正确、完整、清晰地表达零件各部分内外结构形状的视图。

(2)零件尺寸能合理、齐全、清晰地表达出制造所需的尺寸。

(3)技术要求用规定的符号或文字说明,表达出零件在制造和检验时应达到的一些要求。例如:表面粗糙度、尺寸公差、形位公差、材料及热处理以及其他要求。

(4)标题栏用以说明零件的名称、材料、数量、图样比例、图号及签名等。

按照零件在机器中的作用,通常将零件分为标准件、常用件和专用零件。专用零件是专门为某台机器(或部件)设计的零件,按专用零件的结构形状特点,可分为轴套、轮盘、叉架和箱体等四类零件。专用零件必须画出零件图。

8.2 零件图的视图选择和尺寸标注

8.2.1 零件图的视图选择

选择零件图的视图表达方案时,一般按下述步骤进行:

1. 了解零件

了解零件在机器中的作用、工作位置或加工位置,对零件进行形体分析或结构分析。

2. 选择主视图

根据零件的特点,确定安放位置,选择最能反映零件特征的视图,作为主视图。

3. 选择其他视图

在选择其他视图时,必须灵活运用各种表达方法,并使所选择的视图互相配合,共同表达清楚零件的形状,应在完整、清晰地表达零件内、外结构形状前提下,尽量减少图形数量,以方便画图和看图。

8.2.2 零件图的尺寸标注

在零件图上标注尺寸,除了要符合前面所述的正确、完整、清晰的要求外,在可能范围内,还要注得合理。即标注的尺寸能满足设计和加工工艺的要求。

在具体标注时,应恰当选择好尺寸基准。零件的长、宽、高三个方向的尺寸至少要各有一个尺寸基准,从基准出发标注定位、定形尺寸。常用的基准有:基准面——底板的安装面,重要的端面,装配结合面,零件的对称面等;基准线——回转体的轴线。标注尺寸时还需要注意:对零件间有配合关系的尺寸,应分别标出相同的定位尺寸。

8.3　表面粗糙度

零件在加工时由于刀具与工件表面的摩擦,材料不均等,使刀具在工件表面上留下刀痕,以及加工时金属表面的塑性变形等影响,不管经过怎样的精细加工,如果放在显微镜下观察,零件表面总是高低不平的。这种表面具有的较小间距的峰谷所组成的微观几何形状特征,称为表面粗糙度。

零件表面粗糙度的评定有:轮廓算术平均偏差 Ra,微观不平度十点高度 Rz,轮廓最大高度 Ry。

Ra 是在零件表面的一段取样长度内,轮廓偏距绝对值的算术平均值。

Rz 在取样长度内,五个最大轮廓峰高的平均值与五个最大的轮廓谷深的平均值之和。

Ry 在取样长度内,轮廓峰顶与轮廓谷底之间的距离。

零件表面的粗糙度是评定零件表面质量的一项技术指标。

8.4　公差与配合

8.4.1　零件的互换性

一批同样零件中的任意一个,装配时不需要经过任何选择或修配,就能达到规定的技术要求,保证使用要求,这种性质叫做零件的互换性。零件具有互换性,这样既能满足成批、大量生产、按分工协作原则提出生产的要求,又能提高生产率。建立公差与配合制度是保证零件具有互换性的必要条件。

8.4.2　尺寸公差

在制造零件的过程中,不可能把一批零件中的尺寸都准确地制造成指定的尺寸,多少存在一些偏差,为了保证互换性,就必须对零件的尺寸规定一个允许的变动量,这个允许的变动量称为尺寸公差,简称公差。

关于尺寸公差的一些名词:

(1) 基本尺寸:设计给定的尺寸。

(2) 实际尺寸:零件制成后通过测量所得的尺寸。

(3) 极限尺寸:允许尺寸变化的两个界限值。

最大极限尺寸:两个极限尺寸中较大的一个。

最小极限尺寸:两个极限尺寸中较小的一个。

零件的实际尺寸只要在这个极限尺寸所确定的区间内就算合格。

(4) 尺寸偏差:实际尺寸减其基本尺寸所得的代数差。

上偏差:最大极限尺寸 – 基本尺寸

下偏差:最小极限尺寸 – 基本尺寸

偏差可以是正值、负值或零。

(5)公差:允许实际尺寸的变动量。

公差 = 最大极限尺寸 – 最小极限尺寸 = ｜上偏差 – 下偏差｜

公差为没有正负号的绝对值。

(6)零线:在公差与配合图解中,确定偏差的一条基准直线,即零线偏差线。通常以零线表示基本尺寸。

(7)公差带:在公差与配合图解中,由上、下偏差的两条直线所限定的一个区域。

(8)基本偏差:国家标准规定的,用来确定公差带相对零线位置的上偏差或下偏差,一般为靠近零线的那个偏差。

8.4.3　标准公差与基本偏差

公差带是由"公差带大小"和"公差带位置"这两个要素组成。"公差带大小"由标准公差确定,"公差带位置"由基本偏差确定。

1. 标准公差与标准公差系列

标准公差是标准规定的用以确定公差带大小的任一公差。国家标准规定标准公差为20级,即,IT01、IT0、IT1、IT2、……IT18。IT 表示标准公差,数字表示公差等级。IT01 级的精度最高,公差最小,以下逐次降低。在保证产品质量的条件下,应选用较低的公差等级。

2. 基本偏差系列

基本偏差一般是指上、下偏差中靠近零线的那个偏差,为了满足各种配合要求,国家标准规定了基本偏差系列,并根据不同的基本尺寸偏差和基本偏差代号确定了轴与孔的基本偏差数值;基本偏差代号用拉丁字母表示,大写为孔,小写为轴。

8.4.4　配合与配合制度

基本尺寸相同、相互结合的轴、孔公差带之间的关系称为配合。

1. 配合种类

根据轴与孔配合的松紧程度,配合分为如下三类。

(1)间隙配合。指具有间隙的配合。此时,孔的公差带在轴的公差带之上。

(2)过盈配合。是指具有过盈的配合。此时,孔的公差带在轴的公差带之下。

(3)过渡配合。可能具有过盈,也可能具有间隙的配合。此时,孔的公差带与轴的公差带相互交叠。

2. 配合制度

(1)基孔制。基本偏差为一定的孔的公差带,与不同基本偏差的轴的公差带形成各种配合的一种制度。

基孔制的孔为基准孔,基准孔的基本偏差代号为 H,其下偏差为零。

(2)基轴制。基本偏差为一定的轴的公差带,与不同基本偏差的孔的公差带形成各种配合的一种制度。

基轴制的轴为基准轴,基准轴的基本偏差代号为 h,其上偏差为零。

8.4.5　公差与配合在图纸上的标注方法

1. 配合代号

配合代号采用孔和轴公差带代号组合并写成分数形式表示。分子为孔的公差带代号，分母为轴的公差带代号。孔的公差带代号用大写拉丁字母表示，如 H7、F8，轴的公差带代号用小写拉丁字母表示，如 s6、h7，阿拉伯数表示公差等级。如配合代号 H7/s6、F8/h7 等。

8.5　看零件图

看零件图是工程技术人员必须具备的能力。其目的就是要根据零件图想象出零件的结构形状，了解零件的尺寸和技术要求，以便在制造时采用适当的加工方法，或者对零件结构的合理性进行改进和创新。

8.5.1　看零件图的方法和步骤

1. 概括了解

从标题栏了解零件的名称、材料和比例等，然后由装配图或其他资料了解该零件在机器部件上的作用，以及和其他零件的关系。

2. 分析视图，看懂零件的结构形状

了解零件图上各个视图的配置以及各视图之间的关系，应用投影规律，结合形体分析法和线面分析法，以及对零件常见结构的了解，逐个弄清各个部分的结构，想象出整个零件的形状。

3. 分析尺寸和技术要求

从长、宽、高三个方向找出主要基准和主要尺寸，然后了解其他尺寸。分析时也可以联系与之有关的零件图和装配图一起看，则可以了解尺寸间的联系，以及技术要求。如公差与配合、表面粗糙度、形位公差和其他技术要求的目的和意图。

4. 综合归纳

把看懂的零件的结构形状，尺寸标注和技术要求等内容综合起来，经过综合分析才能对零件图达到较深入的理解。

8.6　习题

8－1　标注轴和孔的基本尺寸及上下偏差值。

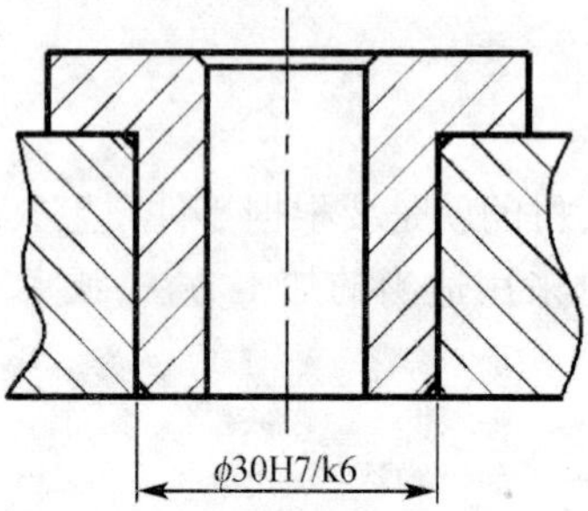

（原：装配图） 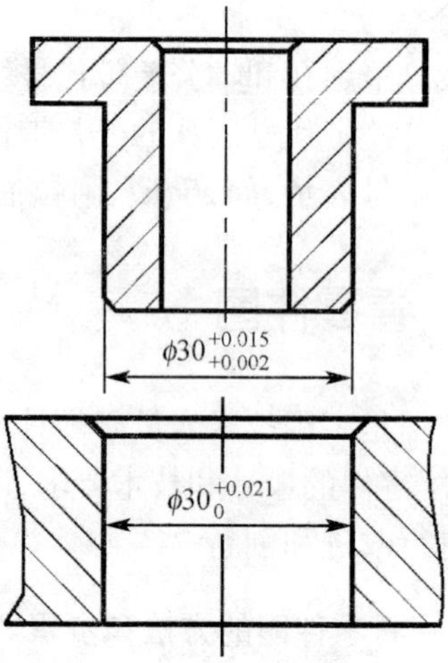　　　　　　　　　　（完成：拆画零件图）

8－2　标注轴和孔的基本尺寸及上下偏差值，并填空。

与标准件配合时，基准制的选择通常依标准件而定。例如与滚动轴承内孔配合的轴按基孔制（因轴承内孔公差固定，相当孔），而与滚动轴承外圈配合的支承孔按基轴制（因轴承外圈公差固定，相当轴）。

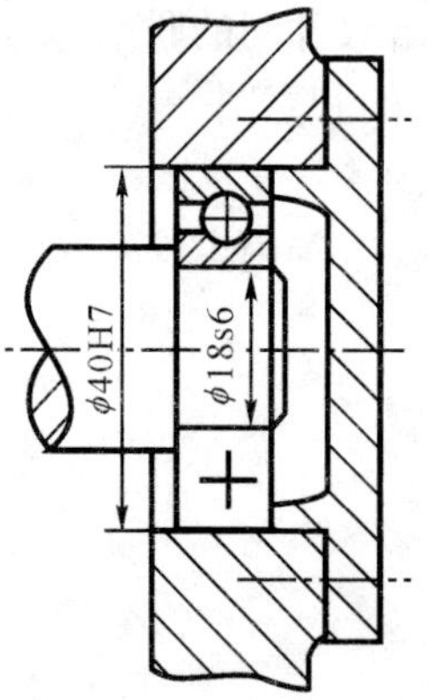

（原：装配图） 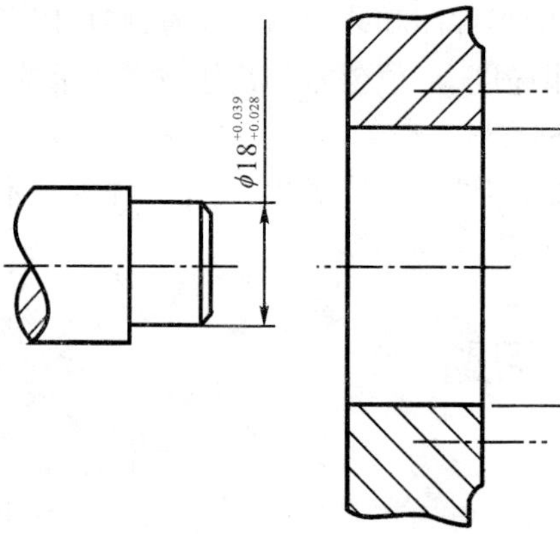　　　　　　　　　　（完成：拆画零件图）

滚动轴承与座孔的配合为<u>基轴</u>制，座孔的基本偏差代号是<u>H</u>，公差等级为<u>7</u> 级；滚动轴承与轴的配合为<u>基孔</u>制，轴的基本偏差代号是<u>s</u>，公差等级为<u>6</u> 级。

8 - 3　标注形位公差。

(1) A 面相对于 B 面的平行度允差为 0.02。

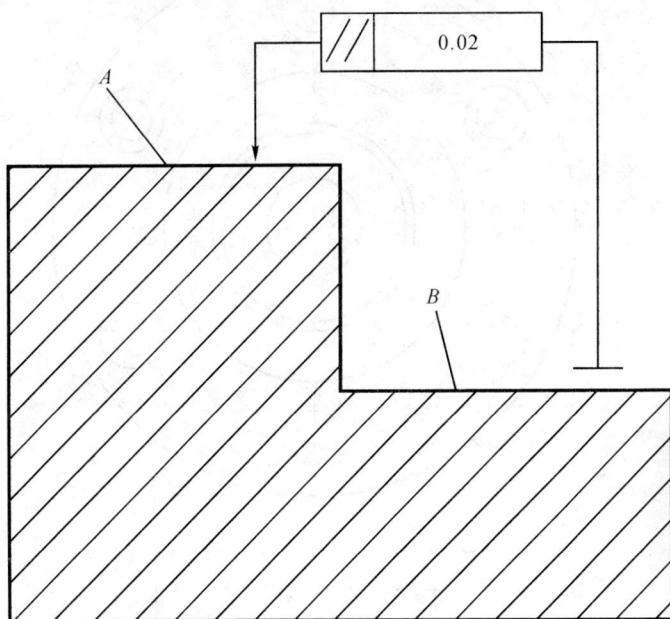

(2) 左端轴径为 $\phi15$ 的轴心线对右端轴径为 $\phi15$ 的轴心线的同轴度允差为 $\phi0.01$。

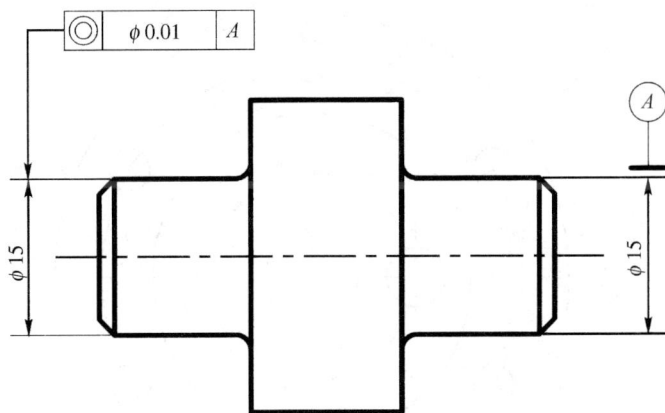

8-4 读拖脚盖零件图,补画右视图。

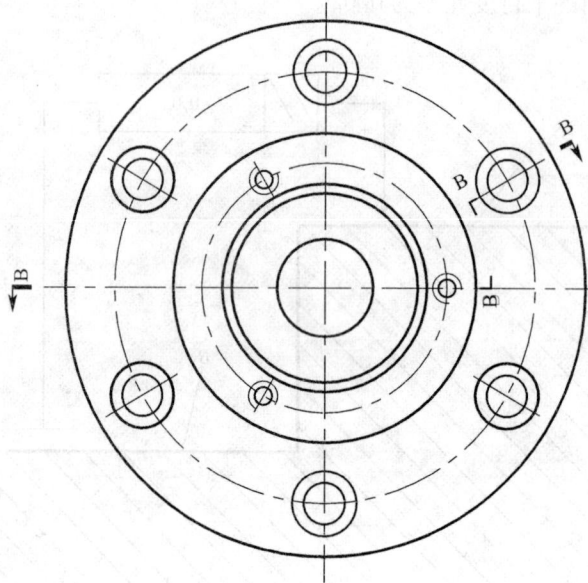

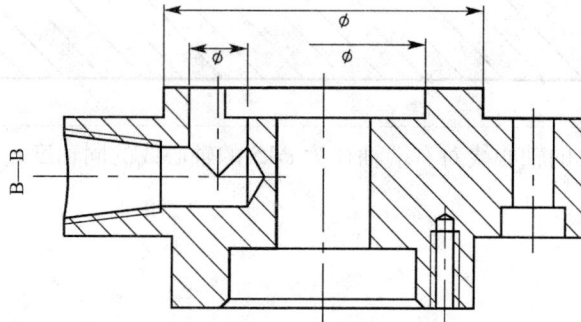

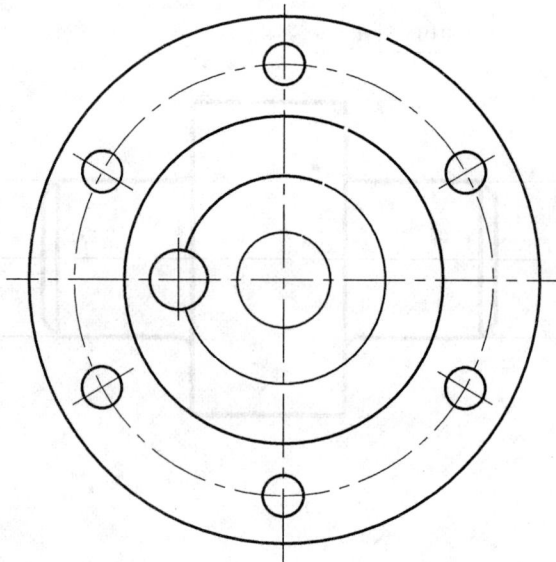

8-5　读懂泵体图,体会其形状表达。

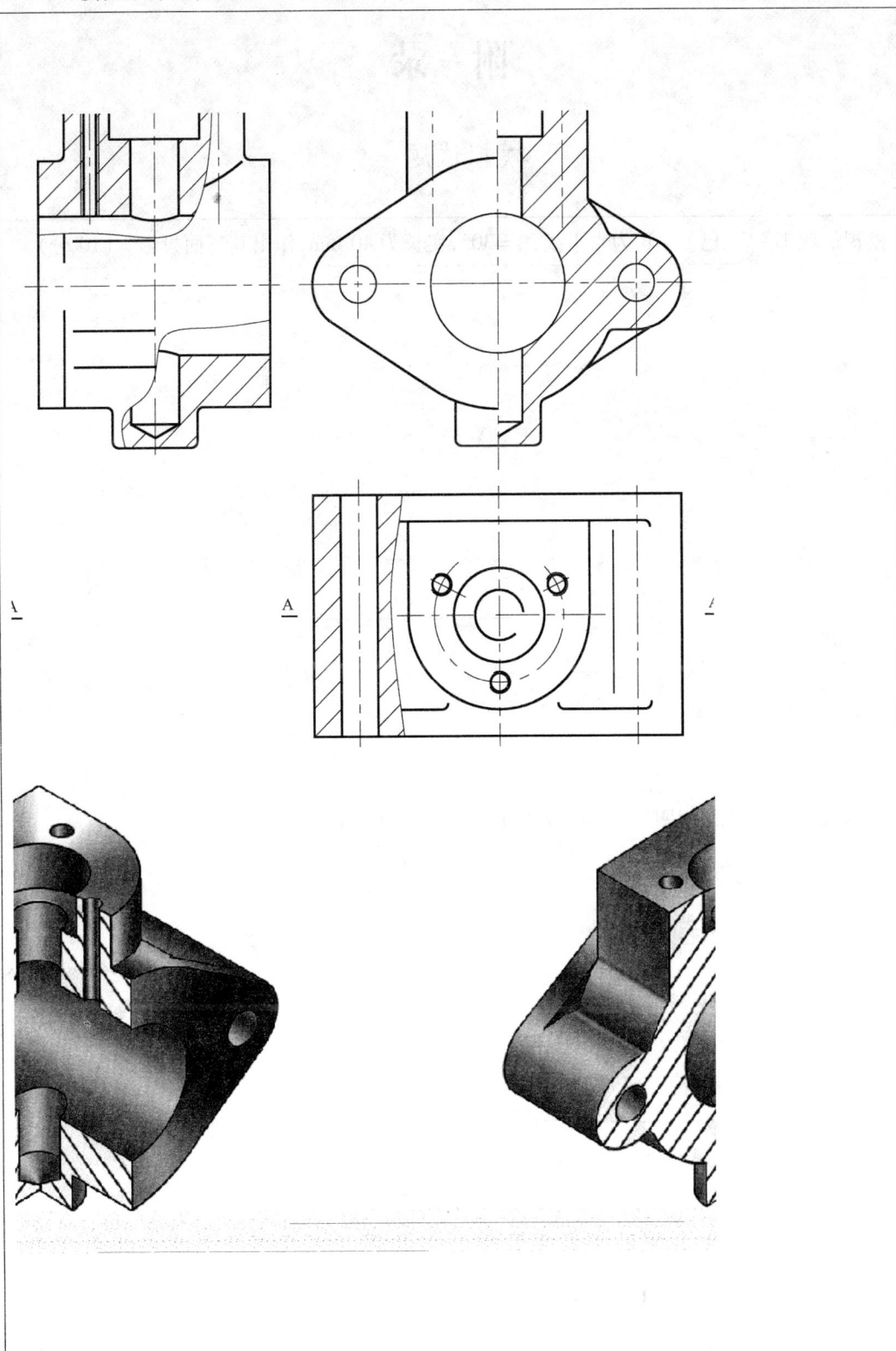

附 录

模拟试题一

模拟试题 1 - 1　已知 AB 为水平线, $\beta = 30°$, 实长为 40 mm, 作出其三面投影。(10 分)

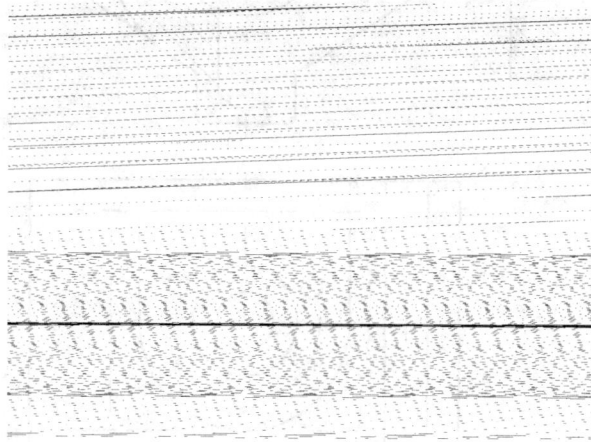

模拟试题 1 - 2　完成四边形 ABCD 的正面投影。(10 分)

模拟试题 1-3 求圆球表面上 A、B、C 三点的其余两投影。(10 分)

模拟试题 1-4 已知圆柱被平面切割后的正投影,试补画水平投影,完成侧投影。(15 分)

模拟试题 1 – 5　求作立体相贯线的正投影。（10 分）

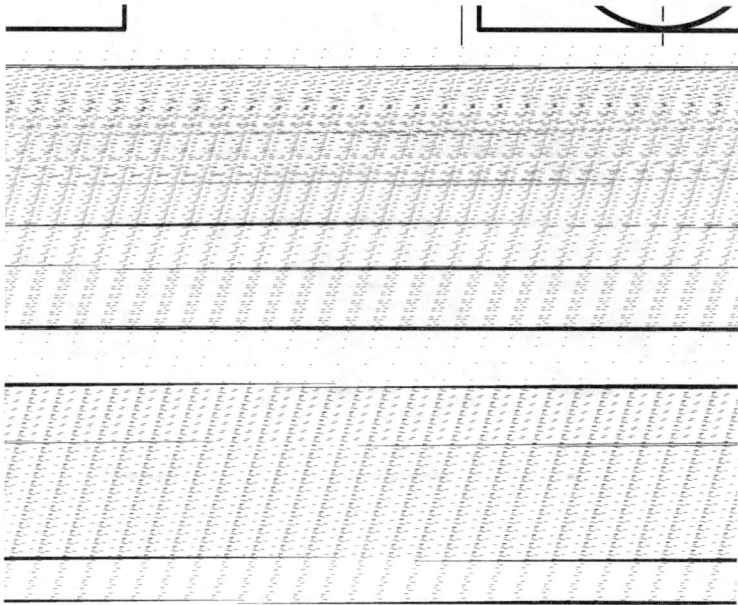

模拟试题 1 – 6　补画视图中所漏的线。（10 分）

模拟试题 1 – 7 补画侧视图。(15 分)

模拟试题 1 – 8 补画全剖视的主视图。(20 分)

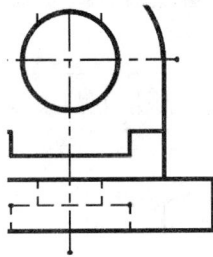

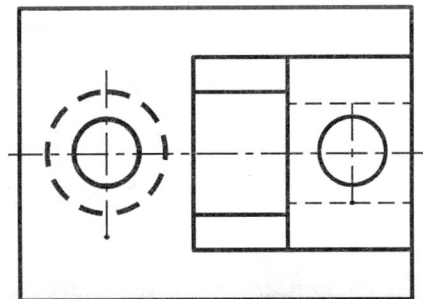

模拟试题二

模拟试题 2－1　补全平面 ABCDE 的两面投影。（10 分）

模拟试题 2－2　求作 ΔABC 与四边形 MNDE 的交线，并表明可见性。（10 分）

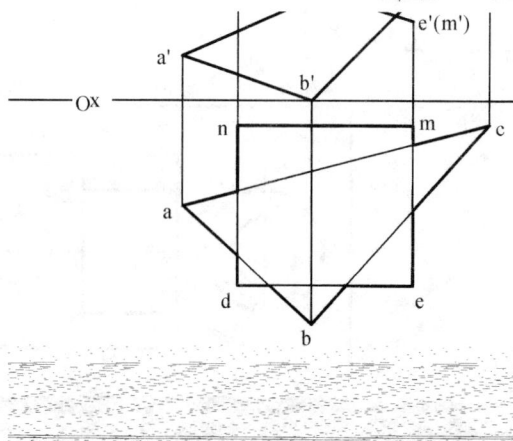

模拟试题 2 – 3　完成圆球被平面切割后的水平投影和侧投影。（15 分）

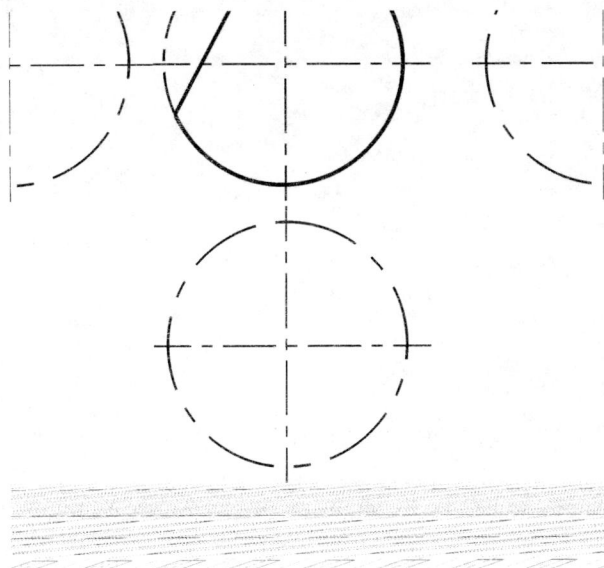

模拟试题 2 – 4　补画相贯线的正面投影和侧面投影。（15 分）

模拟试题 2 – 5 补画视图中所缺的线。(10 分)

模拟试题 2 – 6 补画物体的主视图。(10 分)

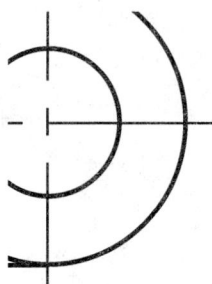

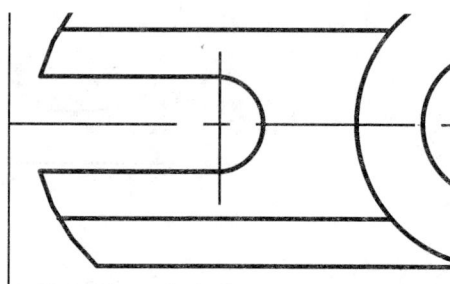

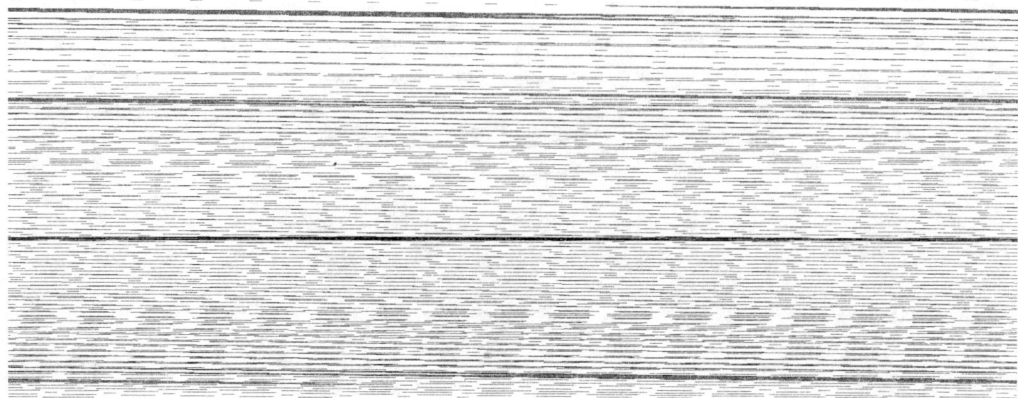

模拟试题 2 – 7　补画物体的侧视图。（15 分）

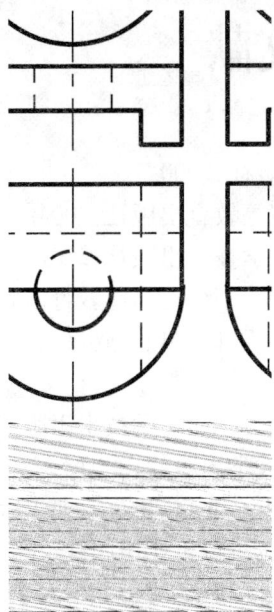

模拟试题 2 – 8　补画全剖视的左视图。（15 分）

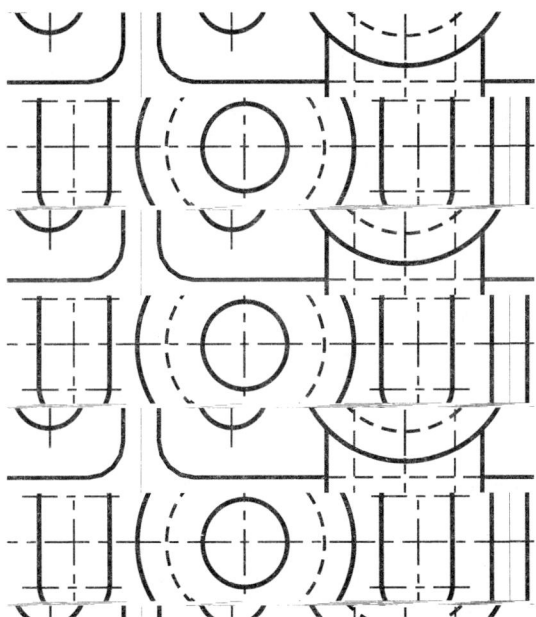

主要参考文献

［1］王巍．机械制图习题集［M］．北京:高等教育出版社,2000.

［2］钱可强,何铭新．机械制图习题集［M］．北京:高等教育出版社,2004.

［3］李勇,谢泳．工程制图习题集［M］．西安:陕西科学技术出版社,2001.

［4］胥北澜,朱冬梅．画法几何及机械制图习题集［M］．北京:高等教育出版社,2000.

［5］王成刚,张佑林,赵奇平．工程图学简明教程习题集［M］．武汉:武汉理工大学出版社,2002.

［6］赵大兴,李天宝．现代工程图学习题集［M］．武汉:湖北科学技术出版社,2002.

［7］胥北澜．工程制图习题集［M］．武汉:华中科技大学出版社,2003.

［8］梁国栋,宋孟然．画法几何及工程制图习题集［M］．北京:机械工业出版社,2004.

［9］王兰美．画法几何及工程制图习题集［M］．北京:机械工业出版社,2003.

［10］焦永和,林宏．画法几何及工程制图习题集［M］．北京:北京理工大学出版社,2000.

［11］温文炯．画法几何及工程制图习题［M］．广州:华南理工大学出版社,2005.

［12］莫春柳,左宗义．机械制图习题集［M］．广州:华南理工大学出版社,2007.